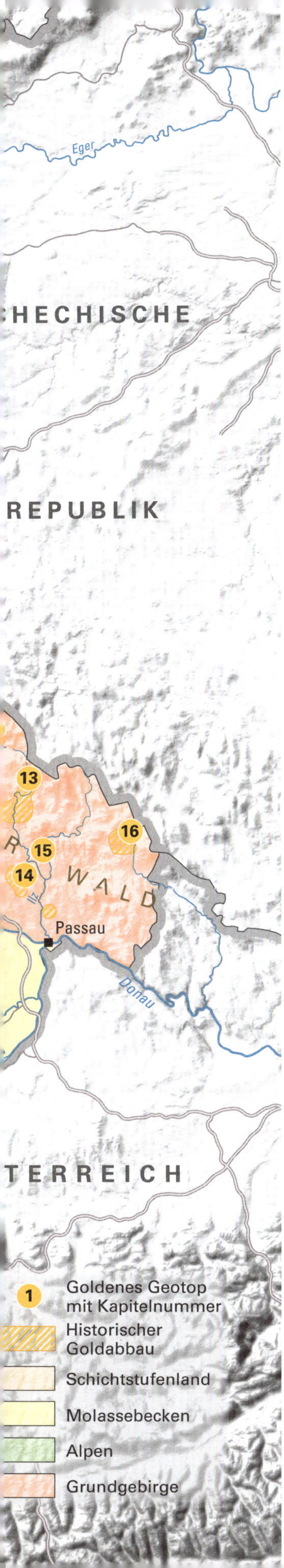

Gold aus Bayern

Wo stammt das Gold her?

Als die Erde in ihrer Frühzeit noch ein glutflüssiger Feuerball war, sank alles Gold aufgrund seiner hohen Dichte ins Erdinnere. Von dort gelangte es über Vulkanausbrüche wieder an die Erdoberfläche. Die Goldgehalte in der erkalteten Lava waren jedoch äußerst gering. Erst über einen Zeitraum von Millionen Jahren – und dank einer glücklichen Verkettung von Umständen – reicherte sich das Gold in verschiedenen Gesteinen an.

Wo wurde Gold abgebaut?

Relikte der Goldgewinnung in Bayern sind vor allem im Grundgebirge Nordostbayerns vom Frankenwald über das Fichtelgebirge und den Oberpfälzer Wald bis in den Bayerischen Wald zu finden. Aber auch in den bayerischen Alpen und in den großen Flusstälern der Voralpen finden sich ehemalige Gewinnungsstellen. Die Goldlagerstätten erscheinen auf den ersten Blick ziemlich unsystematisch verteilt – mal im harten Gestein im Berginnern, mal als lose Körnchen im Fluss. Der Grund dafür ist die hohe Beständigkeit von Gold: Da es praktisch nicht verwittert, wurde es zum Teil in Flüssen an Orte weit weg von seiner Entstehung transportiert.

Wann wurde nach Gold gesucht?

Gold wurde schon in der antiken Welt als „Metall der Sonne" verehrt. Ob jedoch unsere Vorfahren schon vor dem Mittelalter Gold aus bayerischem Boden gewonnen oder es vielmehr als Handelsware eingetauscht haben, ist ungewiss. Die Anfänge des historisch verbürgten Goldbergbaus in Bayern liegen im frühen 14. Jahrhundert. Die reichen italienischen Handelsmetropolen Florenz, Venedig und Turin begannen damals Goldmünzen zu prägen, die Silber als wichtigstes Zahlungsmittel ablösten. Der gesteigerte Bedarf an Gold führte auch in Bayern zu einer intensiven Bergbautätigkeit.

Wie viel Gold wurde gefunden?

Berge von Gold hat es in Bayern nie gegeben. Im historisch belegbaren Zeitraum vom 14. Jahrhundert bis heute wurden nach Schätzungen des Bayerischen Landesamtes für Umwelt (LfU) 15 bis 20 Tonnen Gold gefunden.

Gibt es heute noch Gold?

In vielen Flüssen Bayerns finden Hobbygoldwäscher auch heute noch winzige Goldkörnchen. Dieses Buch möchte allerdings nicht zum Goldsuchen einladen, sondern auf eine Entdeckungsreise zu den Spuren des Goldbergbaus. Anliegen des LfU ist es, die historischen Abbauspuren wiederzuentdecken und als Geotope zu bewahren. Deshalb finden sich in diesem Buch keine Tipps zum Goldwaschen – dafür aber zahlreiche Anregungen für Ausflüge zu Bayerns faszinierenden Goldenen Geotopen.

Bayerisches Landesamt für
Umwelt

Auf den Spuren des bayerischen Goldes

20 Goldene Geotope

IMPRESSUM

Auf den Spuren des bayerischen Goldes
20 Goldene Geotope

ISBN 978-3-936385-96-0

Herausgeber:
Bayerisches Landesamt für Umwelt (LfU)
Bürgermeister-Ulrich-Straße 160
86179 Augsburg
Telefon: 0821 9071-0
Fax: 0821 9071-5556
E-Mail: poststelle@lfu.bayern.de
Internet: www.lfu.bayern.de

Text/Konzept:
Roland Eichhorn, Gerhard Lehrberger (TUM), Georg Loth,
Rosemarie Loth, Dieter Plass, Thomas Pürner,
Johann Rohrmüller

Redaktion:
Roland Eichhorn, Rosemarie Loth, Melanie Meyer

Redaktionelle Begleitung und Lektorat:
KOMPAKTMEDIEN Agentur für Kommunikation GmbH (Berlin)

Kartografie und Layout:
LfU, Referat 13

Bildnachweis:
Siehe Seite 163

Dank:
Viele Menschen haben durch Informationen, Diskussionen und tatkräftige Mithilfe zum Zustandekommen dieses Buches beigetragen. Ihnen allen sei an dieser Stelle herzlich gedankt.

Druck:
Himmer GmbH Druckerei & Verlag,
86167 Augsburg

Stand:
September 2017

Auflage:
3.000 Stück

Inhalt

Vorwort

Liebe Leserin, lieber Leser,

Bayern ist eine wahre Goldgrube: Das weiße Gold aus Berchtesgaden wird weit über die bayerischen Grenzen hinaus zum Salzen von Speisen verwendet. Aus dem feinen Gestein Kaolin, dem weißen Gold der Oberpfalz, entsteht kostbares Porzellan. Und im Herzen Bayerns wird mit Hopfen das golden schimmernde Nationalgetränk Bier gebraut. Aber hat Bayern auch echtes Gold zu bieten?

Tatsächlich wurde auf bayerischem Boden einst Gold abgebaut. Orts- und Flurnamen weisen noch heute auf die Goldgewinnung hin. Uralte Sagen erzählen von der fieberhaften Suche nach dem glänzenden Metall. Auch wenn diese Geschichten häufig märchenhafte Übertreibungen oder Fantastereien enthalten, so haben sie dennoch einen wahren Kern. Doch die Zeit hat die Spuren der Goldgewinnung in Bayern vielerorts verwischt; in der Bevölkerung ist das Wissen darüber heute kaum noch vorhanden.
Das möchten wir mit diesem Buch ändern. Um diesen wichtigen Teil der bayerischen Bergbaugeschichte wieder lebendig werden zu lassen, sind wir am Bayerischen Landesamt für Umwelt (LfU) den verbliebenen Spuren auf den Grund gegangen. Tiefe Löcher, von Bäumen überwucherte Halden, eingestürzte Stollen und Schächte wurden untersucht. Wir haben historische Dokumente nach vergessenen Goldrevieren durchforstet und fast vergessene Goldstückchen aus Mineral- und Gesteinssammlungen ans Licht geholt. Luftbildauswertungen, Erkundungen des Geländes vor Ort und viele Gespräche mit Einheimischen haben zu erstaunlichen Entdeckungen geführt. Die Spuren wurden als Montan-Geotope in den GEOTOPKATASTER BAYERN aufgenommen, um sie als bayerisches Kultur- und Naturerbe zu bewahren.

Die Essenz der gewonnenen Erkenntnisse halten Sie jetzt in Ihren Händen. In diesem Buch stellen wir Ihnen die 20 außergewöhnlichsten Goldenen Geotope vor. Wir möchten Sie einladen, diese magischen Orte selbst zu erkunden. Als Umweltamt kümmern wir uns darum, diese „Zeitzeugen" mitsamt der umliegenden Natur zu erhalten. Deshalb gibt es in diesem Buch keine Tipps zum Goldwaschen auf eigene Faust. Stattdessen finden Sie viele Ideen zur Ausflugsgestaltung.
Beim Entdecken der faszinierenden Spuren des Goldbergbaus in Bayern wünsche ich Ihnen viel Freude.

Claus Kumutat
Präsident des Bayerischen Landesamts für Umwelt

Über dieses Buch

Der Ruf des Goldes lockte einst viele Menschen in die bayerischen Berge, Wälder und Täler. Noch heute, viele Jahrhunderte später, kann man die alten Spuren der Goldgräber entdecken. Zahlreiche Hügel und Gruben, Schächte und Stollen zeugen vom ungeheuren Fleiß der Bergleute, aber auch von blinder Gier und enttäuschten Hoffnungen. Ein Besuch der Goldenen Geotope Bayerns öffnet die Tür in diese faszinierende Welt.

Seit mehr als 30 Jahren erfassen Geologinnen und Geologen am Bayerischen Landesamt für Umwelt (LfU) markante Felsen, verborgene Höhlen, eiszeitliche Landschaftsformen und historische Bergbauspuren. Diese Geotope sind Archive der Erdgeschichte; einmal zerstört, sind sie nie wieder zu ersetzen. Zwar können nicht alle Spuren der Vergangenheit erhalten werden, das LfU setzt sich jedoch dafür ein, die wichtigsten Dokumente der Erdgeschichte langfristig zu bewahren.

Zu diesem Zweck führt das LfU den GEOTOPKATASTER BAYERN. Er dient als fachliche Grundlage des Geotopschutzes. Mehr als 3.500 Geotope sind bereits erfasst. Sie sind dadurch nicht automatisch gesetzlich geschützt, ihr Erhalt wird aber bei allen Planungsverfahren angestrebt. Ist es erforderlich, einzelne Geotope unter Schutz zu stellen, so wird dies bei den Natur- und Denkmalschutzbehörden beantragt. Ein Großteil der Geotopdaten kann unter www.geologie.bayern.de (Rubrik „Geologie erleben") abgerufen werden.

Dieses Buch ist einer speziellen Gruppe von Geotopen gewidmet: den geheimnisvollen Orten der historischen Goldgewinnung in Bayern.

20 GOLDENE GEOTOPE, VIELE FREIZEITTIPPS UND ALLERLEI WISSENSWERTES

Im GEOTOPKATASTER BAYERN sind aktuell 35 Goldene Geotope erfasst. Die 20 außergewöhnlichsten werden in diesem Buch von Norden nach Süden vorgestellt. Alle Geotope dürfen besichtigt werden – und sind auch unbedingt einen Besuch wert. Daher gibt es im Buch zu jedem Geotop eine detaillierte Wegbeschreibung und eine Übersicht mit den wichtigsten Fakten zum Objekt. Beim Auffinden der Orte helfen außerdem die im Band enthaltenen Umgebungskarten sowie die Koordinatenangaben für GPS-Geräte.

Tipps für die individuelle Ausflugsgestaltung ergänzen die Geotopbeschreibungen. Denn in ganz Bayern gibt es rund ums Gold vieles zu sehen und zu erleben, beispielsweise geführte Bergwerksbesuche für die ganze Familie.

Für so manche Überraschung sorgen die „goldenen" Randbemerkungen im Buch. Sei es das Grimm'sche Märchen von den Sterntalern, seien es die Samen des Johannisbrotbaums oder geheimnisumwitterte Zwerge: Das begehrte Edelmetall lieferte zu allen Zeiten reichlich Stoff für Mythen, Sagen und Erzählungen. Viele davon haben bis heute nichts von ihrem Zauber verloren. Darüber hinaus werden im Buch prägende Persönlichkeiten aus Bergbaugeschichte und Geologie vorgestellt.

Wer sich direkt ins Abenteuer stürzen mag, kann gleich das Kapitel →*Goldene Geotope* mit den Beschreibungen der Ausflüge zu den Goldenen Geotopen aufschlagen. Für alle Leserinnen und Leser, die sich vorab noch mit ein wenig Hintergrundwissen zum Goldbergbau ausstatten möchten, empfiehlt sich zunächst die Lektüre der beiden ersten Kapitel.

Beispielhafter Ausschnitt der im vorliegenden Buch verwendeten Umgebungskarten. Bitte beachten: Nicht alle hier aufgelisteten Legendensymbole sind darin enthalten.

0 500 m

Kartenlegende

- Halde
- Schachtpinge/ Pinge
- Schurfgraben
- Seifenhügel
- Stollen
- Trichtergrube
- Seifenhügelgebiet
- Bergbauspuren
- Weg zum Geotop
- Wanderweg
- Radweg
- Museum
- Gaststätte, Imbiss
- Infopunkt
- Sehenswertes Objekt
- Bushaltestelle
- Parkplatz
- Eisenbahn mit Bahnhof
- Autobahn
- Bundesstraße
- Staatsstraße
- Kreisstraße/ Gemeindestraße
- Fußgängerzone
- Weg
- See
- Fluss
- Kanal
- Höhenlinie
- Siedlungsfläche
- Industrie- und Gewerbefläche
- Friedhof
- Sport-, Freizeit- und Erholungsfläche
- Wald

Im Rausch des Goldes

Verrückt vor Hunger verspeist Charlie Chaplin im Film „Goldrausch" einen Teil seines gekochten Schuhs. Er wickelt die Schnürsenkel wie Spaghetti genüsslich auf seine Gabel und knabbert die Schuhnägel ab, als wären es Hühnerknochen. Diese berühmte Filmszene versinnbildlicht die berauschende Wirkung, die Gold zu allen Zeiten auf Menschen ausgeübt hat. Doch was genau macht dieses Metall so einzigartig und begehrenswert?

Oben: Hortfund von 384 keltischen Regenbogenschüsselchen im oberpfälzischen Großbissendorf

Rechts: Eine Szene, die in die Filmgeschichte einging: In „Goldrausch" isst der Tramp, gespielt von Charlie Chaplin, vor Hunger seine Schuhe auf. Der Stummfilm spielt in der Zeit des Goldrauschs am Fluss Yukon Ende des 19. Jahrhunderts.

Als James W. Marshall im Januar 1848 beim Bau eines Sägewerks im heutigen Kalifornien zufällig ein Goldnugget entdeckte, ahnte er wohl kaum, dass er damit den größten Goldrausch in der Geschichte auslösen würde. Vom Goldfieber gepackt, strömten Hunderttausende Menschen nach Kalifornien, um ihr Glück zu machen. Insgesamt wurde damals Gold im heutigen Wert von 80 Milliarden Euro gefunden. Rund 50 Jahre später begann der zweitgrößte Goldrausch – diesmal ganz im Norden des amerikanischen Kontinents, am Fluss Yukon in Kanada und Alaska. Dieses Goldfieber hat Charlie Chaplin 1925 in seiner unnachahmlichen Art auf Zelluloid gebannt.

Dass auch Ostbayern einst von einem kleinen Goldrausch ergriffen wurde, lassen die Namen zahlreicher Orte, Bäche und Landschaften wie Goldkronach, Goldbach oder Goldberggrund vermuten. Zudem erzählen viele Sagen und Geschichten von Zwergen, die auf Gold gestoßen sein sollen. Und im Süden Bayerns förderten Landwirte beim Pflügen immer wieder vergrabene Goldmünzen, sogenannte Regenbogenschüsselchen, zutage. Derartige Funde haben die Brüder Grimm vermutlich im Märchen von den Sterntalern verewigt.

Fakt ist jedoch: Einen Goldrausch wie in Amerika hat es in Bayern nie gegeben. Gleichwohl wurde an vielen mittlerweile in Vergessenheit geratenen Orten tatsächlich Gold abgebaut. Die Spuren dieser Goldsuche sind noch heute sichtbar.

EIN EINZIGARTIGES ELEMENT

Es ist nicht alles Gold, was glänzt – wenn es aber Gold ist, glänzt es ewig. So ließe sich das bekannte Sprichwort sinngemäß fortsetzen. Denn anders als Silber oder Kupfer verliert Gold über die Jahre nicht an Glanz. Und das ist nur eine der besonderen chemischen und physikalischen Eigenschaften, die das 79. Element im Periodensystem so unvergleichlich machen.

Single aus Überzeugung

Gold ist ein Edelmetall und damit äußerst reaktionsträge. Es verbindet sich so gut wie nie mit anderen Elementen. Gold rostet nicht, sondern strahlt sonnengleich bis in alle Ewigkeit – davon waren zumindest unsere Vorfahren überzeugt und verehrten das Metall als göttlich.

In der Natur bestehen Goldkörner dennoch fast nie aus reinem Gold; ein wenig Silber ist immer dabei. Von „gediegenem Gold", also reinem Gold, spricht man daher bereits bei einem Anteil von weniger als 15 Prozent Silber. Umgekehrt wurde Silber mit einem Goldanteil unter zehn Prozent früher als „güldisches Silber" bezeichnet. Alle Mischungsverhältnisse dazwischen heißen Elektrum (*electrum*, lateinisch für Bernstein, Silbergeld). Durch den erhöhten Silberanteil hat Elektrum eine blassere Gelbfärbung als reines Gold. Die Intensität der Gelbfärbung wird auch heute noch als Indikator genutzt, um die Reinheit des Goldes mithilfe der sogenannten Strichprobe zu ermitteln.

TALER, TALER, DU MUSST WANDERN

In Bayern gelangten beim Pflügen von Äckern immer wieder einmal vergrabene Goldmünzen an die Oberfläche, wo sie von starken Regenfällen freigespült wurden. So entstand der Volksglaube, dass die Goldstücke von einem Regenbogen herabgetropft seien. Wegen ihres vermeintlich himmlischen Ursprungs wurde den sogenannten Regenbogenschüsselchen eine Glück bringende Wirkung zugeschrieben. Sie galten als Heilmittel gegen Fieber und Epilepsie, als förderlich bei der Geburt und als Schutz vor Blitzschlag, Seuchen und dem bösen Blick. Die Legende der Regenbogenschüsselchen stand wahrscheinlich auch Pate bei dem berühmten Sterntaler-Märchen der Brüder Grimm: *„Wie es so stand und gar nichts mehr hatte, fielen auf einmal die Sterne vom Himmel und waren lauter harte blanke Taler."*

Im Grimm'schen Märchen „Die Sterntaler" fallen Goldmünzen vom Himmel.

DER LOHN DER KELTEN

Woher die Goldstückchen tatsächlich kamen, erkannte Mitte des 19. Jahrhunderts der Münchner Archäologieprofessor Franz Streber: Das Gold war einst das Münzgeld der Kelten gewesen. Die gewölbten Geldstücke sind häufig mit symbolischen Kugeln, Punkten, Kreisen oder Sternen versehen. Wahrscheinlich stammt das Gold dieser Münzen nicht aus Bayern, denn sie ähneln in Form, Gewicht und aufgeprägten Motiven der damals weitverbreiteten griechischen Goldmünze, dem sogenannten Stater. Er bestand aus etwa 8,6 Gramm purem Gold und war aufgrund seiner Verbreitung der „Euro" der damaligen Zeit. Keltische Söldner brachten die Statere als Lohn für ihre Teilnahme an den Feldzügen Alexanders des Großen („333 bei Issos Keilerei") heim, schmolzen sie ein und prägten daraus ihre eigenen Münzen. Neben dem Stater brachten keltische Söldner auch griechisches Kleingeld, Oboloi genannt, in ihre Heimat zurück. Zwölf Oboloi waren so viel wert wie ein Stater. Der Obolos war somit die Münze des kleinen Mannes. Im Sinne einer kleinen Geldspende ist der „Obolus" bis heute in der deutschen Sprache erhalten geblieben.

Rechts: Stater aus der Antike mit dem Bildnis Alexanders des Großen

Oben: Eine Handvoll Körnchen: der Lohn des mühevollen Goldwaschens

Rechts: Die gute Formbarkeit von Gold hat einen eigenen Berufszweig hervorgebracht. Aus einem Gramm Gold schlagen, quetschen und hämmern Goldschläger noch heute hauchdünnes Blattgold mit einer Fläche von einem halben Quadratmeter. Das deutsche Zentrum dieses Handwerks ist Schwabach.

Selbst bei industriell gereinigtem Gold, das von Banken in Form von Goldbarren oder -münzen verkauft wird, ist eine hundertprozentige Reinheit nicht gegeben. Der höchste Reinheitsgrad liegt bei 99,99 Prozent; solches Gold wird als „999er Gold" bezeichnet.

Schwerreich

Gediegenes Gold ist mit seiner sehr hohen Dichte von 16 bis 19 Gramm pro Kubikzentimeter außergewöhnlich schwer – rund siebenmal schwerer als gewöhnlicher Sand.

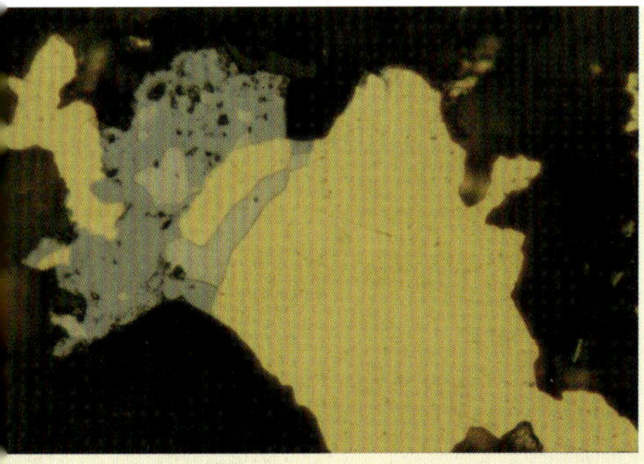

Komplexe Verwachsung von gediegenem Gold (gelb), gediegenem Bismut (hellgrau) und Maldonit (mittelgrau) in einem Bohrkern vom Güttingwald bei Oberviechtach

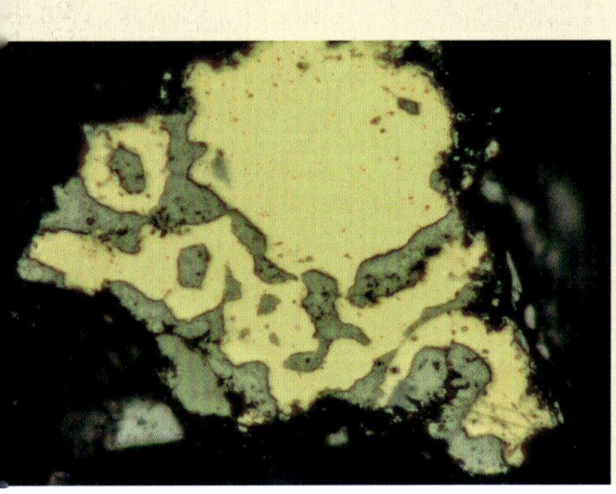

DRUM PRÜFE, WER SICH EWIG BINDET

Auch wenn Gold sehr bindungsscheu ist, ganz selten geht es doch chemische Verbindungen ein. Wissenschaftlerinnen und Wissenschaftler der Technischen Universität München konnten an einigen ostbayerischen Goldfundpunkten sehr seltene Gold-Bismut-Erze nachweisen → *Geotope Nr. 8, 10 und 12*.

Maldonit (Au_2Bi)

Maldonit besteht aus rund zwei Dritteln Gold und einem Drittel Bismut. Mit der Zeit entmischt sich das Mineral wieder in seine zwei Bestandteile. Es entsteht eine komplexe Verwachsung aus gediegenem Gold und gediegenem Bismut. Im Innern von Gesteinen ist dieses seltene Mineral bis heute erhalten. Verwittert dieses Gestein und landen die Gold-Bismut-Körner im Bachsand, kommen sie auch in Kontakt mit Luft. Das Bismut beginnt zu rosten. Das dadurch entstehende Bismutoxid ist wasserlöslich und wird aus den Körnern gespült – zurück bleibt ein löchriger Goldschwamm. Das Mineral Maldonit wurde erstmals 1869 von Georg Heinrich Friedrich Ulrich (1830–1900) im Nuggety Reef in Maldon im australischen Bundesstaat Victoria gefunden und danach benannt.

Jonassonit ($AuBi_5S_4$)

Neben Maldonit wurde ein weiteres Gold-Bismut-Erz entdeckt: Jonassonit. Seinen Namen erhielt es zu Ehren von Ian Roy Jonasson, einem renommierten Rohstoffgeologen vom kanadischen geologischen Dienst in Ottawa.

Links: Schwammartige Verwachsung von Gold und Bismut in einem Goldkorn von Gütting bei Oberviechtach (Größe circa 0,1 Millimeter)

Ein Beispiel zur Veranschaulichung: Ein Liter Milch im Getränkekarton wiegt ein Kilogramm; ein im Vergleich dazu winziger Würfel mit 3,7 Zentimeter Kantenlänge aus reinem Gold bringt es auf das gleiche Gewicht. Diese Eigenschaft macht das Goldwaschen für jedermann möglich: In einer Waschpfanne wird der goldhaltige Flusssand kräftig geschüttelt. Dabei sinken die schweren Goldkörnchen zu Boden, alle leichteren Bestandteile wie Sand oder Kies gelangen an die Oberfläche und können leicht entfernt werden.

Die große Scheibenfibel von Unterhaching bei München wurde aus Gold und weiteren edlen Materialien gefertigt. Auf ihr sind vier sich jeweils paarweise anblickende Raubvögel mit ihren Schwingen zu sehen – ein Symbol für Jesus Christus und das ewige Leben.

Immer schön geschmeidig

Gold ist äußerst weich und formbar. Diese Eigenschaft machten sich schon die Goldhandwerker des Altertums zunutze. Mithilfe von hauchdünnem Blattgold erschufen sie vergoldete Preziosen, die bis heute faszinieren. Dazu gehört beispielsweise die weltberühmte Totenmaske des ägyptischen Pharaos Tutanchamun. Weniger bekannt, aber von vergleichbarer Qualität sind Goldschmiedearbeiten, die auf bayerischem Boden angefertigt wurden. Das beweist ein Gräberfeld bei Unterhaching, das im Jahr 2004 bei Aushubarbeiten entdeckt wurde: Bauarbeiter stießen auf reich ausgestattete Gräber aus dem 5. Jahrhundert. Während die Gräber der Männer vergleichsweise bescheiden ausgestattet waren, wurden die Frauen mit prachtvollen Grabbeigaben von schon damals unschätzbarem Wert beigesetzt. In einem der Frauengräber befanden sich Reste von feinster Seide mit Goldstickereien sowie zwei Scheibenfibeln (Gewandspangen), die aus Gold, Silber, Malachit, indischem Granat, buntem Glas und echten Salzwasserperlen angefertigt worden waren.

IN ALLEN FORMEN EIN GEWINN

Gold entstand in den Tiefen unserer Erde und gelangte auf verschiedenen Wegen an die Oberfläche. In der Natur kommt es daher an vielen Orten und in vielfältigen Formen vor. Daher wird es auch auf unterschiedliche Art und Weise gewonnen.

Bergeweise Gold

Gold, das im Berg, also an seinem ursprünglichen Entstehungsort im Gestein, gefunden wird, bezeichnet man als Berggold oder primäres Gold. Es bildet sich immer im Zusammenhang mit heißen Wässern. Gold ist als Edelmetall zwar nahezu unlöslich, ein wenig Gold wird von heißen Wässern trotzdem gelöst. Ändern sich die chemischen oder physikalischen Bedingungen, kristallisiert das gelöste Gold jedoch auch schnell wieder. Dann bildet es im Gestein filigrane Bäumchen, flache Bleche, dünne Drähte oder moosartige Filze. Dennoch – mit bloßem Auge erkennbares Gold ist und bleibt eine Rarität. Das meiste Gold liegt unsichtbar in kleinsten Partikeln im Gestein verteilt vor.

In der Natur gibt es eine ganze Reihe von geologischen Prozessen, bei denen heiße Wässer entstehen. Einer davon ist die Gebirgsbildung. Dabei werden mächtige Gesteinspakete zuerst tief ins heiße Erdinnere gedrückt und aufgeheizt – und dann wieder als Gebirge herausgehoben. Bei diesem Prozess wird Gold durch heiße Wässer gelöst und in Lagen (auch zusammen mit anderen Erzen) oder unscheinbar fein verteilt im metamorphen Gestein wie Gneis wieder ausgeschieden. Zum Teil öffnen sich Spalten, in welche die heißen Lösungen aus der Tiefe eindringen und auskristallisieren können. Auf diese Weise sind die Gold führenden Quarzgänge im Innern der Berge entstanden.

Wind und Wetter trugen nach und nach die überlagernden Gesteine ab und legten das Gold führende Gestein frei. Dabei waren die auffällig weißen Quarzgänge ein begehrtes

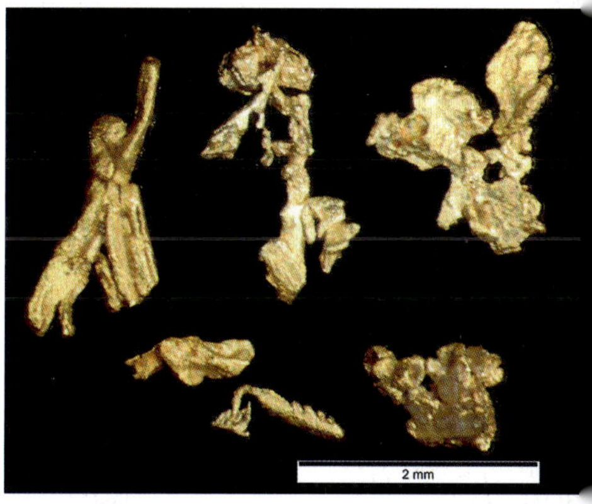

Bäumchenförmige, filigran gewachsene Goldkörner aus einem Bach bei Oberviechtach im Oberpfälzer Wald

Weiße Quarzgänge im grauen Gestein (wie hier am San-Bernardino-Pass in der Schweiz) zogen frühe Goldsucher magisch an.

Ziel der frühen Goldsucher. Zum Leidwesen der Bergleute enthielten die meisten dieser Quarzgänge allerdings kein Gold. Es bedurfte großer Geduld, unter all den „tauben" Gesteinen die goldhaltigen ausfindig zu machen. Diese kommen in Bayern vorwiegend im Frankenwald und Fichtelgebirge sowie im Oberpfälzer und Bayerischen Wald vor. Deshalb liegen die Geotope, die von den Spuren des Berggoldabbaus zeugen, alle in diesen Gebieten.

Alles im Fluss

Wird primäres Gold durch Verwitterung und Abtragung aus dem Ursprungsgestein freigesetzt und umgelagert, wird es zu sekundärem Gold, auch Seifengold genannt. Prozesse wie Frostsprengung, Erdbeben oder Felsstürze zerbrechen das goldhaltige Gestein im Gebirge. Durch Regen oder allein durch die Schwerkraft rutschen Gesteinsbrocken den Berghang hinunter. Verwittert

Fotografie des mit 110 Kilogramm größten je gefundenen Goldnuggets „Welcome Stranger" und seiner Finder (1869, Australien)

GOLDENE SCHWERGEWICHTE

Am 5. Februar 1869 fanden John Deason und Richard Oates im australischen Moliagul im Bundesstaat Victoria ein Riesennugget, das unter dem Namen „Welcome Stranger" in die Geschichte einging. Der Klumpen war 61 Zentimeter lang und 31 Zentimeter breit. Gefunden wurde er nur knapp zehn Zentimeter unter der Erdoberfläche. Er wog insgesamt 110 Kilogramm und enthielt 70,56 Kilogramm pures Gold. Die Finder verkauften das Riesennugget an die australische London Chartered Bank für 9.381 Pfund. Zur damaligen Zeit machte sie das zu reichen Männern. Heute wäre das Nugget rund 2,6 Millionen Euro wert (bei einem Goldpreis von 37 Euro pro Gramm Gold; Stand: März 2017). Die staatliche Prägeanstalt Perth Mint wählte in ihrer Goldmünzenedition „Australian Nugget" von 1986 bis 1989 den „Welcome Stranger" als Motiv.

Thüringische Goldgrube: Das schwerste bisher in Deutschland gefundene Nugget wiegt 10,2 Gramm und stammt aus dem thüringischen Schwarzatal. Das Goldnugget ist Teil eines Schmuckkörbchens aus dem 16. Jahrhundert. Im Jahr 2004 fand ein Rentner beim Radfahren – ebenfalls im Schwarzatal – ein funkelndes Goldnugget, das immerhin 9,64 Gramm auf die Waage brachte. Es handelte sich damit um das zweitschwerste Nugget, das jemals auf deutschem Boden entdeckt wurde. Sein geschätzter Sammlerwert lag damals bei 1.500 Euro.

ECHTE HOCHKARÄTER

Der Begriff „Karat" kommt vom griechischen *κέρας (keras),* was „Horn" bedeutet. Gemeint ist damit vermutlich die wie ein Horn gebogene Frucht des Johannisbrotbaumes. Im Altertum glaubte man, dass die Samen des Baumes alle genau gleich viel – nämlich 0,2 Gramm – wiegen. Deshalb wurden sie als Goldgewichte eingesetzt.

VON ALTEN UND NEUEN EINHEITEN

Die Bezeichnung Karat gibt an, wie viel reines Gold in einem Goldbarren oder in einem Goldring enthalten ist. Ein Karat heißt dabei, dass vom Gesamtgewicht eines Objekts nur $^1/_{24}$stel Gold ist, der Rest ist meist Silber oder Kupfer. Die ungewöhnliche Abstufung in $^1/_{24}$stel-Schritten hat historische Gründe: In Deutschland war das Karat früher ein kleines Goldgewicht, der 24. Teil einer Mark. Das berichtete bereits 1590 Petrus Albinus in seiner Bergchronik: *„...ein marck fein goldt ist 24 karat, ein karat ist 12 gren, drei gren sind ein gran, 288 gren ist ein marck fein goldt."*

Gold mit 24 Karat enthält demnach $^{24}/_{24}$ Gewichtsanteile Gold; es besteht also rechnerisch zu 100 Prozent aus reinem Gold. Technisch lässt sich aber ein so reines, von jeglicher Verunreinigung gesäubertes Gold nicht herstellen. Deshalb wird für 24-karätiges Gold eine Reinheit von 99,99 Prozent angegeben. Anstelle der komplizierten Karatstaffelung in 24er-Schritten wird heute viel häufiger die eingängigere 1.000er-Teilung verwendet. 999er Gold mit 24 Karat ist typisch für Goldbarren der Banken. Bei Goldschmuck liegt der Goldanteil oftmals bei 585 von 1.000 (58,5 Prozent), was wiederum 14 Karat entspricht.

Gebräuchliche Feingehalte bei Gold sind:
999er Gold = Feingold der Goldbarren (24 Karat)
900er Gold = Münzgold (21,6 Karat)
585er Gold = Schmuckgold (14 Karat)
333er Gold = Schmuckgold (8 Karat)

KARAT IST NICHT GLEICH KARAT

Die Einheit Karat wird auch genutzt, um das Gewicht von Edelsteinen wie Diamanten anzugeben. Ein Karat entspricht dabei exakt 0,2 Gramm. Das altertümliche Maß der Samenkörner des Johannisbrotbaums ist auf diese Weise bis heute erhalten geblieben.

Oben: Die Samen des Johannisbrotbaumes wurden im Altertum zum Abwiegen von Goldkörnern genutzt.

Unten: 999er Goldbarren der Credit Suisse mit einem Gewicht von einer Feinunze – exakt 31,1034768 Gramm

das Ausgangsgestein an Ort und Stelle, bilden sich sogenannte residuale Seifen. Lagerstätten, die dagegen an Hängen und Böschungen unterhalb des ursprünglichen Gesteins entstanden sind, werden als eluviale Seifen bezeichnet. Der Begriff „Seife" leitet sich vom mittelhochdeutschen Wort „sîfe" für „Bächlein" ab.

Erreichen Schuttmassen den Talboden, gelangen sie in den dort fließenden Bach. Sie werden von der Strömung fortgerissen und dabei abgerieben, bis schließlich das eingeschlossene Goldkorn freigelegt wird. Durch seine leichte Formbarkeit werden aus dem Gold zunächst runde Nuggets und schließlich flache Flitterchen, die in Bayern „Flinserl" genannt werden. Das schwerste in Deutschland jemals gefundene Nugget

Flache Goldflinserl aus dem Weißbach bei Inzell. Durch den weiten Transport in Gletschern und Gebirgsbächen wurde das Gold vollständig geplättet.

Gerundete Goldkörner aus Schottern bei Tittling im Bayerischen Wald

Links: „Gastrogold" aus echtem Blattgold

Rechts: „Goldhaus" in München-Riem: Die Maße des Gebäudes ergeben in etwa das Volumen des bisher weltweit geförderten Goldes.

wiegt 10,2 Gramm und stammt aus dem thüringischen Schwarzatal.

Lässt die Strömungsenergie des Flusses nach, zum Beispiel hinter größeren Steinen oder an der Innenseite einer Flusskurve, sinkt das Gold zusammen mit anderen schweren Mineralen auf den Grund. Dort bleibt es liegen und reichert sich an. Die leichteren Sandkörner, die meist aus Quarz bestehen, werden dagegen weitergespült. So bilden sich in Bächen und Flüssen, häufig in deutlicher Entfernung von der ursprünglichen Lagerstätte, natürliche Goldanreicherungen. Diese bezeichnet man als alluviale Seifen.

Das Seifengold lässt sich durch die Technik des Goldwaschens ohne größeren Materialaufwand von Hand gewinnen. Die Spuren des Goldwaschens aus früheren Zeiten lassen sich an vielen Orten in Bayern entdecken. Allerdings braucht es ein geschultes Auge, um die oftmals im Wald unter Bäumen versteckten Hügel und Gräben zu erkennen.

Gold, wohin man schaut?

Gold hat bis heute nichts von seiner Faszination eingebüßt. Und nach wie vor verweilt es eher im Verborgenen: zum einen in sicheren Kellern als Währungsreserven der nationalen Banken und zum anderen als unverzichtbarer Bestandteil elektronischer Hightech-Bauteile. So kann eine Tonne Handys annähernd 300 Gramm Gold enthalten und damit bis zu sechzigmal mehr als eine Tonne abbauwürdiges goldhaltiges Gestein. Die Begeisterung für Gold scheint auch heute kaum Grenzen zu kennen: Als essbare Dekoration verleiht der Zusatz von Blattgold Lebensmitteln und Speisen einen luxuriösen Charakter.

Man könnte daher meinen, Gold gäbe es in Hülle und Fülle. Schließlich „schwimmen" auch im Meer insgesamt schätzungsweise 15.000 Tonnen Gold. Doch wie viel Gold wurde seit Beginn der Goldsuche tatsächlich gefunden und gewonnen? Sehr wenig! Wie viel genau, zeigt ein 2009 im Münchner Stadtteil Riem errichtetes Bürogebäude. Das vollständig vergoldete Haus ist exakt 42 Meter lang, 24 Meter breit und acht Meter hoch. In dieses Gebäude würde rein theoretisch alles bisher geförderte Gold der Welt – gerade einmal 166.000 Tonnen – passen. Das Münchner „Goldhaus" verdeutlicht eindrucksvoll, warum das Edelmetall auch heute noch so selten und wertvoll ist.

AUF DEN PRÜFSTEIN BRINGEN

Wer heute etwas auf den Prüfstein bringt, kennt möglicherweise die ursprüngliche Bedeutung dieser Redewendung nicht. Der Prüfstein ist ein kleiner Reibstein, der bereits 600 vor Christus verwendet wurde, um den Reinheitsgehalt von Edelmetallen zu bestimmen. Meist besteht er aus matt angeschliffenem schwarzem Kieselschiefer, dem sogenannten Lydit, der in Bayern vor allem im Frankenwald zu finden ist. Über diesen wird das Goldnugget oder der Goldschmuck gerieben, sodass ein gelber Strich auf dem Stein zurückbleibt – ähnlich wie ein Kreidestrich auf einer Schiefertafel. Parallel dazu zieht man Striche mit Probiernadeln mit bekannten Goldgehalten. Anhand der Farbe und des Helligkeitsunterschiedes der Striche lässt sich der unbekannte Goldgehalt ermitteln.

Mit der Strichprobe auf einem Prüfstein lässt sich der Goldgehalt eines Schmuckstücks feststellen.

Auf Spurensuche

Wer bei einem Waldspaziergang auf meterhohe, lang gestreckte Hügel trifft oder auf Böden, die wie ein Schweizer Käse durchlöchert sind, steht womöglich an einer geschichtsträchtigen Stelle: Dort könnte einst nach Gold gesucht worden sein. Das Wissen um die Orte der Goldgewinnung ist heute weitgehend in Vergessenheit geraten. Es braucht viel Geduld und Erfahrung, um die historischen Spuren zu erkennen und zu bewahren.

Mannshohe Hügel mitten im Wald: Nur erfahrene Spurenleser erkennen darin die Relikte des Goldabbaus.

Um die „güldene" Bergbaugeschichte wieder lebendig werden zu lassen, haben Geologinnen und Geologen des Bayerischen Landesamtes für Umwelt (LfU) und der Technischen Universität München hoch aufgelöste Luftbilder unter die Lupe genommen. Die Aufnahmen stammen von an Flugzeugen montierten Laserscannern, die selbst das dichteste Laubdach durchdringen. So können sie tief im Wald verborgene Spuren sichtbar machen. Parallel dazu wurden Bibliotheken und Archive nach historischen Dokumenten durchforstet und einige fast vergessene Goldstückchen aus Mineralien- und Gesteinssammlungen ans Licht befördert. Einheimische halfen mit ihrem Wissen über die alten Stätten und wussten auch von damit verbundenen Sagen zu berichten. So gelang es, Stück für Stück ein umfassendes Bild des historischen Goldbergbaus in Bayern zu gewinnen.

Die Relikte der Goldgewinnung sind äußerst vielfältig. Schließlich hinterlässt das Herausschlagen eines goldhaltigen, tief ins Erdinnere hineinreichenden Quarzgangs nicht die gleichen Spuren wie das Ausschaufeln und Sieben von goldhaltigem Flusssand. Die aufwendige Puzzlearbeit hat großen Nutzen: Erst dokumentiert und katalogisiert lassen sich die historischen Abbauspuren von Berggold und Seifengold als Montan-Geotope im GEOTOPKATASTER am LfU erhalten,

Oben: Die im Buch verwendeten Symbole für die verschiedenen Typen der Goldenen Geotope

Rechts oben: Goldkristalle aus Roșia Montană (Goldbach) in Siebenbürgen, Rumänien aus der Flurl-Sammlung (Bildbreite knapp vier Millimeter)

als Dokumente der Bergbaugeschichte schützen oder auch touristisch erschließen.

Die verschiedenen Typen von Abbauspuren, die in diesem Buch beschrieben werden, sind im Folgenden fett hervorgehoben und in den Karten mit entsprechenden Symbolen dargestellt.

Haufenweise taube Steine

Am einfachsten wäre es für den Bergmann gewesen, wenn er das pure Gold am Stück aus dem Gestein hätte schlagen können. Doch das war so gut wie nie der Fall. Entweder war der goldhaltige Quarzgang zu schmal für Pickel und Bergmann oder das Gold lag über eine große Gesteinspartie fein verteilt in zahllosen winzigen Rissen und Klüften vor. Es galt also immer, große Mengen an erzfreiem – oder wie der Bergmann sagt: taubem – Nebengestein mit abzubauen und ins Freie zu schleppen. Dort klaubten Frauen und Kinder die goldhaltigen Brocken heraus. Dadurch entstanden direkt vor dem Eingang der Abbaustätten große Steinhaufen, die sogenannten **Halden**.

Mund zu, es zieht

Der Bergmann verfolgte das goldhaltige Gestein bis tief in den Berg hinein. In mühevoller Handarbeit trieb er waagerechte Röhren, die **Stollen**, vom Berghang oder Tal aus ins Berginnere. Der Stolleneingang, das sogenannte Stollenmundloch, wurde mit grob gehauenen Holzstämmen oder einem gemauerten Steinportal vor Einstürzen gesichert.

Doch nicht immer waren Stollen der geeignete Weg, um an das goldhaltige Erz zu gelangen. Es konnte so weit im Berginnern versteckt sein, dass es einfacher war, den Berg senkrecht von oben „anzubohren", anstatt lange Stollen in den Berg zu graben. Die Bergleute legten daher senkrechte **Schächte** an. Diese dienten als Zugang und für den Abtransport von goldhaltigem Gestein nach oben. Außerdem versorgten Schächte die Bergleute mit Atemluft. Je nach Zweck spricht man deshalb von Fahrschacht, Förderschacht und Wetterschacht („Wetter" bezeichnet in der Bergmannssprache die Luft). Über die Fahr- und Förderschächte wurde ein meist weithin sichtbarer Förderturm errichtet – ein kranartiges Gerüst, an dem mit Seilzügen Bergleute oder Gestein transportiert wurden. Solche eindrucksvollen Montanbauwerke sind bis heute vereinzelt erhalten geblieben.

Die typischen Teile eines kleinen Bergwerks: ein waagerechter Stollen mit Stolleneingang (Mundloch), eine Halde vor dem Stolleneingang mit wertlosem Nebengestein und ein senkrechter Schacht, der ebenfalls von abgebautem Gestein umringt ist (verändert nach Irber 1992)

Ehemaliger Förderturm der Grube Bayerland, der sich jetzt im Bergbau- und Industriemuseum Ostbayern in Theuern befindet

Vorsicht, Einsturzgefahr!

Das heute noch auffälligste Relikt der Berggoldgewinnung ist die Pinge – eine tiefe rundliche Kuhle oder ein länglicher Graben. Wenn das Holz, mit dem die Wände eines Schachtes ausgekleidet waren, mit der Zeit verfaulte, stürzte der ganze Schacht in sich zusammen. Zurück blieb eine tiefe, runde Kuhle, eine sogenannte Schachtpinge. Brach wiederum ein unterirdischer waagerechter Stollen zusammen, sackte das darüberliegende Gestein nach. Dadurch entstand eine grabenförmige, lang gezogene Vertiefung, die Stollenpinge.

Gruben und Gräben

Nicht immer war es notwendig, sich tief ins Berginnere vorzuarbeiten. Zumindest in den Anfängen des Goldabbaus wurden goldhaltige Gesteine noch an der Erdoberfläche gefunden und konnten im Tagebau ausgebeutet werden. Im Laufe der Jahrhunderte und aufgrund der immer intensiveren Suche nach Gold erübrigte sich diese Methode des Abbaus allerdings bald. In Bayern sind die Spuren des frühen Berggoldabbaus in Form von Trichtergruben erhalten geblieben. Diese kreisrunden, nach unten kegelförmig zulaufenden Löcher weisen relativ steile Flanken auf. Um den Rand herum befindet sich aufgehäuftes taubes Material aus dem Abbau. Bei Gruben mit einer Tiefe von über fünf Metern ist der Rand häufig von einem Graben durchschnitten, über den der Abtransport des geförderten Materials erfolgte.

Ein weiteres Relikt aus der Zeit der frühen Goldsucher sind Schurfgräben. Dabei handelt es sich um lang gestreckte, rinnenförmige Geländevertiefungen. Meist münden mehrere Gräben in einen größeren und tiefer liegenden Graben, sodass ein fingerartiges Grabensystem entsteht. Die Länge der Gräben beträgt wenige Meter bis maximal einige Zehnermeter, die Breite überschreitet selten fünf Meter. Sie zeugen vom Abbau lang gestreckter vererzter Bereiche in verwittertem Gestein.

Ausgestattet mit einer Wünschelrute (A), suchten die frühen Goldgräber das Gelände ab. An Stellen, an denen die Rute ausschlug, setzte man Pflöcke. Anhand dieser Markierungen wurden dann Schurfgräben (B) gezogen (aus Agricola 1556).

Es klappert die Mühle am rauschenden Bach

Die mühsam aus dem Berg gebrochenen goldhaltigen Gesteinsbrocken mussten mechanisch zerkleinert werden. Bei geringen Gesteins- und Erzmengen wurde das Material mit dem Fäustel zerklopft. Bei größeren Mengen verwendete man „Erzstampfen", die mit Wasserkraft angetrieben wurden. In diesen Pochwerken, so der Fachbegriff, trieb ein Mühlrad eine Welle an. Sie hob schwere hölzerne Stempel an, damit diese mit möglichst großer Wucht auf das Erz herabfielen. Um die Schlagkraft der meist aus Eichenholz gefertigten Stempel zu erhöhen, waren sie am unteren Ende mit einer Metallkappe oder einem harten Steinkopf versehen. Das Erz wurde so lange zertrümmert, bis es so klein wie Sandkörner war. Bereits vor 500 Jahren beschrieb der Gelehrte Georgius Agricola den Prozess des Erzstampfens: *„In den Julischen und Rätischen Alpen und auch in den*

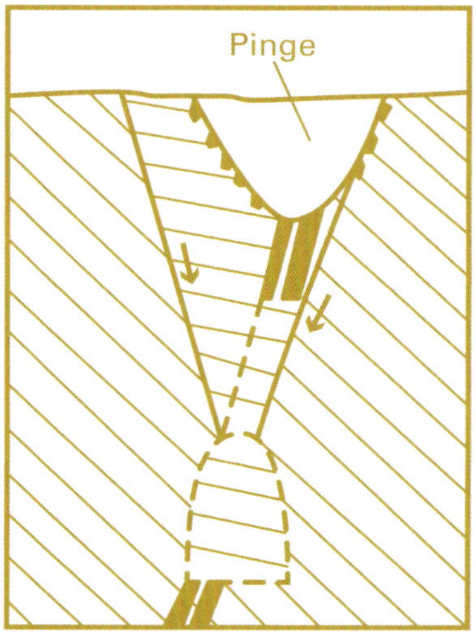

Bricht ein unterirdischer Stollen zusammen, sackt oft das darüber befindliche Gestein ein. Eine grabenartige Pinge zeichnet so den Verlauf des Stollens nach.

Pochwerk aus dem Bergbaubuch von Georgius Agricola (1556). Der Gelehrte aus der Bergbaustadt Joachimsthal in Böhmen dokumentierte die Bergtechnik in einzigartigen Holzschnitten.

Karpaten werden Gold- und Silbererze unter Pochstempeln, von denen mehr als zwanzig in einer Reihe aufgestellt sind, naß in einem langen Pochtroge gepocht" (Agricola 1556).

Die Stecknadel im Heuhaufen

Im nächsten Schritt galt es nun, das Gold im zertrümmerten Gestein ausfindig zu machen. Dabei kamen ähnliche Methoden zum Einsatz wie bei der Gewinnung von Seifengold, das bereits durch den Transport im Fluss klein gerieben worden war. In beiden Fällen mussten die wenigen Goldkörner zwischen den vielen tauben Körnern wie die Stecknadel im Heuhaufen gesucht werden.

Dazu wurde das zertrümmerte beziehungsweise vom Flusstransport zerriebene Gestein in eine hölzerne Waschrinne geschaufelt, durch die Flusswasser strömte. Der Boden der Rinne war mit einem wollenen Tuch überzogen. Die leichten Bestandteile des Flusssandes wurden mit dem Wasser weggespült. Die schweren Goldkörnchen verfingen sich dagegen im Wolltuch. Anschließend wurde das Tuch in einem Holzbottich ausgewaschen. Neben Tüchern wurden auch Schafsfelle verwendet – eine Methode mit langer Tradition, auf die wahrscheinlich der Mythos vom Goldenen Vlies zurückgeht.

Nach der ersten Anreicherung des goldhaltigen Materials in der Waschrinne kam der Sichertrog zum Einsatz, den ebenfalls bereits Agricola 1556 beschrieb: *„Der Sichertrog ist niedrig und glatt, denn er wird mit Öl oder einer anderen Art Fett eingerieben, damit nicht die kleinen Goldstäubchen an ihm hängenbleiben; auch wird er mit Ruß schwarz gefärbt, damit das Gold besser gesehen wird. Außerdem ist der Sichertrog unten in der Mitte zu beiden Seiten etwas eingekerbt, so daß er mit den Händen sicher erfaßt, gehalten und bewegt werden kann. Auf diese*

AGRICOLA – VATER DER MINERALOGIE

Georgius Agricola (1494 in Glauchau geboren und 1555 in Chemnitz verstorben) erwarb sich den Beinamen „Vater der Mineralogie". Mit bürgerlichem Namen hieß er Georg Bauer. Der Universalgelehrte forschte auch in den Geowissenschaften und im Bergbau. Seine zahlreichen Reisen in die Bergbaureviere des Erzgebirges fanden ihren Niederschlag 1556 in seinem Hauptwerk, dem Buch zur Metallkunde „De re metallica libri XII". Es handelt sich dabei um die erste detaillierte Beschreibung des Bergbau- und Hüttenwesens, die zwei Jahrhunderte lang Maßstäbe setzte. Neben einer modernen Theorie zur Entstehung von Erzgängen finden sich darin auch Abschnitte über Kobolde und Drachen, die Agricola „Lebewesen unter Tage" *(de animantibus subterraneis)* nannte.

Georgius Agricola (1494–1555), Arzt und Universalgelehrter

Weise sammeln sich die Goldkörnchen oder Stückchen am hinteren Teil des Sichertroges an und wandern, wenn der hintere Teil mit der Hand gestoßen wird, wie es zu geschehen pflegt, allmählich in den vorderen Teil. In dieser Weise wäscht man besonders in Mähren das Gold."

Nach dem Waschen sowohl des klein gepochten Gesteins als auch des Flusssandes blieben riesige Sandberge zurück, die sich am Ufer zu stattlichen Hügeln auftürmten. Diese Überreste der Goldwäscherei heißen Seifenhügel. Häufig werden sie in der Literatur und in Karten auch als Seifenhübel, Goldseifen, Seifenwerke, Bingen oder Bingenhübel bezeichnet. Im Fichtelgebirge nennt man diese Abbauspuren auch Reuthalden. Johann Christoph Adelung erklärt in seinem „Grammatisch-kritischen Wörterbuch der hochdeutschen Mundart" von 1811 die Herkunft des Begriffs: Eine Reuthalde sei eine Halde, also *„ein Hügel, der aus solchen groben mit der Reutgabel ausgeworfenen Theilen bestehet",* wobei die Reutgabel in den Seifenwerken dazu dient, *„das Grobe damit hinaus zu werfen".*

Seifenhügel können Quadratkilometer große Flächen bedecken. Ganze Uferabschnitte wurden auf diese Art umgestaltet. Erhalten haben sich die Seifenhügel fast nur im Wald. Auf landwirtschaftlich genutzten Flächen wurden sie im Laufe der Zeit eingeebnet. Nehmen die heute bewachsenen Halden der Goldwäscherei große Flächen ein, werden sie in Flurkarten oftmals als Grübenfelder eingezeichnet.

Goldwaschen mit der Waschrinne (A) und dem Sichertrog (H/I) nach Agricola (1556)

DAS GOLDENE VLIES

In der griechischen Mythologie ist das Goldene Vlies das Fell des goldenen Widders Chrysomeles, der fliegen und sprechen konnte. Der Mythos könnte einen wahren Kern haben. Bereits um die Mitte des 2. Jahrhunderts berichtete der Grieche Appian in seinem Geschichtswerk Rhomaika, dass die Flüsse des Kaukasus reichlich Goldstaub führten: Die einheimischen Bewohner hielten dichtwollige Schafsfelle ins Wasser, in denen sich der Goldsand verfing.

Jason mit dem Goldenen Vlies

Ein indonesischer Minenarbeiter hält einen „Amalgamknödel", eine Masse aus Gold und Quecksilber, in den Händen.

Das Erhitzen des Amalgams führt zum Abdampfen des enthaltenen Quecksilbers und es bleibt poröses Gold übrig, das noch perfekt den Abdruck des Beutels zeigt, mit dem das überschüssige Quecksilber „ausgepresst" wurde.

Gold und Quecksilber: eine brisante Mischung

Das Goldwaschen mit Rinne und Sichertrog funktioniert durch die bemerkenswerte Schwere des Edelmetalls an sich sehr gut →*Seite 10 und 11*. Manche Sande machen jedoch den Goldwäschern das Leben im wahrsten Sinn des Wortes schwer: Sie enthalten neben Gold noch viele ähnlich schwere, meist dunkle bis schwarze Minerale wie Ilmenit, Magnetit, Granat, Zirkon und Monazit. Dann hilft das Waschen im Sichertrog nichts – die begehrten Goldkörner bleiben zwischen den anderen Mineralen im sogenannten Schwermineralkonzentrat versteckt.

Mathias von Flurl beschrieb 1792 den Trick, mit dem sich die Goldwäscher in solchen Fällen schon damals zu helfen wussten: Das Schwermineralkonzentrat wird mit flüssigem Quecksilber vermischt und kräftig geschüttelt. So kommt das Quecksilber auch mit dem kleinsten Goldkörnchen in Kontakt. Bei diesem als Amalgamation bezeichneten Verfahren macht man sich zunutze, dass das eigentlich „bindungsscheue" Edelmetall Gold mit dem Halbedelmetall Quecksilber bei Zimmertemperatur eine Verbindung eingeht. Dabei entsteht eine teigartige Masse – das Amalgam. Dieser „Amalgamknödel" wird dann in einen Lederbeutel gegeben und ausgedrückt. Überschüssiges, nicht amalgamiertes Quecksilber dringt durch die Lederporen nach außen und kann so für den nächsten Trennungsvorgang wiederverwendet werden.

Anschließend wird der „Amalgamknödel" auf über 390 Grad Celsius erhitzt. Dadurch verdampft das restliche Quecksilber. Zurück bleibt ein kleiner Batzen reinen Goldes. Das erfolgreiche Verfahren hat allerdings gravierende Folgen für Mensch und Umwelt: Quecksilber ist ein Neurotoxin, das zu schweren gesundheitlichen Schäden führt. Zum einen ist das Einatmen des Dampfes gefährlich. Zum anderen kondensiert der Quecksilberdampf in der Luft und „regnet" fürs menschliche Auge unsichtbar wieder auf Boden und Gewässer herab. Ganze Landstriche, Flüsse und Seen wurden – und werden noch heute – so verseucht. In den Zentren der frühen Goldgewinnung war die Quecksilberbelastung mitunter so hoch, dass heute noch Quecksilbertropfen beim Umgraben in der Erde entdeckt werden.

MATHIAS VON FLURL

Mathias von Flurl wurde am 5. Februar 1756 in Straubing geboren. 1777 ging er als Lehrer nach München, zehn Jahre später wurde er zum kurfürstlichen Berg- und Münzrat ernannt. Flurl unternahm immer wieder Studienreisen, zum Beispiel in den sächsischen Bergbauort Freiberg. 1792 veröffentlichte er sein wissenschaftliches Hauptwerk „Beschreibung der Gebirge von Baiern und der oberen Pfalz" mit der ersten geologischen Karte Bayerns. Damit begründete er die Mineralogie und Geologie in Bayern.

Flurl sanierte die Nymphenburger Porzellanmanufaktur und reformierte die oberbayerische Salzgewinnung. Für sein Wirken erhielt der Wissenschaftler zahlreiche Ehrungen. So wurde Flurl unter anderem in die Bayerische Akademie der Wissenschaften aufgenommen und in den Adelsstand erhoben. Den Höhepunkt seiner beruflichen Karriere erreichte er 1820, als er zum Vorstand der königlichen General-Bergwerks-Salinen- und Münzadministration berufen wurde. Nur wenig später, am 27. Juli 1823, verstarb Flurl während der Inspektion einer Saline in Bad Kissingen.

Mathias Bartholomäus Ritter von Flurl (1756–1823). Das Porträt ziert seit 2017 den Flurl-Gedenkstein auf dem Kapellenfriedhof in Bad Kissingen.

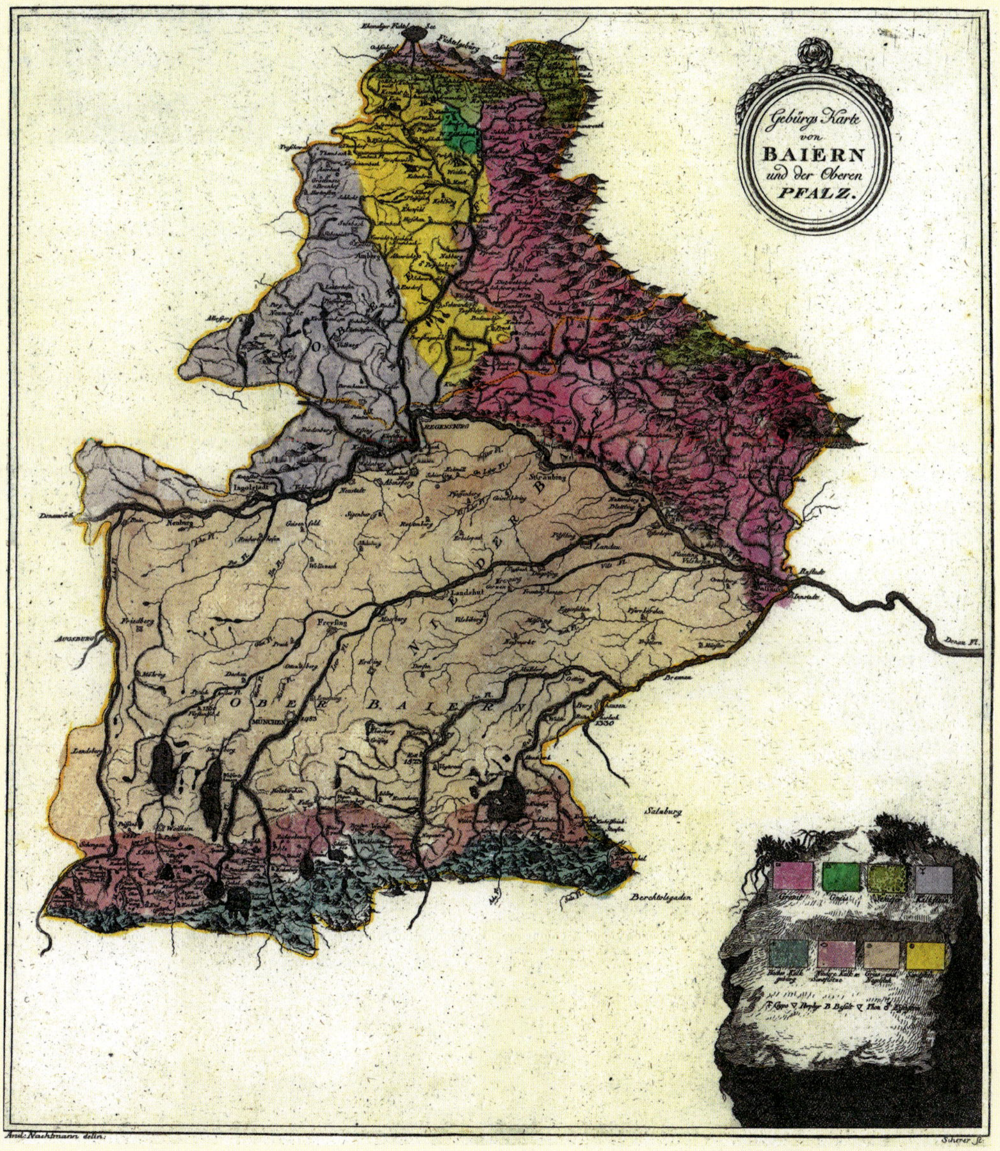

Mathias von Flurl erstellte 1792 die erste geologische Karte von Bayern.

Goldene Geotope

Die 20 schönsten Goldenen Geotope aus Frankenwald und Fichtelgebirge, dem Oberpfälzer und Bayerischen Wald sowie dem Voralpenland sind faszinierende und geheimnisvolle Orte: Sie laden Groß und Klein dazu ein, auf den Pfaden der einstigen Goldsucher zu wandeln, und lassen Bergbaugeschichte lebendig werden.

Für dieses Buch wurden aus einer Vielzahl von Geotopen in ganz Bayern, die mit dem Goldabbau in Verbindung stehen, die 20 außergewöhnlichsten ausgewählt. Sie werden in den nachfolgenden Kapiteln und Karten von Norden nach Süden vorgestellt und dürfen alle besichtigt werden. Zu jedem Geotop gibt es daher im Buch eine detaillierte Wegbeschreibung und eine Übersicht mit den wichtigsten Fakten zum Objekt.

Diese Informationen können auch unter www.lfu.bayern.de/geologie/gold heruntergeladen werden.

In den Kapiteln erfährt man, was genau vor Ort zu sehen ist, warum es dort überhaupt Gold gab und wie viel davon auf welche Weise abgebaut wurde. Dazu gibt es zahlreiche Tipps, was es noch alles rund ums Gold in Bayern zu erleben gibt, wie beispielsweise Bergwerksbesuche oder Goldwaschaktionen für die ganze Familie. Und natürlich fehlen auch die von Büchern oder Einheimischen überlieferten Sagen und Erzählungen nicht, die den Goldenen Geotopen ihren besonderen Zauber verleihen.

GOLD, GESTEIN UND GEOLOGIE

Die meisten Relikte der Goldgewinnung in Bayern sind im Grundgebirge (Nord-)Ostbayerns vom Frankenwald über die Münchberger Masse, das Fichtelgebirge und den Oberpfälzer Wald bis in den Bayerischen Wald zu finden. Aber auch in den bayerischen Alpen und in den großen Flusstälern der Voralpen befinden sich ehemalige Gewinnungsstellen.

Auf den ersten Blick ist das Gold scheinbar unsystematisch verteilt: mal im Berginnern, mal als Flussseife, in ganz alten und weniger alten Gesteinen, in Kristallingestein und auch in Gegenden, die aus Kalkstein bestehen. Das lässt sich mit der hohen Beständigkeit von Gold erklären. Es verwittert im Gegensatz zum umliegenden Gestein nicht. So wurde es im Laufe der Zeit in Flüssen oft sehr weit weg von seinem eigentlichen Entstehungsort verfrachtet.

Vier Arten der Goldlagerstätten sind in Bayern vertreten: Berggold (in metamorphen Gesteinen und in Quarzgängen), residuale, eluviale und alluviale Seifen.

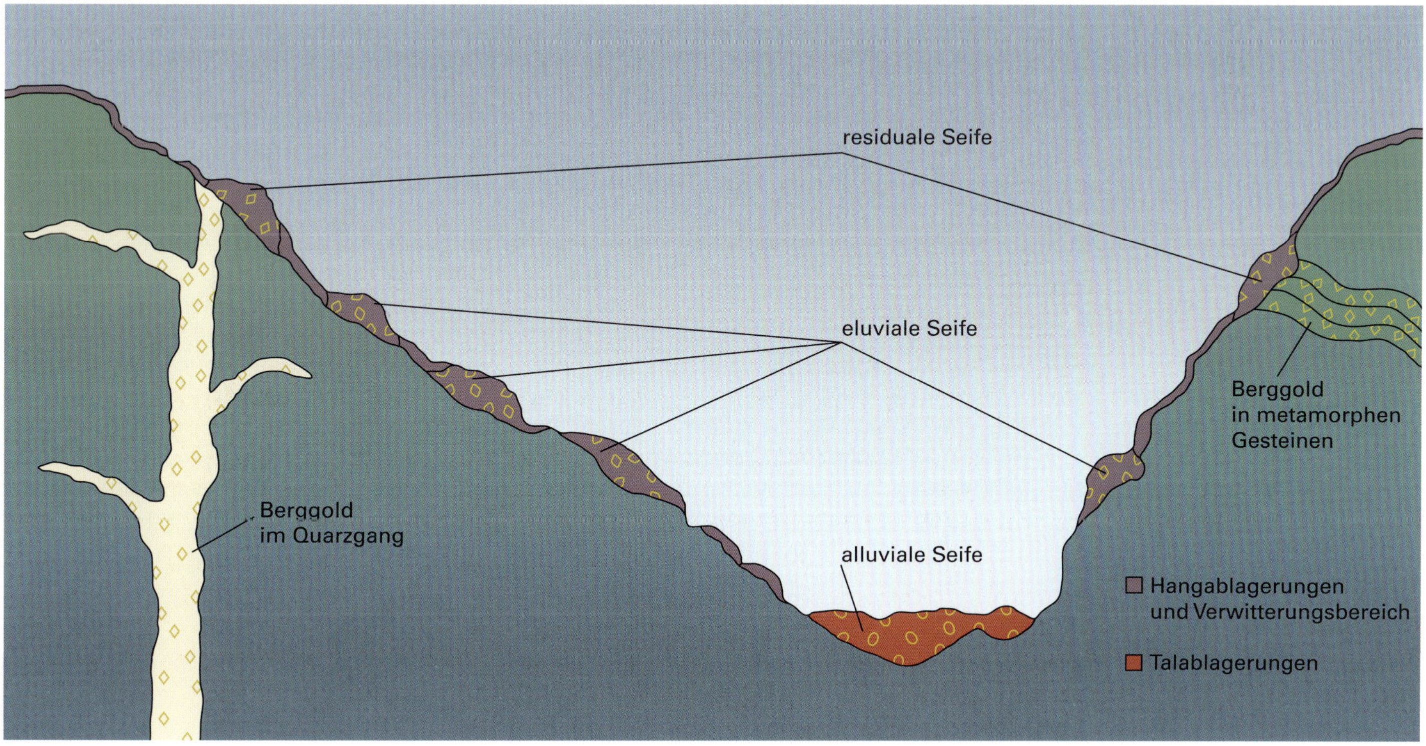

Eine glückliche Verkettung von Umständen

Wie genau verteilte sich also das Gold in Bayern? Als die Erde in ihrer Frühzeit noch ein glutflüssiger Feuerball war, sank alles Gold aufgrund seiner hohen Dichte ins Erdinnere. Das gesamte bayerische Gold stammt demnach aus dem Erdinnern und musste erst einmal durch Vulkanausbrüche mit der Lava wieder nach oben geschafft werden. Die Goldgehalte in der erkalteten Lava sind sehr, sehr gering: Nur eines von einer Milliarde Teilchen besteht aus Gold. Anders ausgedrückt: Es ist hundertmal wahrscheinlicher, einen Sechser im Lotto zu haben, als in dieser Lava ein Goldteilchen zu entdecken.

Erst ab einer mindestens tausendmal so hohen Konzentration lohnt sich der Abbau von Gold. Damit eine solche abbauwürdige Lagerstätte entsteht, ist eine glückliche Verkettung von Umständen nötig. Vor allem heißes Wasser ist dabei von entscheidender Bedeutung. Denn das im Lavagestein fein verteilte, nur in Spuren vorhandene Gold wird dadurch gelöst, wegtransportiert und an anderer Stelle wieder ausgeschieden und angereichert. Dies gelingt am besten, wenn die goldhaltigen Ausgangsgesteine dahin zurückversenkt werden, wo sie herkamen – in die Tiefen des Erdinnern.

Bei der variszischen Gebirgsbildung geschah in Ostbayern genau das: Bevor die Berge in die Höhe wuchsen, wurden alle Gesteine metamorph überprägt. Das heißt, sie wurden tief nach unten gedrückt, aufgeheizt und verändert. Dabei entstanden aus Sedimentgesteinen vor allem Gneise und Glimmerschiefer; aus der vulkanischen Lava wurden Metabasalte („Diabase") und Amphibolite.

Mitgefangen, mitgehangen

Bei der Versenkung ins Erdinnere macht die Natur vor nichts halt. Alles, was zu diesem Zeitpunkt vor Ort ist, wird in die Tiefe gezogen. Häufig waren das tonige und sandige Ablagerungen, die sich nach Ende eines Vulkanausbruchs über der erstarrten Lava abgelagert hatten. Immer da, wo Ton beteiligt ist, wird es „nass". Denn in Tonmineralen ist viel Wasser gebunden, das durch die Hitze und den enormen Druck in der Tiefe freigesetzt wird. Dieses heiße Wasser löst das Gold und transportiert es zusammen mit anderen Metallen und Silizium weg. An anderer Stelle im Untergrund, vorzugsweise da, wo das Gestein zerklüftet ist, kristallisiert das gelöste Gold fein verteilt oder zusammen mit Quarz wieder aus – Goldlagerstätten entstehen.

Nach Abschluss der variszischen Gebirgsbildung hatte die Natur Millionen Jahre Zeit, um an den goldhaltigen Gesteinen der Berge Ostbayerns – und auch an denen der österreichischen Zentralalpen – zu nagen: Wind und Wetter „zerbröselten" die Gesteine, Goldkörnchen wurden aus ihrem steinernen Gefängnis befreit, in Bächen weggespült und an ganz anderer Stelle wieder abgelagert. Je nach Abstand zur Goldquelle entstanden so residuale, eluviale oder alluviale Goldseifen → *Seite 12–14*. Die Goldkörner kamen in diesem unvorstellbar langen Zeitraum nicht zur Ruhe: Neue Flüsse, ab und an auch Gletscher wirbelten die abgelagerten Körner wieder auf und verfrachteten sie ein zweites oder drittes Mal.

Und ewig grüßt das Murmeltier

Die Reise des Goldes hat im Grunde weder Anfang noch Ende. Ein Beispiel dafür sind die ostbayerischen Cordierit-Sillimanit-Gneise. Deren Ausgangsgesteine waren sogenannte Grauwacken. Das sind verfestigte Überbleibsel all der Minerale, Gesteinsbruchstücke und in diesem Falle auch Goldkörnchen, die ein Fluss auf seinem Weg ins Meer einsammelt und an seiner Flussmündung ins Meer schüttet. Dadurch entstand eine erste Goldanreicherung. Während der variszischen Gebirgsbildung wurde diese Goldseife wie das Lavagestein in die Tiefe versenkt, metamorph in Cordierit-Sillimanit-Gneise umgewandelt und wieder herausgehoben. Wind und Wetter haben das angereicherte Gold aus dieser „versteinerten" Paläoseife schließlich gelöst. Es gelangte wieder in einen Fluss und wurde, diesmal in noch höherer Konzentration, als junge Goldseife erneut abgelagert – ein ewiger Kreislauf.

Unmengen von Gold?

Berge von Gold hat es in Bayern nie gegeben. Nach Schätzungen des Bayerischen Landesamtes für Umwelt (LfU) wurden im historisch belegbaren Zeitraum des Goldabbaus vom 14. Jahrhundert bis heute 15 bis 20 Tonnen Gold gefunden. Diese Angabe ist die bisher erste Schätzung dieser Art und basiert auf historischen Quellen und Berechnungen. Diese Menge mag gering erscheinen, aber tatsächlich wurden weltweit bisher „nur" 166.000 Tonnen Gold abgebaut → *Seite 14*.

Ein anderer Rechenweg zeigt, dass die Größenordnung stimmen könnte: Die Landfläche der Erde beträgt über 140 Millionen Quadratkilometer, also 2.000-mal mehr als die Fläche Bayerns. Teilt man die bisher weltweit gewonnene Menge an Gold durch 2.000, müssten auf Bayern anteilig rund 80 Tonnen Gold entfallen.

In der nachstehenden Tabelle sind die vermutlichen Goldmengen für die im Buch vorgestellten Geotope angegeben – soweit die Recherchen eine solche Angabe zuließen.

GOLDENES GEOTOP	LANDKREIS	REGION	TYP DER LAGERSTÄTTE	AUSBEUTE [KG]
1 Schurfgraben „Gevattergraben" bei Bad Steben	Hof	Frankenwald	Berggold in Quarzgängen, residuales Seifengold	70
2 Seifenhügel am Untreubach bei Hof	Hof	Bayerisches Vogtland	alluviales Seifengold	30
3 Seifenhügel entlang der Pulschnitz bei Münchberg	Hof	Bayerisches Vogtland	alluviales Seifengold, früher auch Berggoldgewinnung	1.000–2.000
4 Stollenmundloch an der Saalequelle	Hof	Fichtelgebirge	vermutlich Berggold (nicht nachgewiesen)	unbekannt
5 Schachtpinge am Goldberg in Goldkronach	Bayreuth	Fichtelgebirge	Berggold, alluviales Seifengold	mehrere 1.000
6 Schachtpinge „Churfürst" bei Neualbenreuth	Tirschenreuth	Oberpfälzer Wald	Berggold, eluviales und alluviales Seifengold	< 100
7 Seifenhügel beim „Goldbrunnen" von Erbendorf	Tirschenreuth	Oberpfälzer Wald	alluviales Seifengold	nicht ermittelbar
8 Schachtpinge „Güttingloch" bei Oberviechtach	Schwandorf	Oberpfälzer Wald	Berggold, residuales und eluviales Seifengold	nicht ermittelbar
9 Grübenfeld „Alte Schanze" am Steinbach bei Diepoltsried	Cham	Oberpfälzer Wald	alluviales Seifengold	nicht ermittelbar
10 Grübenfeld am Rothbach bei Bodenmais	Regen	Bayerischer Wald	alluviales Seifengold	550
11 Silberberg in Bodenmais	Regen	Bayerischer Wald	vermutlich Berggold (nicht nachgewiesen)	unbekannt
12 Grübenfeld in der Rannenau bei Zwiesel	Regen	Bayerischer Wald	alluviales Seifengold	4.300
13 Grübenfeld am Rachelseebach	Freyung-Grafenau	Bayerischer Wald	alluviales Seifengold	2.000
14 Grübenfeld bei Eppendorf nahe Tittling	Passau	Bayerischer Wald	alluviales Seifengold in Paläoseife	nicht ermittelbar
15 Trichtergruben und Grübenfeld bei Eisenbernreut	Freyung-Grafenau	Bayerischer Wald	residuales Seifengold	nicht ermittelbar
16 Grübenfeld an der Kalten Moldau bei Haidmühle	Freyung-Grafenau	Bayerischer Wald	alluviales Seifengold	3.000
17 Ehemalige Goldwäsche an der Isar bei Niederaichbach	Landshut	Tertiärhügelland	alluviales Seifengold	nicht ermittelbar
18 Grübenfeld an der Amper bei Schöngeising	Fürstenfeldbruck	Alpenvorland	alluviales Seifengold	nicht ermittelbar
19 Ehemalige Goldwäsche am Röthelbach bei Traunstein	Traunstein	Nördliche Kalkalpen	alluviales Seifengold	nicht ermittelbar
20 Weißbachschlucht bei Schneizlreuth	Berchtesgadener Land	Nördliche Kalkalpen	alluviales Seifengold	nicht ermittelbar

1 Schurfgraben „Gevattergraben" bei Bad Steben

Schon Alexander von Humboldt war sich sicher, dass im „Gevattergraben" in großem Stile Gold gewaschen wurde, obwohl zu seiner Zeit die Berichte nur „fabelhaft und unbestimmt" waren. Heute steht fest, dass er Recht hatte.

Der „Gevattergraben" ist bis zu 30 Meter breit und so tief, dass ganze Häuser darin Platz fänden.

DAS GEOTOP

Das bekannteste Goldvorkommen des Frankenwaldes liegt im „Gevattergraben" westlich von Bad Steben. Eigentlich ist dieser ein kleines Seitental, das in das breite Tal des Langenbachs mündet. Nichts Ungewöhnliches, könnte man meinen, wäre da nicht die imposante Größe. Der Graben ist bis zu 30 Meter breit und so tief, dass ganze Häuser darin Platz fänden. An den Grabenschultern türmen sich bis zu vier Meter hohe Halden auf.

Natürlich führte dieser tiefe Einschnitt zu vielen Spekulationen. Bayerns berühmter Geologe Carl Wilhelm von Gümbel schrieb 1894 darüber: *„Andere Bergwerke scheinen in ein märchenhaftes Dunkel gehüllt, wie … die Gold- und Silberseifen im Gevattergraben bei Obersteben …"* Von Goldfunden war also die Rede und davon, dass dort, *„noch vor dem 15. Jahrhundert, Gold und Silber geseifet worden sein soll"* (von Gümbel 1879). Im digitalen Geländemodell fällt es besonders deutlich auf: Der „Gevattergraben" schneidet scharf und tief ein; die anderen kleinen Täler sind eher weich und gerundet. Dieser Einschnitt ist offenbar nicht einfach durch einen kleinen Bachlauf entstanden.

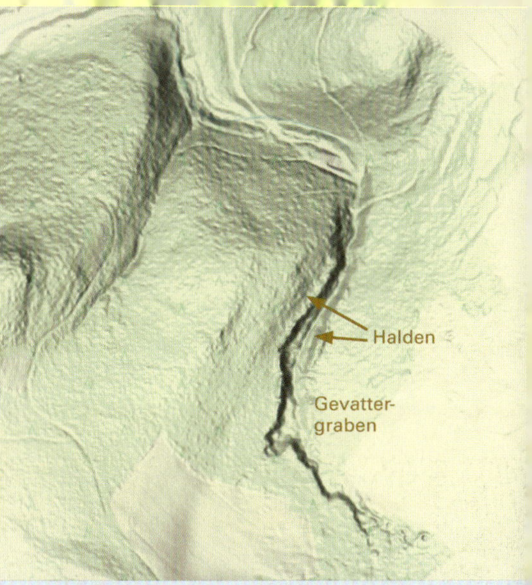

STANDORT	Landkreis Hof, Gemeinde Geroldsgrün
KOORDINATEN	N 50° 21,546′ E 011° 34,866′
LAGERSTÄTTENTYP	Berggold in Quarzgängen, residuales Seifengold
ABBAUPERIODEN	14. bis 15. Jahrhundert; eventuell erneut 17. Jahrhundert
GOLDHERKUNFT	tiefgründig verwitterte Störungszone innerhalb devonischer Diabase
GOLDMENGE	circa 70 Kilogramm insgesamt
SONSTIGES	Trinkwasserschutzgebiet: Das Betreten des „Fassungsbereichs" ist verboten.

Im digitalen Geländemodell stechen der tiefe, scharfe Einschnitt des „Gevattergrabens" und die begleitenden Halden hervor.

NAVI	Mühlleithen, 95179 Geroldsgrün
WEGBESCHAFFENHEIT	Forststraße, dann steiles, wegloses Gelände
WEGBESCHREIBUNG	Knapp 1 km hinter dem Ortsende von Langenbach vorbei am letzten Gebäude von Mühlleiten in einer Rechtskurve. Dann weiter talwärts, nach etwa 400 m Parkmöglichkeit rechts der Straße. Von dort zu Fuß rund 300 m zurück bis zu einem nach rechts (Südosten) abzweigenden Forstweg. Den Langenbach überquerend und im Hochwald steil bergauf bis zur Trinkwasser-Aufbereitungsanlage „Gevattergraben". Nach dem hier endenden Forstweg weglos rechts an einer Quellfassung vorbei nach oben bis zur Grabenschulter.
TIPP FÜR WANDERUNGEN	Geologisch-bergbaukundlicher Lehrpfad → *Seite 32* Informationen zum Lehrpfad unter www.geschichte-steben.de/lehrpfad.html

TIPP FÜR RADTOUREN

Der Radweg BS 2 führt in der Nähe des Geotops vorbei.

An den Rändern des Grabens türmen sich hohe Haldenzüge auf.

Heute weiß man, dass der Graben von Menschenhand geschaffen und dort wirklich Gold gewonnen wurde. Eine inzwischen verstorbene Anwohnerin berichtete, dass sie noch um 1910 ein gerstenkorngroßes Goldnugget gefunden habe.

GOLDHERKUNFT

„Sollte das über dem Kalkstein liegende aufgelöste tonartige Gebirge Goldkörner als Geschiebe geführt haben?" Über die Frage der Goldherkunft hat bereits 1792 kein Geringerer als der weltberühmte Forschungsreisende Alexander von Humboldt gegrübelt. Gleich nach seinem Studium wurde der junge preußische Bergbeamte im Auftrag des Ministers für Bergbau und Hüttenwesen, Freiherr Friedrich Anton von Heinitz, nach Oberfranken geschickt. Er sollte kränkelnde Bergwerke wieder beleben und neue erschließen. Die goldenen Zeiten waren jedoch längst vorüber, die Gänge abgebaut, und *„bey einem verringerten Ausbringen und mindern relativen Werth der edlen Metalle, und dagegen erhöhetem Arbeitslohn"* konnten die meisten Gruben nicht mehr erhalten werden (Goldfuß & Bischof 1817).

Humboldt: Der Gewinn war beträchtlich

Seine Unterkunft hatte Humboldt in Bad Steben bezogen. Von dort aus besuchte er die Bergwerke der Gegend. Der aufstrebende, emsige Beamte fertigte 1792 einen Tätigkeitsbericht, der noch heute eine wahre Fundgrube für Montangeschichte und Lagerstättenkunde darstellt. Darin ist über den „Gevattergraben" zu lesen:

„Ebenfalls in diesem Gegengebirge, aber am mitternächtlichen [nach Norden geneigten] *Abhang desselben liegt der Gevattersgraben, der wegen seiner Gold- und Silberwäsche bekannt ist. Der Graben oder kleine Bach ist kaum 2 Fuß breit und wenige Zoll tief. Er dient wohl nur bloß zur Wäsche selbst, denn man leitete (ein Zeichen, daß der Gewinnst beträchtlich war) von Streitbach* [gemeint ist Steinbach] *um Großenreith die Wasser in Spundstücken hinzu … Noch vor 15 Jahren waren sächsische Bergleute, andere sagten Venetianer, hier und wuschen wirklich Gold. Die Nachrichten sind alle sehr fabelhaft und unbestimmt. Daß aber hier Gold und Silber wirklich gewaschen wurde, ist außer Zweifel."*

Wozu das Wasser?

Eines wird aus Humboldts Bericht klar: Vom Dorf Steinbach auf der Hochebene wurde künstlich zusätzliches Wasser in den Graben geleitet. Diese Wasserzuleitung von Steinbach (in einem großen Bogen um den Berg Langesbühl herum) über Großenreuth ist heute im Gelände nicht mehr zweifelsfrei nachweisbar. Möglicherweise handelt es sich bei einer im oberen Teil des „Gevattergrabens" erkennbaren, nach Südwesten führenden Einsenkung um Überreste. Im jahrhundertelang intensiv landwirtschaftlich genutzten Bereich des Langesbühls verlieren sich jedoch sämtliche Spuren.

Wozu das Wasser? Zum Auswaschen von goldhaltigem Sand? Zweifel sind angebracht. Denn wer an der Grabenschulter auf einer der Halden steht und 15 Meter in die Tiefe blickt, kann sich schlecht vorstellen, dass das armselige Rinnsal namens Gevatterbach den Graben mit 15 Meter dicken Sandablagerungen randvoll aufgefüllt hat, die dann die Goldsucher ausgewaschen haben. Wenn es nicht der abgelagerte Flusssand war, wonach könnten die frühen Bergleute sonst bis zu 15 Meter tief in den Berghang gegraben haben? Ein Blick in die geologische Karte verrät, dass der Untergrund der gesamten Umgebung aus dunkelgrünem Diabas (alten Vulkangesteinen) besteht. Einzelne im Graben verstreut liegende Quarzbrocken lassen den Schluss zu, dass auch Quarzgänge im Untergrund vorkommen. Und der „Gevattergraben" liegt exakt in der Verlängerung einer von Geologen schon in den 1980er-Jahren vermuteten Störungszone. Sind das die geologischen Zutaten, die es für eine Goldlagerstätte braucht?

Die verborgene Störungszone

Erste Hinweise auf die Goldherkunft geben die umfangreichen Prospektionsarbeiten der ehemaligen Firma Preussag und der Universität Kiel 1983/84. Nach Wochen mühevoller Arbeit wurde die Kieler Mineralogiestudentin Christiane Ebert fündig (Ebert & Kern 1988). Genaue Untersuchungen der von ihr entdeckten Goldkörner ergaben, dass diese eckig sind, also wohl nicht lange Strecken im Wasser transportiert worden waren. Sie mussten von einem Quarzgang ganz in der Nähe kommen. Andere Körner ließen darauf schließen, dass sie aus den benachbarten eisenhaltigen Diabasen stammen.

Aufschluss im verwitterten Diabas des „Gevattergrabens", entstanden durch Baggerarbeiten

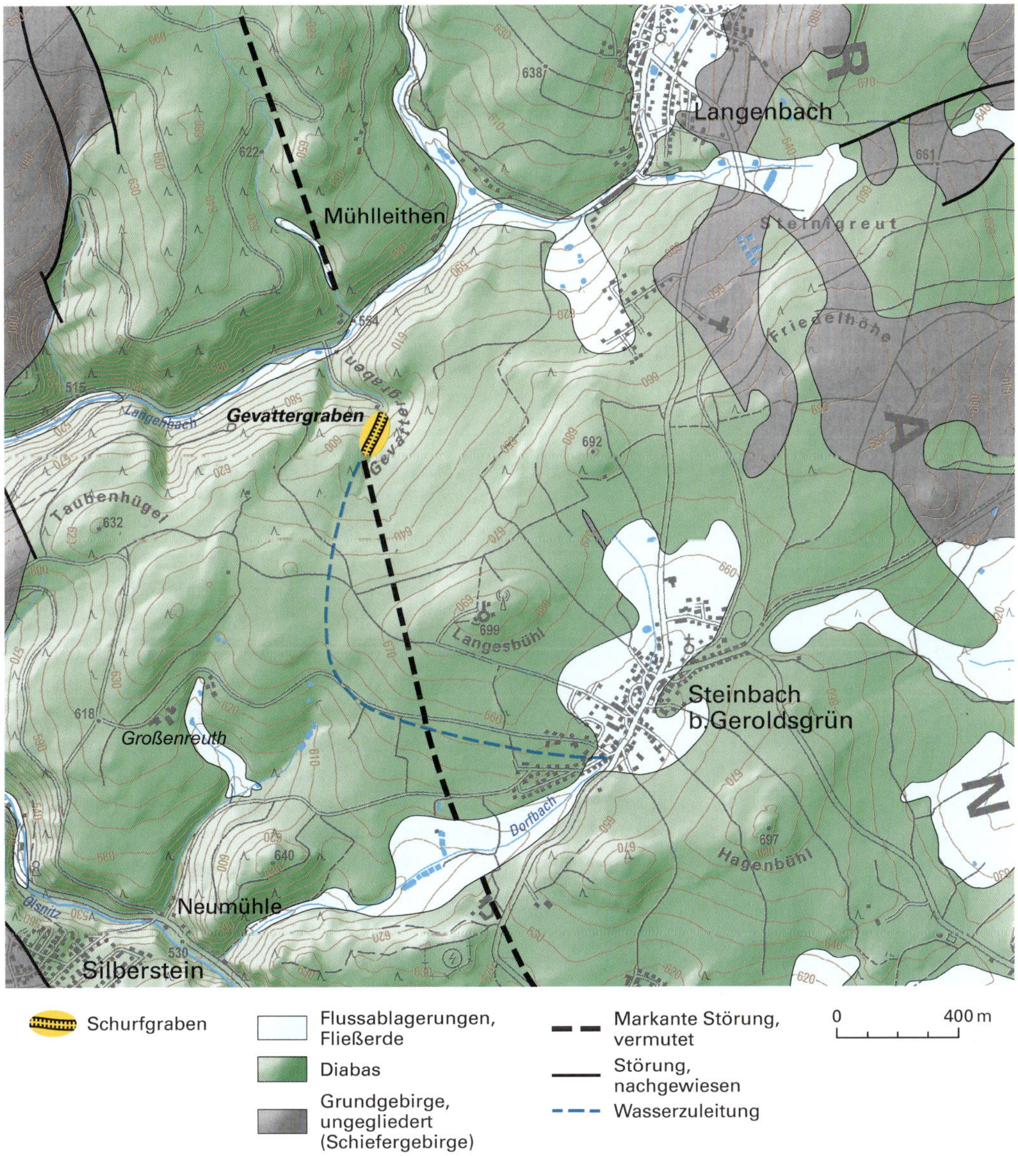

Geologische Karte der Gegend um den „Gevattergraben". Man beachte: Eine Störungszone zeigt in ihrer Verlängerung exakt auf den Graben.

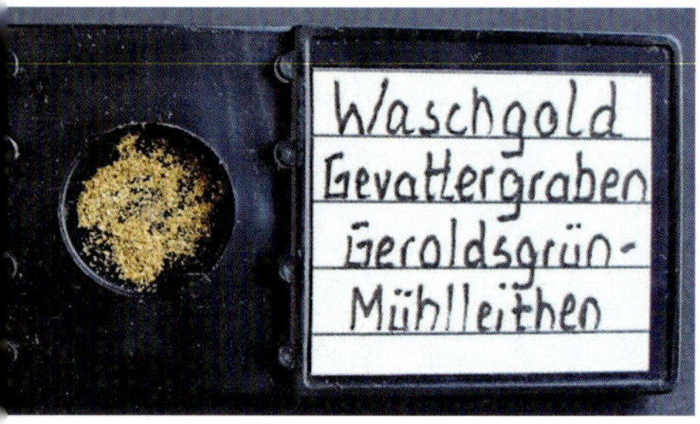

Waschgold aus dem „Gevattergraben", Ausbeute von vier Waschtagen

Folgendes Szenario ist vorstellbar: Der ursprüngliche „Gevattergraben" war ein flaches Seitental wie alle anderen auch. Der Unterschied bestand darin, dass sich darunter vermutlich eine lang gestreckte, goldhaltige Störungszone verbarg, die durch Gesteinsbewegungen während einer frühen Gebirgsbildung entstanden ist. Gesteine in solchen Störungszonen sind von unzähligen Spalten und Klüften durchzogen und verwittern dadurch leichter.

Die frühen Bergleute entdeckten die Störungszone, gruben von oben das verwitterte Material nach residualem Seifengold ab und warfen das taube Gestein auf die Grabenschulter, solange der Graben nicht allzu tief war. Als das später zu mühselig wurde, stellten sie ihre Technik um. Das ohnehin verwitterte und zerbrochene Gesteinsmaterial im Graben wurde mit Wasser aufgeweicht und den steilen Graben hinabgespült. Der Schlammstrom wurde vermutlich noch im Graben über eine Waschrinne geleitet, um das Schwermineralkonzentrat mit dem Gold zu gewinnen. Dafür also benötigten die Bergleute das „Waschwasser". Es darf sogar vermutet werden, dass ein Pochwerk zum Zerkleinern der größeren Brocken betrieben wurde.

War das Schwermineralkonzentrat erst einmal gewonnen, konnte die weitere Seifen- und Amalgamierarbeit mit Quecksilber unter angenehmeren Arbeitsbedingungen weiter unten im breiten Langenbachtal in einer Goldmühle erfolgen. Ein Indiz hierfür liefert ein anonymer Verfasser in seinem „Versuch einer topographischen Beschreibung des Oberamts Lichtenberg und Thierbach" von 1767: *„Darunter (unter Steinbach) liegt die Goldmühl und wird zu dieser Dorfgemeinde gerechnet, ist auf Charte bes. gezeichnet. Es soll solche diese Benennung daher haben, weil sie von der an dem Gevatterbach eingegangenen Kunst- und Goldwäsche soll erbaut worden seyn, wie man denn einen runden Stein daselbst zeiget, der wie ein Reibstein aussiehet, und zum Goldreinigen soll gebrauchet worden seyn."*

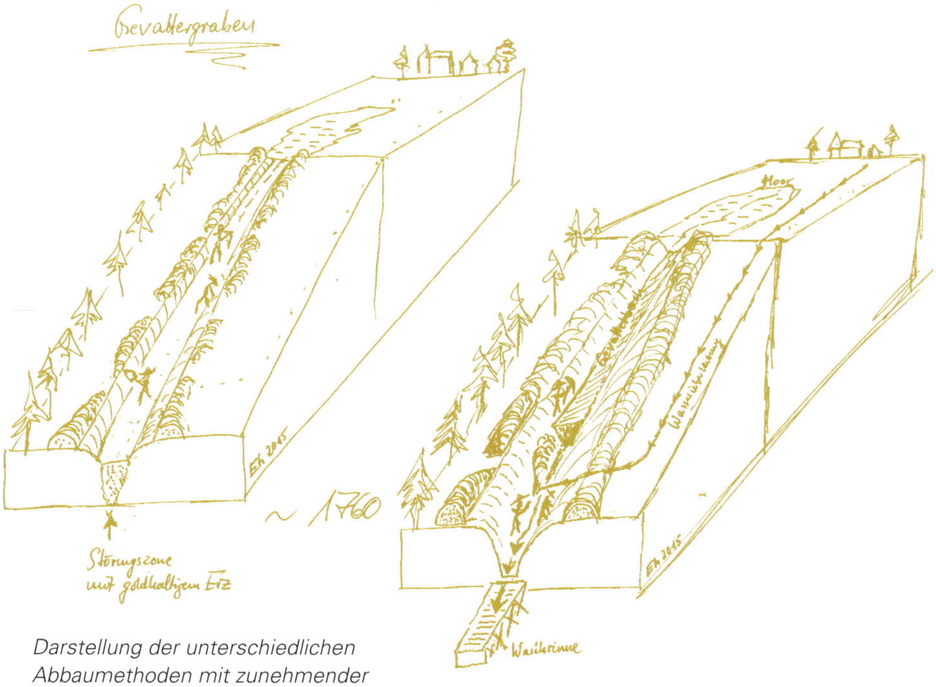

Darstellung der unterschiedlichen Abbaumethoden mit zunehmender Grabentiefe

GOLDMENGE

Der Thüringer Geologe und Goldexperte Heinz Pfeiffer erforschte 1985 die Goldausbeute der alten Bergbaue im benachbarten Thüringen. Das Gold kommt dort in ähnlichen Gesteinen wie in Nordbayern vor. Im thüringischen Goldbergwerk in Reichmannsdorf wurden auf etwa 60.000 Quadratmetern umgerechnet 180.000 Kubikmeter Gesteinszersatz aus bis zu drei Meter Tiefe gefördert. Der Zersatz dürfte nach Schätzungen von Pfeiffer zwei bis drei Gramm Gold je Tonne Gestein enthalten haben. In Reichmannsdorf wurden insgesamt 300 Kilogramm Gold gewonnen. Übertragen auf den 200 Meter langen, im Schnitt 20 Meter breiten und zehn Meter tiefen „Gevattergraben" (40.000 Kubikmeter), könnten also aus dem Zersatzgestein des Grabens knapp 70 Kilogramm Gold erbeutet worden sein.

BERGBAUGESCHICHTE

Waldemar Lang, Kulturwart des Frankenwaldvereins und leidenschaftlicher Heimatforscher, zeichnete eine Sage über den „Gevattergraben" auf (Frobel 1995): *„So hütete ein Langenbacher Hirte im Gevattergraben sein Vieh. Er traf dort einen Zwerg, der ihn warnte: Wenn er einen Schatz fände, solle er sich nur täglich ein Goldstück davon nehmen. Zur Geroldsgrüner Kirchweih nahm er sich aber zwei Goldstücke. Die Truhe schlug zu, seine Hände waren weg."*

Nicht nur der Langenbacher Hirte hatte es auf das Gold abgesehen. Auch der Nürnberger Burggraf Friedrich IV. war darauf erpicht und ließ sich seine Königs- beziehungsweise Kaisertreue im wahrsten Wortsinn vergolden. Im Jahr 1323 ließ er sich vom amtierenden Regenten König Ludwig dem Bayern für seine Königstreue in einer Schlacht nicht etwa Preziosen oder Ländereien schenken, sondern *„alle Erze von Gold, Silber, Kupfer und Eisen, wie jegliche andere Art und Sorte von Metallen, welche in Deinen Ländereien allenthalben … gefunden werden sollten"* (Neumann 2008). 1328 erhielt er anlässlich der Kaiserkrönung Ludwigs des Bayern erneut die Bestätigung.

Hintergrund war folgender: Die Truppen Friedrichs waren maßgeblich daran beteiligt gewesen, dass der Wittelsbacher Ludwig im Thronstreit mit seinem habsburgischen Gegenspieler die Königskrone gewann. Im Jahre 1322 entschied der Burggraf mittels eines erfolgreich durchgeführten Hinterhalts die Schlacht bei Mühldorf. Burggraf Friedrich – so darf vermutet werden – wusste um den Wert seines Geschenks. Denn der damals europaweit aufkeimende Goldboom war ihm mit Sicherheit bekannt.

Neues „Berggeschrei"

Als 1419 der Hussitenkrieg ausbrach, kam der Bergbau in Oberfranken zum Erliegen. Wohl erst mit Ende des Fürstenkrieges 1463 begann erneut ein „Berggeschrei". So ist im Lehenbuch von 1477 (Steinbach e.V.) nachzulesen: *„Heinrich Knoch von Gera, hat empfangen die Fundtgruben zu unserer lieben Frauen und sonst noch ein Lehen dabey, zu St. Johannes genannt, auf dem Gevatterbach bey Steinbach am Waldt gelegen mit seinen Lehen, Erbstohlen und aller Gerechtigkeit nach Bergwerksrecht"* (Frobel 1995). Heinrich Knoch hat sich offenbar zwei Bergwerke gekauft, das eine für den Goldabbau im „Gevattergraben", das andere für Kupfer. Die historische Kupfergrube liegt in der Nähe der sächsischen Ortschaft Krebes, rund 35 Kilometer vom Gevattergraben entfernt. 1475 wird die Fundgrube „Zu unserer lieben Frauen auf der Platte" zum ersten Mal erwähnt (Lochau 2017). Zwei Jahre später erwirbt sie Knoch mitsamt ihrem Entwässerungsstollen. Dieser Stollen war auch bitter nötig, denn wiederholte Wassereinbrüche erschwerten den Untertageabbau. Interessant ist, dass Knoch sich offenbar auf ein Vorkommen spezialisiert hat: Beide Bergwerke bauten Erze ab, die in einem Quarzgang umgeben von Diabas liegen. Wie lange abgebaut wurde, ist allerdings nicht überliefert.

Erinnerung an die Schlacht bei Mühldorf (auch: Schlacht bei Ampfing); verewigt in einem Glasfenster im Münchner Rathaus

Halde am westlichen Rand des Grabens

Mit Wünschelrute auf Goldsuche

Das Gold im „Gevattergraben" rückte vermutlich erneut in der Bergbauphase nach dem Dreißigjährigen Krieg in den Fokus – allerdings mit fragwürdigen Prospektionsmethoden: Johann Lipferten, Richter zu Euba (heute Stadtteil von Chemnitz), ging am 3. und 4. Juni 1681 die Gegend um den Gevattergraben mit der Wünschelrute ab. Durch den Amtsschreiber zu Thierbach wurde das Ergebnis aufgezeichnet. In der „Bergwerksuntersuchung des bayreuthischen Gebürges durch die Wünschelruthe" ist zu lesen: „... *ehedessen ein Wäschwerk, so der Gevattersgraben genannt wird, gewesen, kann mit großem Nutzen gebauet, und eine Kunst, wozu das Wasser schon vorhanden ist, gehenget werden*" (www.mineralienatlas.de).

Rund 50 Jahre später berichtet Francisco Ernesto Bruckmann (1730) wie folgt: „*Dirrenweyd unter Langenbach/ bey der sogenannten Mühlleiten/ sind am Gehäng verschiedene Gräben/ wie Seiffen-Werke zu sehen/ findet sich eine gilbliche Talk-Arth/ aus welcher vor langen Zeiten soll seyn Gold gemachet worden/ da noch eine Mühle den Nahmen davon her hat/ Gold-Mühle genannt/ am Bach die Oelschnitz/ gelegen*".

Nach dem Bericht des markgräflich-brandenburgischen Kammerherrn und Berghauptmanns zu Bayreuth Carl Freyherr von Bothmer war 1770, weitere 40 Jahre später, der Abbau längst eingestellt: „*Man hat sich hierauf gegen den sogenannten Gevattersgraben den Berg hinab, gegen den Langenbacher Grund gewendet, welches ein Zug von 300 Lachtern* [600 Meter] *ohngefehr ist, allwo man die deutlichsten Spuhren einer viele und lange Jahre allda betriebenen Seiffenarbeit, auch dabey erschrotenen* [beim Graben aus Klüften und Spalten dringende] *starke Wasser wahrgenommen hat. Die Tiefe, Breite und Länge des Grabens, ingleichen die mit sovielen Kosten aus demselben geförderten ... Halden, ferner das von Steinbach herbey geführte Aufschlagwasser* [Wasser, das auf ein Wasserrad geleitet wird, um dieses für eine Goldmühle beziehungsweise ein Pochwerk anzutreiben] *leget genugsam zu Tage, daß dieses ein importantes Werk müßte gewesen seyn, auf welchen eher Gold als Zinn geseifet worden*" (Frobel 1995).

TIPP: GEOLOGISCH-BERGBAUKUNDLICHER LEHRPFAD

Mit dem Geologisch-bergbaukundlichen Lehrpfad möchte der Geschichtsverein Bad Steben e.V. auf die mehr als 1.000-jährige Geschichte des Bergbaus rund um Bad Steben hinweisen. Auf dem etwa neun Kilometer langen Lehrpfad, der am Bad Stebener Rathaus beginnt, befinden sich 17 Stationen. Der Weg ist mit schwarzen Bergwerkssymbolen auf weißem Grund gekennzeichnet. Er führt zunächst durch Bad Steben zum Humboldthaus, dann zum ehemaligen Hotel „Zum Alten Bergamt" und in den Kurpark. Von dort geht es weiter über die Schöne Aussicht nach Mordlau. Anschließend führt der Pfad über die Krötenmühle in Richtung Lichtenberg bis zum Informationszentrum Blechschmidtenhammer. Dort kann die Wanderung über den Erlebnispfad „Geologie und Bergbau" im Höllental fortgeführt oder das Besucherbergwerk Friedrich-Wilhelm-Stollen besucht werden.

Durch die Infotafeln wird die schöne Wanderstrecke zusätzlich reizvoll und lehrreich. Die Texte der Tafeln zeigen in anschaulicher Weise den Bergbau vom Beginn über die Blütezeit bis zu seinem Niedergang. Vorsicht: Da es auch heute noch zu Einbrüchen in Stollen und Schächten kommt, sollten Wanderinnen und Wanderer stets auf dem Pfad bleiben.

Zum Lehrpfad gibt es einen Flyer und mehr Wissenswertes unter www.geschichte-steben.de/lehrpfad.html

ALEXANDER VON HUMBOLDT – EIN VERKANNTER GEOLOGE

Friedrich Wilhelm Heinrich Alexander von Humboldt (1769–1859) wurde durch seine Forschungsreisen nach Lateinamerika weltberühmt. Die Erstbesteigung des Chimborazo ist in dem 2005 erschienenen Bestseller von Daniel Kehlmann „Die Vermessung der Welt" fesselnd geschildert worden. In einer geradezu übermenschlichen Kraftanstrengung stiegen Humboldt und seine beiden Gefährten Bonpland und Montúfar am 23. Juni 1802 auf circa 5.900 Meter Höhe. Wegen eines Schneesturms erreichten Sie den 6.267 Meter hohen Gipfel des ecuadorianischen Vulkankraters Chimborazo nicht, doch ihre Leistung blieb jahrzehntelang ein Höhenweltrekord für Bergsteiger.

Weniger bekannt ist, dass Humboldts frühes Forscherleben als Geologe und Bergingenieur begann: Nach einem Studium im Eiltempo (in acht Monaten anstatt in drei Jahren) wurde er 1792 im preußischen Berg- und Hüttendepartment eingestellt und wurde unter anderem mit der Sanierung des Bergbaus im Fichtelgebirge und im Frankenwald beauftragt. Humboldt wohnte in dieser Zeit überwiegend in Steben (heute Bad Steben). Er inspizierte unter anderem den Gelbkreideabbau an der Saalequelle im Fichtelgebirge → *Geotop Nr. 4*. Voller Stolz schrieb er seinem Freund Freiesleben in Freiberg: *„Ich habe mit meinen Grubenberichten so viel Ehre eingelegt, daß ich die alleinige Direktion des Bergbaus in den drei Bergämtern Naila, Wunsiedel und Goldkronach erhalten habe."* Er berichtete aber auch: *„… man glaubt, daß ich acht Beine und vier Hände habe, und das ist bei meiner Lage unter so faulen Offizianten schon sehr gut"* (Endres 1999). Er fuhr, wie er in seinem umfangreichen Bericht zu seinen „Erfahrungen" im Bergbau 1792 schrieb, beinahe täglich von 4:30 Uhr bis 10 Uhr in Gruben ein. Humboldts Fleiß half ihm, innerhalb von drei Jahren nach der Einstellung in den Staatsdienst auf der Karriereleiter ganz nach oben zu klettern. Die „Bergschule zu Steben" war die erste Berufsschule weltweit und wurde von Alexander von Humboldt 1793 gegründet.

Doch kein Gehalt und kein Titel vermochten Humboldt im Amt zu halten – er sehnte sich nach der weiten Welt. Bald gab er seine Behördenlaufbahn auf und begab sich auf Forschungsreisen in ferne Länder.

Oben: Alexander von Humboldt (1769–1859) war preußischer Bergbeamter und Geologe, bevor er zu seinen weltberühmten Entdeckungsreisen aufbrach.

In diesem Haus in Bad Steben hat der junge preußische Bergbeamte Alexander von Humboldt während seiner Dienstreisen gewohnt. Hier verbrachte er nach eigenen Angaben seine glücklichste Zeit: „Diesseits des Meeres finde ich wol nie so einen Ort wieder."

2 Seifenhügel am Untreubach bei Hof

Die „Untreu" der Hoferinnen und Hofer ist nicht etwa eine Charakterschwäche, sondern ein beliebter Badesee im Süden der Stadt. Wer hätte gedacht, dass der unscheinbare Bach, der den See speist, einst Ziel von Goldsuchern war?

Kanadisches Flair in Franken: Im Jahr 2014 haben Hobbygoldwäscher bei der Ringlasmühle ein kleines Camp namens „Black-Sand Creek" errichtet.

DAS GEOTOP

Die Ringlasmühle nahe dem Hundert-Seelen-Dörfchen Almbranz ist der Wendepunkt des Rundwanderweges „Ringlas-Weg US 81" – und gleichzeitig der Ort mit den schönsten Goldabbauspuren entlang des Untreubachs. Wer den Ringlas-Weg bewandert, findet an dieser Stelle auffallend hohe Hügel am Ufer des Untreubachs vor, und zwar genau dort, wo ein kleiner Holzsteg über den Bach führt. Eine kleine Informationstafel verrät, dass es sich dabei um zwei bis vier Meter hohe, gut erhaltene Seifenhügel handelt.

Ganz in der Nähe stoßen Wandersleute auf ein hölzernes Schild, das die mysteriöse Aufschrift „Black-Sand Creek" (Fluss mit schwarzem Sand) trägt: 2014 hatten Hobbygoldwäscher dort ein kleines Goldgräbercamp mit diesem Namen errichtet. Das Goldwaschen ist in dem ehemaligen Abbaugebiet heute allerdings streng verboten, da das Areal als Bodendenkmal unter Schutz steht.

Auch weiter bachabwärts bis zur Einmündung in den künstlich aufgestauten Untreusee am südlichen Stadtrand von Hof finden sich immer wieder kleinere Seifenhügel. Aus den Zuflüssen des Untreubachs versuchte man vermutlich ab dem 13. oder 14. Jahrhundert ebenfalls Gold zu gewinnen. Alte,

STANDORT: Landkreis Hof, Gemeinde Konradsreuth, Ortsteil Ringlasmühle (Geotop); Almbranz, Ortsteil der Stadt Helmbrechts (Ausgangspunkt)

KOORDINATEN: N 50° 15,399′ E 011° 48,382′

LAGERSTÄTTENTYP: alluviales Seifengold

ABBAUPERIODEN: vermutlich vom 13. oder 14. Jahrhundert bis zum frühen 18. Jahrhundert

GOLDHERKUNFT: goldhaltige Quarzgänge in einem 500 Millionen Jahre alten Amphibolit der Hangendserie der Münchberger Masse

GOLDMENGE: circa 30 Kilogramm insgesamt

SONSTIGES: Bodendenkmal

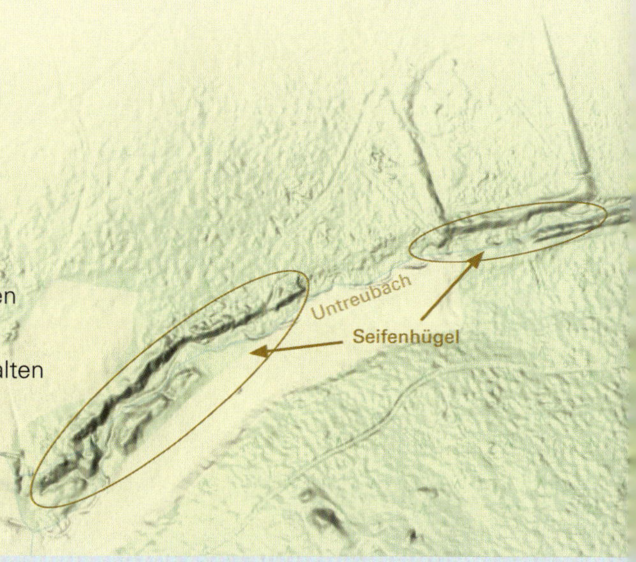

Im digitalen Geländemodell sind die Seifenhügel entlang des Untreubachs gut zu erkennen.

NAVI: Almbranz, 95233 Helmbrechts

WEGBESCHAFFENHEIT: Der Ringlas-Weg verläuft ohne Schwierigkeiten und große Höhenunterschiede, jedoch im Süden stellenweise über holpriges Gelände.

WEGBESCHREIBUNG: Von Almbranz auf einer kleinen Teerstraße zur Ringlasmühle (beschildert). Von dort auf einem unscheinbaren Feldweg etwa 100 m weiter in Richtung Osten bis zum beschilderten Ringlas-Weg US 81 am Waldrand. Anschließend nach links und nach wenigen Metern über einen Holzsteg zum Geotop.

TIPP FÜR WANDERUNGEN: Der Ringlas-Weg US 81 ist insgesamt etwa 7,5 Kilometer lang, beginnt in Konradsreuth und führt auf relativ ebenen Wegen durch die Stille des Waldes und blumenreiche Wiesentäler.

TIPP FÜR RADTOUREN: Der Radweg HO 4 führt in der Nähe des Geotops vorbei.

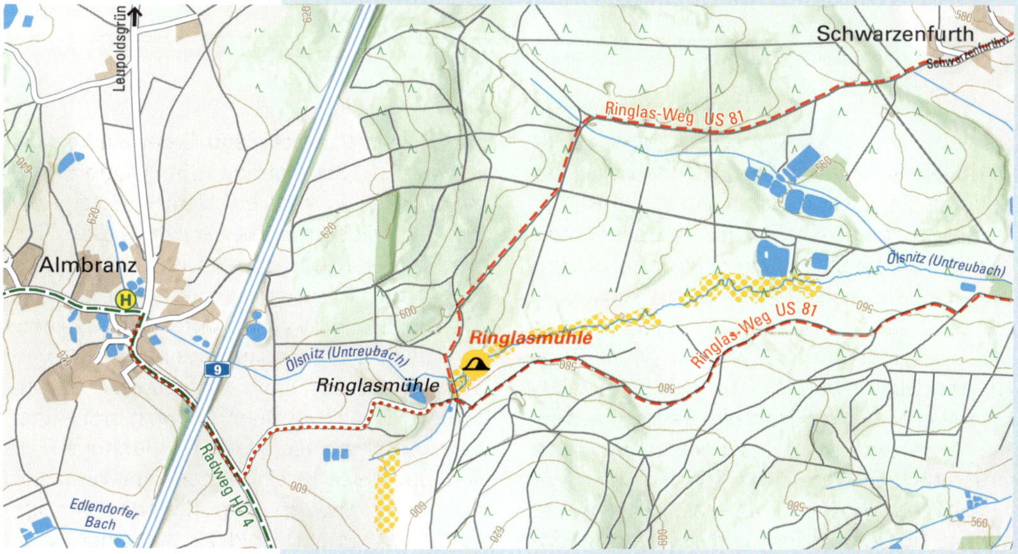

Wandermarkierung des Frankenwald-vereins auf dem Ringlas-Weg

Oben: Auf der historischen Karte, Blatt Ahornberg von 1850, ist der Goldmannsberg am Untreubach bei Silberbach noch aufgeführt.

Unten: Kantige Gesteinsstücke zeugen von der geringen Transportweite des Materials, das die Goldwäscher am Untreubach nach dem begehrten Edelmetall durchwuschen.

zum Teil in Vergessenheit geratene Orts- und Flurnamen wie Silberbach, Goldmannsberg oder Sicherts weisen auf eine rege Waschtätigkeit auf Gold und silberhaltiges Gold („güldenes Silber“) hin. Damals wurden keine Waschpfannen, sondern längliche Sichertröge verwendet. Mit ihrer Hilfe spülte man die leichteren Bestandteile des Flusssandes wie Quarz, Feldspat oder Glimmer weg, bis nur noch Schwerminerale wie Gold zurückblieben.

GOLDHERKUNFT

Bei der Suche nach der Herkunft des Goldes hilft eine Reihe von Indizien weiter. So ist bekannt, dass die damaligen Goldsucher ein goldhaltiges Erd-, Sand- und Steingemisch durchsiebten, das teilweise gröberes, nur wenig gerundetes Material enthielt. Daraus lässt sich schließen, dass der Untreubach das Geröll nicht weit transportiert hat, denn sonst wäre es deutlich feinkörniger gewesen.

Der Untreubach fließt an der Ringlasmühle durch bräunliche Gesteine, sogenannte Paragneise. Das sind ehemalige Sedimentgesteine, die bei der Gebirgsbildung tief in das Erdinnere gedrückt und bei den dort herrschenden hohen Temperaturen und Druckverhältnissen in Gneise umgewandelt wurden. Könnte das Gold aus diesen Gneisen stammen? Theoretisch ja. Da Paragneise nichts anderes sind als metamorph überprägte Sedimentgesteine, könnte zufällig eine Stelle in einem Urfluss versteinert sein, der bereits vor Jahrmillionen mit Gold angereichert war (eine sogenannte Paläoseife). Dann wären die Funde gewissermaßen Ur-Seifengold. Doch bisher konnte in den Paragneisen der Münchberger Masse noch nirgends Gold entdeckt werden. Diese Spur führt vermutlich ins Leere.

Der geheimnisvolle Untreubach

Ein weiterer Fakt erscheint zunächst rätselhaft: Hobbygoldwäscher haben die besagte Stelle am Untreubach nicht von ungefähr „Black-Sand Creek“ getauft. Tatsächlich liegen im Bachbett dunkelgrüne bis fast schwarze Gesteinsbrocken und schwarzer Sand. Dieser kann jedoch nicht aus den bräunlichen Paragneisen stammen. Ein Blick in die geologische Karte verrät, dass der Untreubach auf seinem Weg zur Ringlasmühle ein Gebiet mit dunkelgrünen bis schwarzen Amphiboliten durchfließt.

Stammt das Gold daraus? Wahrscheinlich ja, denn im 20 Kilometer entfernten Goldberggrund beim Dorf Plösen → *Geotop Nr. 3* stieß ein Geologentrupp der ehemaligen Firma Preussag bei einer Erkundungskampagne in den 1980er-Jahren auf Gold in

Der Untreubach in der Nähe der Ringlasmühle: In den Außenkurven hat der Bach eine höhere und in den Innenkurven eine langsamere Fließgeschwindigkeit. Schwerminerale wie Gold werden innen abgelagert.

den Amphiboliten. Diese sind von unzähligen Quarzlinsen durchzogen, in denen Gold gemeinsam mit Sulfiden wie Pyrit vorkommt.

Das also ist das Geheimnis des Untreubachs: Er hat den goldhaltigen Sand an einer Stelle abgelagert, an der im Untergrund taubes, das heißt in diesem Fall nicht goldhaltiges Gestein vorkommt. Es handelt sich demnach um eine alluviale Seife: Die Kraft des fließenden Gewässers hat das Gold stellenweise weit weg vom ursprünglichen Umgebungsgestein abgelagert.

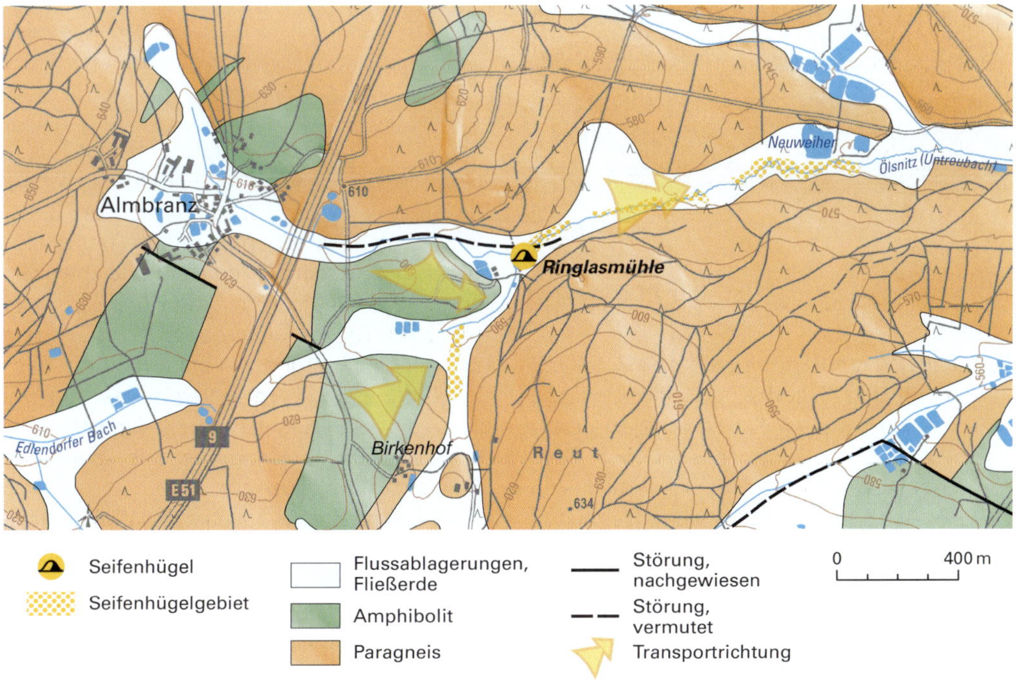

Geologische Karte der Gegend um die Ringlasmühle. Die Seifenhügel liegen entlang des Untreubachs, der durch taube Paragneise (braun) fließt. Das Gold stammt aus den umgebenden Hügeln, die aus Gold führenden Amphiboliten (grün) aufgebaut sind. Wind und Regen haben die Hügel abgetragen und dabei goldhaltige Sandkörner abwärts in den Bach befördert (goldene Pfeile).

GOLDMENGE

Über die Menge des Goldes, die insgesamt am Untreubach gefunden wurde, lässt sich nur spekulieren. Messungen mit dem digitalen Geländemodell ergeben, dass die Seifenhügel zwischen Almbranz und Konradsreuth insgesamt rund 1.000 Meter lang, meist nur fünf Meter breit und im Schnitt zwei Meter hoch sind. Das bedeutet, dass die frühen Goldsucher etwa 10.000 Kubikmeter Bachsand durchgewaschen haben. Anzunehmen ist, dass ein Kubikmeter Sand drei Gramm Gold enthalten hat. Das entspricht der realistischen Konzentration von rund einem Gramm je Tonne Sand. Die insgesamt gefundene Menge beliefe sich demnach auf rund 30 Kilogramm Gold. Das klingt nach wenig, spiegelt aber wohl die reale und damit recht „mickrige" Ausbeute wider. Der Thüringer Geologe und Goldexperte Heinz Pfeiffer hat 1985 eine ähnlich geringe Goldmenge aus Seifenwäschen im benachbarten Thüringen abgeschätzt.

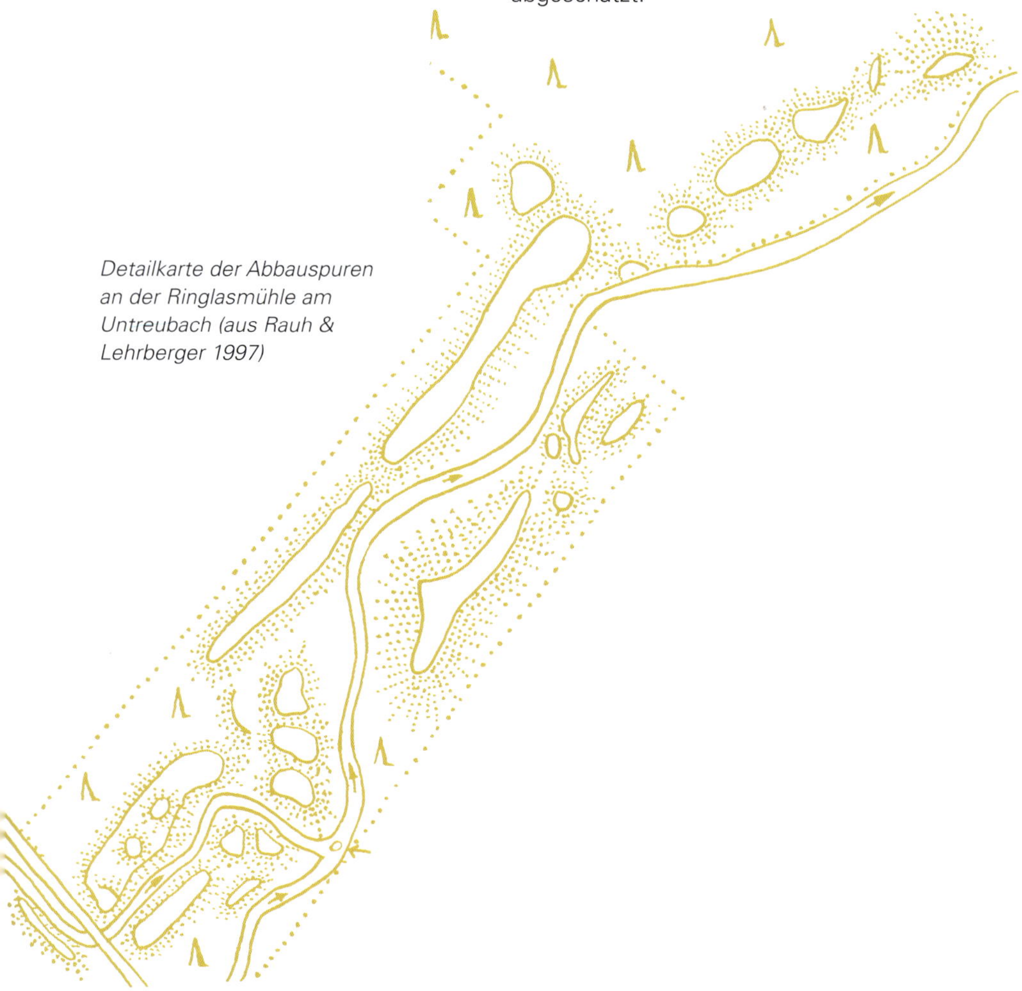

Detailkarte der Abbauspuren an der Ringlasmühle am Untreubach (aus Rauh & Lehrberger 1997)

BERGBAUGESCHICHTE

Die ungewöhnliche Höhe der Seifenhügel an der Ringlasmühle zeugt von einem sehr intensiven Goldabbau, der wohl lange Zeit rentabel war. Seine Ursprünge dürften im Spätmittelalter liegen. Vermutlich kam er im frühen 18. Jahrhundert zum Erliegen.

Auf der Website der Gemeinde Almbranz (www.almbranz.de) ist nachzulesen: *„Die kurfürstlichen und markgräflichen Lehensbücher über ‚Die Bergwerke auf dem Gebirge' im Zeitraum des 13. und 14. Jahrhunderts berichten über Funde und den Abbau von Kupfer, Gold, Silber, Zinn und Bleierzen. Wie hier in Almbranz wurde auch in Münchberg, Jehsen und Ahornberg nach Mineralien und Edelmetallen gesucht.*

Wohl aus dieser Zeit stammt die Seifen- und Waschanlage zur Gewinnung von Seifengold bei der nahegelegenen Ringlasmühle. Die Ausdehnung der Anlage von über einem Kilometer läßt einen gewissen Umfang der Funde erahnen. Bis in die ‚Dreißiger Jahre' waren diese Abraum- oder Waschhügel bis zum ‚Ahornberger Weg' zu finden. Im Zuge des Hofer Wasserleitungsbaues wurden sie wohl ab 1890 zugunsten von nutzbarer Feld- und Wiesenfläche eingeebnet. Die heute noch sichtbaren Waschhügel erstrecken sich trotz allem noch über eine Länge von fast 500 Metern.

Das goldhaltige Erd-, Sand- und Steingemisch wurde in dem sumpfigen Gelände meist während des Winterfrostes mit Feuer angeheizt und ausgegraben, um in der wärmeren Jahreszeit im fließenden Wasser gereinigt zu werden. Die bis zu 4 Meter hohen Waschhügel zeugen bis heute von dem Eifer der Goldsucher."

SCHREZELEIN UND SCHNEEWITTCHEN

Das Hofer Goldfieber fand vermutlich seinen Niederschlag in der überlieferten Sage „Der Schrezelein Auszug aus Moschendorf“. So soll ein Müllersbursche während einer sommerlichen Floßfahrt auf der Saale von einem Schrezelein (oberfränkisch für kleine, geheimnisvolle Wesen oder Wichtel) aufgefordert worden sein, den Wicht samt seinen Gefährten überzusetzen. Als der Müller den Wunsch der Schrezelein erfüllt und das schwer beladene Floß ans gegenüberliegende Saaleufer gebracht hatte, soll er zum Dank viele Goldblättchen erhalten haben (gekürzt aus Reichold 1986).

Auch im Märchen „Schneewittchen“ der Brüder Grimm spielen Gold suchende Zwerge eine tragende Rolle:

„Als es nun ganz dunkel war, kamen die Herrn von dem Häuslein, das waren sieben Zwerge, die in den Bergen nach Erz hackten und gruben. … Morgens gingen sie in die Berge und suchten Erz und Gold, Abends kamen sie nach Haus und da mußte ihr Essen bereitet seyn.“

ZWERGENHAFTE GOLDSUCHER

Waren es wirklich Zwerge, die damals nach Erzen wie Gold suchten? Wohl kaum. Dennoch steckt ein Körnchen Wahrheit in den Sagen und Märchen. Denn Menschen von kleinem Wuchs waren für den Bergbau besonders geeignet: Bei der Arbeit unter Tage benötigten sie weniger Raum als groß Gewachsene. Stollen und Schächte konnten dadurch schmaler und niedriger gehauen werden. Da das Erz mühsam und langwierig mit Pickel, Meißel und Hammer aus dem Berg gehauen werden musste, waren kleinere Gänge rentabler. Auch war es üblich, Kinder einzusetzen, die die mit Erz beladenen Wagen auf Gleisen schieben und einsickerndes Grubenwasser mit Eimern nach draußen schleppen mussten. Die Bergleute trugen zudem eine mit Moos oder Stroh ausgepolsterte Zipfelmütze als Schutzhelm und einen ledernen Gesäßschurz.

Wo also seltsam gekleidete, zum Teil fremdländisch sprechende und kleinwüchsige Leute in abgelegenen Gegenden hausten, entstanden schnell Gerüchte und Geschichten. Die Bergleute wurden so zum Vorbild der Zwerge, Wichtel und Heinzelmännchen. Die raue Wirklichkeit des Untertagebaus hatte allerdings wenig Märchenhaftes an sich.

Möglicherweise standen klein gewachsene Bergleute Pate für die Zwerge im Grimm'schen Märchen „Schneewittchen“.

3 Seifenhügel entlang der Pulschnitz bei Münchberg

Wer mit eigenen Augen sehen will, wozu Goldgräber imstande sind, sollte das Pulschnitztal besuchen. Dort wurde wahrscheinlich ein ganzer Bach umgeleitet, um an das begehrte Metall zu kommen.

Graben mit beidseitigen Haldenzügen, vermutlich das ehemalige Bachbett der Pulschnitz

DAS GEOTOP

Gleich hinter der Poppenreuther Mühle, in einem Wäldchen verborgen, befindet sich ein über 100 Meter langer Graben, der beiderseits von lang gestreckten Seifenhügeln gesäumt ist. Es handelt sich dabei vermutlich um das ehemalige Bachbett der Pulschnitz. Dieses kleine Bächlein schlängelt sich heute rund 50 Meter weit entfernt durch das danach benannte Pulschnitztal. Es ist anzunehmen, dass der Lauf der Pulschnitz durch das Goldwaschen verändert wurde. Die Goldsucher haben das Edelmetall offensichtlich im Bachbett gefunden und gewaschen. Sie durchwühlten aber nicht nur dieses Waldstück, sondern die ganze Gegend.

Dass an der Pulschnitz Gold gefunden wurde, zeigen auch alte Flurnamen an: So mündet in die Pulschnitz der Goldbach, der den Goldberggrund durchquert. Das Quellgebiet des Goldbachs etwa einen Kilometer westlich von Plösen wurde noch in jüngster Zeit „Goldgrube" genannt. Bis in die 1970er-Jahre waren hier sichtbare Pingen als Reste eines alten Goldbergwerkes erkennbar

STANDORT	Landkreis Hof, Stadt Münchberg, Ortsteil Poppenreuth
KOORDINATEN	N 50° 11,424′ E 011° 45,163′
LAGERSTÄTTENTYP	alluviales Seifengold; früher in der Gegend auch Berggoldgewinnung
ABBAUPERIODEN	Möglicherweise bereits ab dem 6. Jahrhundert durch Slawen; erstmalig urkundlich erwähnt ab dem 14. Jahrhundert. Der Abbau wurde vermutlich Mitte des 18. Jahrhunderts eingestellt.
GOLDHERKUNFT	Das Gold stammt hauptsächlich aus goldhaltigen Quarzlinsen in Amphiboliten der Münchberger Masse.
GOLDMENGE	geschätzt 1–2 Tonnen
SONSTIGES	Seifenhügel im Waldstück „Grünes Holz" westlich von Plösenmühle sind als Bodendenkmal geschützt.

Im digitalen Geländemodell ist südlich der Pulschnitz ein tiefer Graben sichtbar. Dort wurde der Bach wohl zeitweise umgeleitet.

NAVI	95213 Münchberg, Poppenreuth
WEGBESCHAFFENHEIT	leicht auf- und absteigende Forststraßen ohne Markierungen, zum Schluss wegloses Gelände
WEGBESCHREIBUNG	In Poppenreuth vorbei am Feuerwehrhaus und durch die Eisenbahnunterführung zur Poppenreuther Mühle. Die Pulschnitz überquerend und im Wald rechts haltend auf einem Waldweg bergauf. Nach gut 100 m auf einem Weg nach rechts und nach weiteren 20 m erneut rechts. Nach etwa 100 m entweder links zum Waldrand oder rechts über einen unscheinbaren Weg bergab zum Graben.
TIPP FÜR RADTOUREN	In der Nähe des Geotops führen die Radwege HO 1 und HO 5 des Landkreises Hof vorbei.

Detail des Grabens mit den beeindruckenden, mehr als vier Meter hohen Seifenhügeln

Oben: *Schematisches Blockbild, das die Abbausituation veranschaulicht*

(Rauh & Lehrberger 1997). Im Zuge der Flurbereinigung sind die meisten Spuren im Pulschnitztal und in den angrenzenden Gebieten mittlerweile durch Rodungen und den Ackerbau verschwunden. 1952 konnte der Naturschutzbeauftragte des ehemaligen Landkreises Münchberg Helmut Baier hingegen noch von Erdtrichtern berichten: *„Die Erdtrichter liegen 500 m südwestlich Plösen, 50 m links der Wegegabel: Die Trichter haben eine eiförmige Öffnung, größter Durchmesser etwa 12 m, der große Trichter ist 4 m tief, der kleine 3 m. Früher sollen die Trichter bis zu 9 m tief gewesen sein."*

GOLDHERKUNFT

Die Berichte und Abbauspuren belegen, dass in der Gegend um Münchberg im großen Stil Seifengold gewaschen wurde. Die Bäche selbst geben erste Hinweise auf die Quelle des Goldes: Sie fließen durch dunkle Amphibolite und hellere Paragneise im Untergrund. Stammt das Gold womöglich aus diesen Gesteinen?

Geologen der ehemaligen Firma Preussag fanden bei einer Erkundungskampagne in den 1980er-Jahren heraus, dass sich das Gold bei Plösen im dunklen Amphibolit befindet. Dort kommt es gemeinsam mit Sulfiden hauptsächlich in Quarzlinsen vor, die den Amphibolit durchziehen. Durch dieses Gestein fließen drei Gewässer: die Pulschnitz, der benachbarte, ebenfalls Gold führende Goldbach und weiter nördlich bei Ahornberg der Gold führende Untreubach → *Geotop Nr. 2*.

Rechts: *Bohrkern aus dem Bereich der Sulfidvererzung im dunklen Amphibolit; Goldberggrund bei Plösen*

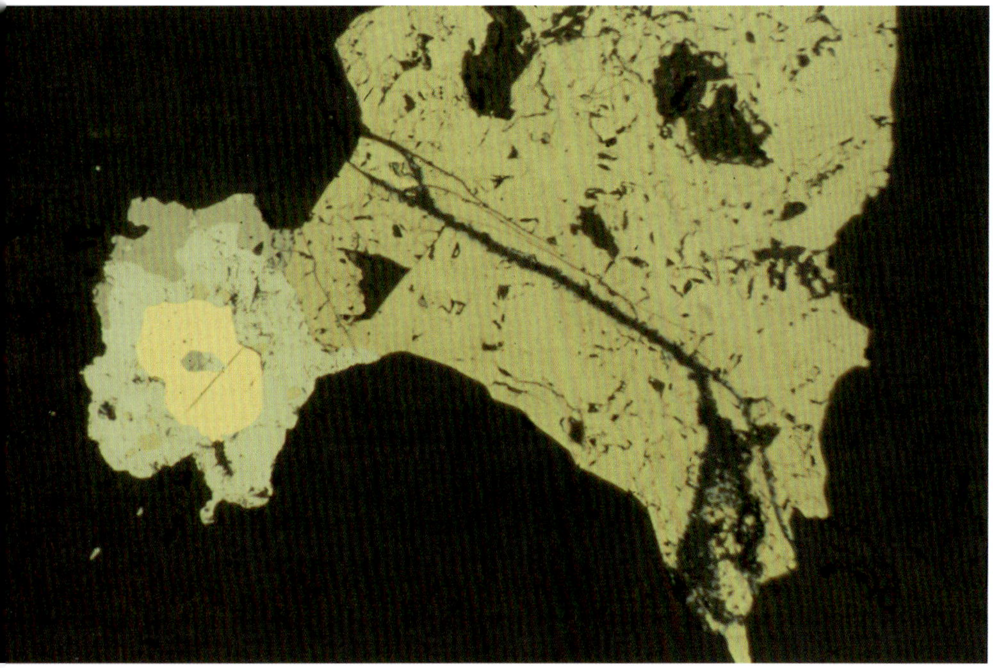

Unten: *Freigold mit Sulfiderz (unter anderem Kupferkies); Bohrkern aus dem Goldberggrund*

Wieso ist in Amphiboliten Gold?

Vor rund 500 Millionen Jahren war in der glutflüssigen Lava von untermeerischen Vulkanausbrüchen das Gold bereits in sehr geringen Konzentrationen vorhanden. Die Lava erstarrte zu Basalt. Etwa 150 Millionen Jahre später, bei der variszischen Gebirgsbildung, wurde der Basalt unter hoher Temperatur in das Gestein Amphibolit umgewandelt. In die vielen kleinen Risse und Spalten, die den Amphibolit durchsetzten, drangen heiße wässrige Lösungen ein. Quarz, Sulfide und Gold kristallisierten aus. Nach der Heraushebung der Gesteine aus über 20 Kilometer Tiefe taten Wasser, Wind und Wetter ihr Übriges; der Amphibolit verwitterte und die gelockerten Gesteinsreste landeten schließlich in den Münchberger Bächen.

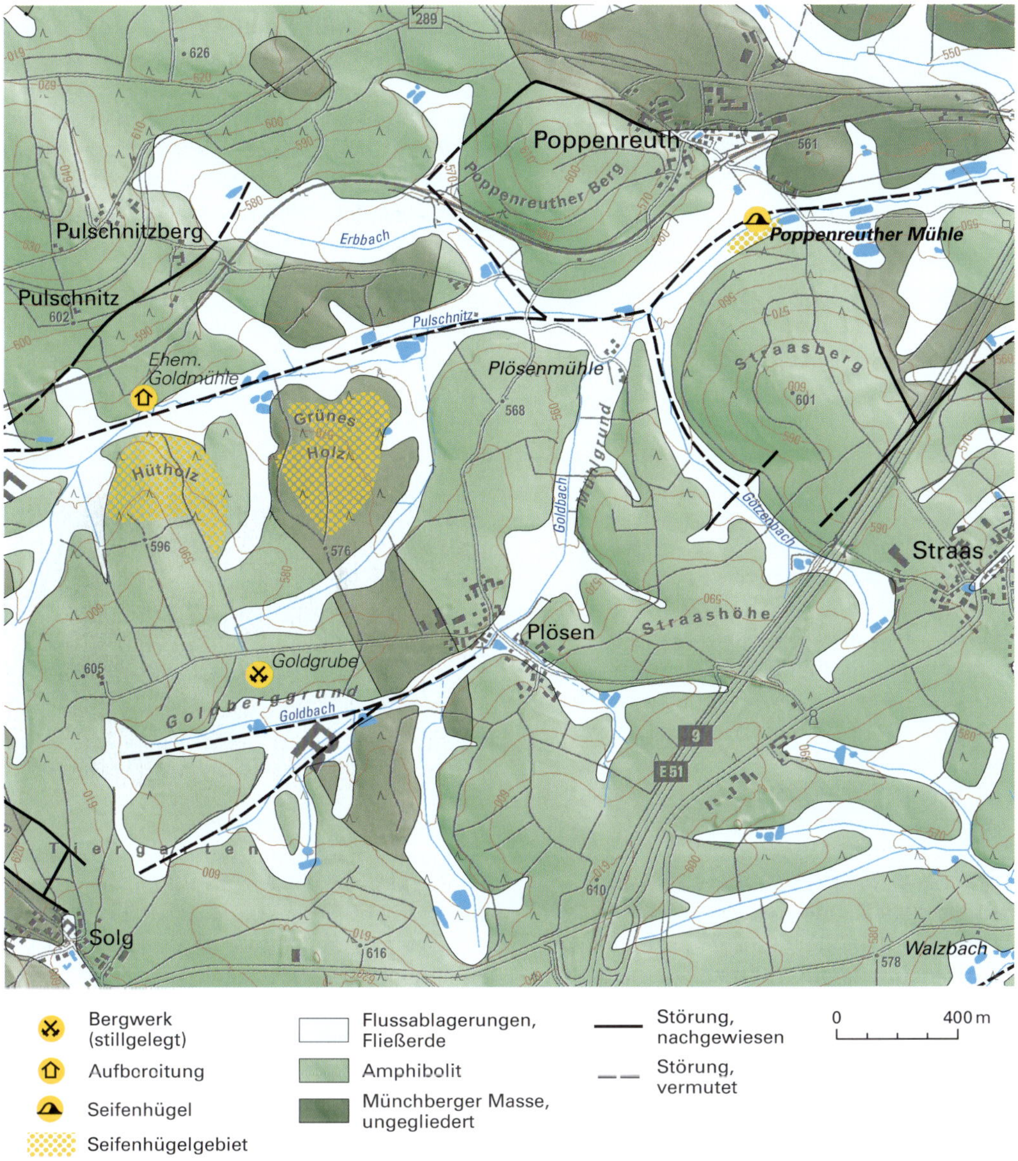

Geologische Karte mit Darstellung des goldhaltigen Muttergesteins, der Amphibolite der Münchberger Masse (in hellerem Grün)

GOLDMENGE

Einen Hinweis auf die Dimension der Goldausbeute am Goldbach liefert eine Ausgabe des Münchberger Wochenblatts von 1881: *„Bei Schödlas* [ein kleines Dorf an der Pulschnitz] *ist das Goldbächlein und die Goldleithen. Da stand früher ein Werk, da wurde Gold gewonnen. Noch sind die Schlacken da zu finden. Alle Sonnabend wurde ein Seidlein Gold mit vier Pferden nach Bayreuth gefahren. Eine Strecke gegen Mittag zu ist die Goldgrube zu sehen."*

Ein Seidel entsprach damals nicht – wie man meinen könnte – dem Fassungsvermögen eines Bierkrugs. Ein Seidel im Sinne des Bergbaus bestand aus vier Kübeln Erz zu je 150 Kilogramm (Krüger 1830). Demnach wären aus dem Goldbach in einer Woche unglaubliche 600 Kilogramm Gold gewonnen worden. Das ist schwer vorstellbar. Hat der Journalist übertrieben? Vielleicht, vielleicht auch nicht.

Amalgamiermühle:
Gold- und silberhaltige Erze werden mit Quecksilber verrieben, um die Edelmetalle zu gewinnen.

Schwarzer Sand – des Wäschers Freud und Leid

Vorausgesetzt, mit dem erwähnten Seidel war nicht pures Gold, sondern das goldhaltige Schwermineralkonzentrat gemeint, ergibt die Meldung für Fachleute durchaus Sinn: Ein Standard-Bergwerkskübel fasste 30 Liter. Gefüllt mit dem Schwermineralkonzentrat wog der Eimer rund fünfmal mehr als mit Wasser gefüllt, also 150 Kilogramm! So gerechnet, wären 600 Kilogramm eine durchaus realistische Wochenausbeute für einen Trupp Goldwäscher.

Wenn die Ausbeute wahrheitsgetreu im Zeitungsbericht wiedergegeben wurde, könnte der seltsam anmutende mühselige Transport des „Goldes" nach Bayreuth eine geologische Erklärung haben: nämlich das „black-sand"-Phänomen. Vereinfacht gesprochen, können in den Waschrinnen und Pfannen viele oder wenige schwarze Schwerminerale neben den Goldkörnern übrig bleiben. Es kommt auf das Gestein an, aus dem der Bachsand entstanden ist. Hier gilt die Faustregel: Dunkle Gesteine liefern dunklen, schwermineralreichen Sand (englisch: *black sand*), helle Gesteine eher nicht.

Am Goldbach stammte das Gold aus den dunklen Amphiboliten. So hatten die Goldwäscher vermutlich mit einer Unmenge an schwarzem Schwermineralkonzentrat zu kämpfen. Daraus die wenigen versteckten Goldkörner zu fischen, ist mühselig und bei 600 Kilogramm schwarzem Sand pro Woche äußerst zeitraubend. Das Gold und das Quecksilber wurden in einer Mühle vermengt. Dadurch sammelte sich das Amalgam in einem Knödel. Dieser wurde dann in einem Lederbeutel ausgepresst, um das überschüssige Quecksilber abzutrennen. Anschließend wurde der Knödel erhitzt, um das Quecksilber abzudampfen und das reine Gold zu gewinnen. Nahe Bayreuth, in Goldkronach – dem Zentrum der oberfränkischen Goldgewinnung –, gab es genau solche Maschinen: Sogenannte Amalgamiermühlen säumten die Ufer des Weißen Mains und extrahierten seit dem 17. Jahrhundert mit damals hochmodernen Verfahren das Gold aus dem Konzentrat.

Eine Hochrechnung von heute

Nimmt man als Richtschnur die Erfahrungen heutiger Hobbygoldwäscher, war die Ausbeute vermutlich sehr gering. Sie berichten, dass in 10 bis 20 Kilogramm „black sand" im Schnitt drei bis vier Gramm Gold erbeutet werden. Auf die Wochenausbeute von 600 Kilogramm bezogen, hätten die Münchberger Goldwäscher 90 bis 240 Gramm reines Gold in der Woche produziert. Damit beliefe sich die Jahresausbeute des gesamten Goldwaschtrupps auf wenige Kilogramm.

Für die gesamte Periode des Goldabbaus ergäbe das maximal zwei Tonnen Seifengold, wenn man Folgendes zugrunde legt: Urkunden zufolge begann die Goldgewinnung im Pulschnitztal im frühen 14. Jahrhundert und dauerte bis Mitte des 18. Jahrhunderts. In diesem Zeitraum schwankte die geförderte Goldmenge; zu manchen Zeiten boomte der Abbau, zu anderen musste er eingestellt werden. Als jährlicher Durchschnittswert scheinen fünf Kilogramm Seifengold daher realistisch zu sein.

SCHWARZER SAND

Schwarzer Sand (englisch: *black sand*) enthält viele graue und schwarze Schwerminerale wie Ilmenit oder Magnetit. Unterschiedliche Strömungsbedingungen reichern diese schweren Körner an gewissen Stellen im Bach an. Da Gold ebenfalls sehr schwer ist, richtet sich das Augenmerk der Goldsucher auf diejenigen Stellen im Bach, an denen solcher „black sand" vorkommt. Es ist aber eine Hassliebe, die die Bergleute mit dem schwarzen Sand verbindet. Denn je mehr Schwerminerale, desto schwieriger ist es, daraus die begehrten Goldkörner abzutrennen.

BERGBAUGESCHICHTE

Es gibt Indizien, dass der Bergbau entlang der Pulschnitz bei Münchberg womöglich bereits ab dem 6. Jahrhundert begann: Die Goldabbaue sind überwiegend an Orten und Bächen vorzufinden, die slawische Namen mit typischen „-itz"-Endungen tragen wie Pulschnitz oder Oelschnitz (Zapf 1884). Der Bachname Pulschnitz gehört zu den gesicherten slawischen Bezeichnungen und bedeutet „langsam fließend". Vermutlich waren die ersten Goldwäscher also keine Oberfranken, sondern slawische Siedler, die zwischen dem 6. und 9. Jahrhundert eingewandert waren. Zu dieser Zeit haben die Franken noch nicht im Landkreis Hof gelebt. Ihr Siedlungsgebiet endete viel weiter westlich bei Kronach, Kulmbach und Creußen (Nordoberfränkischer Verein für Natur-, Geschichts- und Landeskunde e.V. 2010).

Obwohl historische Quellen rar sind, lässt sich die geschichtliche Entwicklung des Goldbergbaus in dieser Gegend in groben Zügen rekonstruieren. Zu Beginn des 14. Jahrhunderts wurde zum ersten Mal urkundlich erwähnt, dass bei Münchberg nach Edelmetallen geseift und geschürft wurde (Rauh & Lehrberger 1997).

Im Pulschnitztal wurde nicht nur Seifengold gewaschen, sondern auch Berggold direkt aus dem Gestein gewonnen. Am 5. November 1562 sicherte sich ein Wolf Mullner das Recht, an *„dem Er[b]stollen hinter Münchberg, bey Pleßen, neben der alten Gold Zech"* Gold abzubauen (Kretschmann 1741). Damit ist wahrscheinlich die bereits erwähnte „Goldgrube" gemeint. Dies ist ein eindeutiges Indiz, dass im Pulschnitztal Gold auch unter Tage abgebaut wurde. Wahrscheinlich ist ebendieses Bergwerk sogar in einer Sage erwähnt, die von der Verwünschung des Plösener Bergbaus handelt: Eine steinalte, bettelnde Frau (in der Sage heißt es eine „Zigeunerin") soll aus Wut darüber, dass man ihr in einem Haus in Plösen kein Almosen gegeben hatte, eine große Handvoll Sand über das Goldbergwerk geworfen und dabei ausgerufen haben: *„Ihr Geizhälse! So viele Sandkörner ich über euere Goldgrube werfe, so viele Jahre soll sie verflucht sein!"* (Dietel 1963).

„Mit groben Scheltworten um sich geworfen"

Dass das Münchberger Goldfieber zu erheblichen Konflikten führte, belegt ein schriftlich dokumentierter Streit: Anno 1559 begaben sich zwei Arbeiter nach Münchberg und errichteten im Forellenbach unweit des Ortes Plösen ein Goldseifenwerk. Der Münchberger Amtsbezirksaufseher ließ sie daraufhin in *„gefängliche Hafft"* nehmen. Was wurde ihnen vorgeworfen? Erstens konnten sie keine Sucherlaubnis, in der damaligen Sprache keinen hochfürstlichen Befehl, vorzeigen. Zweitens hätten sie den Bach dergestalt durchwühlt, dass nicht ein einziger Fisch mehr darin gelebt habe. Drittens – und vermutlich gegenüber der Obrigkeit am schlimmsten – hätten sie auch noch mit groben Scheltworten um sich geworfen (Kretschmann 1741).

Ohnehin schätzte die Obrigkeit das ganze Treiben als wenig Erfolg versprechend ein (gekürzt aus Dietel 1963): *„Nun können wir in unserer Einfalt nicht sehen, zu was dieses Waschwerk und Umstür[z]en in den Bächen geschehen und zugelassen werden möchte, sintemal solches zu etlichenmalen angefangen, aber nie nichts Fruchtbarliches ausgerichtet worden."* Wahrscheinlicher ist, dass doch Gold gefunden, dann aber am Fiskus vorbeigeschmuggelt wurde.

1744 wurden zwar die Goldseifen des Pulschnitztals nochmals als rentabel eingestuft, Mitte des 18. Jahrhunderts wurde der Abbau dennoch größtenteils eingestellt. Ende des 19. Jahrhunderts war er offenbar nahezu in Vergessenheit geraten, wie ein Bericht im Münchberger Wochenblatt von 1885 nahelegt: *„An mehreren Wasserläufen stößt man auf alte Erdaufwürfe, meist unregelmäßig aneinander gereihten Hügeln gleichend, manchmal aber, wie an der Pulschnitz zwischen der Poppenreuther und der Plösener Mühle, zu ansehnlicher Höhe aufgethürmt. Die Umwohner wissen nur anzugeben, daß diese Hügel von jeher da waren, über die Bedeutung derselben vermögen sie nichts zu sagen. Es sind dies aber die Ueberreste von sogenannten ‚Seifenwerken', welche in der Weise betrieben wurden, daß man längs eines Baches bergaufwärts aus den Ufern und anliegenden Höhen die Erde stach, sie mittels des Wassers reinigte und so die edlen Bestandteile gewann."*

Gold aus Plösen, das in Quarz eingewachsen ist. Der Bildausschnitt ist im Original rund 5 Millimeter breit (Sammlung Martin Füßl, www.vfmg-weiden.de).

4 Stollenmundloch an der Saalequelle

Am Wanderweg zum Großen Waldstein gelegen, rinnt die Saalequelle aus einem Stollen, der ins Berginnere führt. An diesem magischen Ort soll es Erdgeister und Gold geben. Überhaupt birgt die Region einige besondere Schätze. Denn: Wer im Fichtelgebirge eine Kuh mit einem Stein bewirft, sollte wissen, dass der Stein mehr wert ist als die Kuh – so drückte es zumindest der Dichter und Historiker Kaspar Brusch aus.

Von der Saalequelle aus kann man auf dem Fränkischen Gebirgsweg zum Waldsteingipfel wandern.

DAS GEOTOP

Die Saalequelle ist zu jeder Jahreszeit ein lohnendes Wanderziel. Im Winter kann man die Stille der tief verschneiten Wälder am Fuße des Großen Waldsteins genießen; im Sommer sorgt das kühle Saalebächlein für Erfrischung. Alexander von Humboldt interessierte sich bei seinem Aufenthalt in Franken Ende des 18. Jahrhunderts vermutlich weniger für den fantastischen Ausblick vom 877 Meter hohen Waldstein über das Fichtelgebirge. In seiner Funktion als preußischer Oberbergmeister dachte er wohl eher an das unsichtbare Gold im Gebirge. Seinen Berichten nach führten Dutzende Stollen ins Berginnere, wo die Bergleute seit Jahrhunderten der Erde ihre Schätze entrissen. Nicht nur am Waldstein, auch an vielen anderen Stellen im Fichtelgebirge, insbesondere auch am Berg Ochsenkopf, wurden Erze abgebaut.

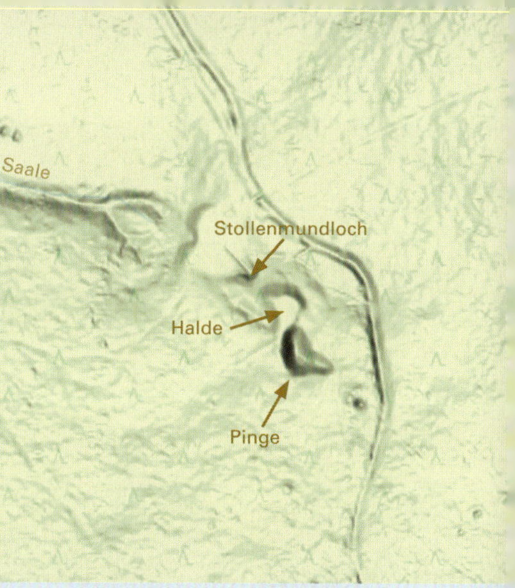

STANDORT	Landkreis Hof, Markt Zell im Fichtelgebirge
KOORDINATEN	N 50° 07,146′ E 011° 49,709′
LAGERSTÄTTENTYP	vermutlich Berggold (nicht nachgewiesen)
ABBAUPERIODEN	Goldabbau unbekannt; 1769 bis 1809 Gelbkreide
GOLDHERKUNFT	Die Phycodenschichten (versteinerte Meeres- beziehungsweise Flussablagerungen), aus denen die Saale entspringt, sind als Gold führend bekannt.
GOLDMENGE	unbekannt
SONSTIGES	Bodendenkmal

Auf dem digitalen Geländemodell ist das Stollenmundloch mit Pinge und Halde gut zu erkennen.

NAVI	Marktplatz, 95239 Zell im Fichtelgebirge
WEGBESCHAFFENHEIT	leicht ansteigender, breiter Weg
WEGBESCHREIBUNG	Vom Marktplatz in Zell über die Hauptstraße zur Straße „Saalequellenweg“, immer der Beschilderung des Wanderwegs „Quellenweg“ (schwarzes Q auf gelbem Grund) folgend. Kurz nach dem Sportplatz an einer Verzweigung rechts, ab da entlang des immer gut beschilderten Quellenwegs bis zur Saalequelle. Alternative: Parkplatz oberhalb der Saalequelle, Autoanfahrt und steiler Abstieg im Winter eventuell problematisch.
TIPPS FÜR WANDERUNGEN	1. Der Quellenweg ist ein 46 km langer Hauptwanderweg im Fichtelgebirge, der die vier Quellen der Flüsse Sächsische Saale, Eger, Weißer Main und Fichtelnaab miteinander verbindet. 2. Von der Saalequelle kann man auf dem Fränkischen Gebirgsweg zum Waldsteingipfel wandern. Unterhalb des Gipfels gibt es mit dem Waldsteinhaus eine Einkehrmöglichkeit.

TIPP FÜR RADTOUREN

Der Saaleradweg beginnt an der Saalequelle und verläuft über Jena und Naumburg bis zur Elbe; siehe auch www.saaleradweg.de.

Viele Wege führen zur Saalequelle, darunter der Quellenweg, markiert mit einem schwarzen Q auf gelbem Hintergrund, der Fränkische Gebirgsweg und der Weg „Fränkisches Steinreich“.

Einfassung der offiziellen Saalequelle, bis 1869 das Mundloch eines Bergwerksstollens

Dass zahlreiche Stollen in die von Humboldt beschriebenen Berge getrieben wurden, kann man an der Saalequelle besonders gut erkennen. Die Quelle fließt aus einem gemauerten Stollenmundloch. Der eigentliche Quellaustritt befand sich ursprünglich weiter oben, wurde aber von den Bergleuten in den Stollen verlegt. In der Nähe sind noch weitere Spuren eines früheren Bergbaus sichtbar: eine Halde und eine trichterförmige Grube, eine sogenannte Pinge. Diese Spuren datieren aus der Zeit, als an der Saalequelle Gelbkreide (auch Ocker genannt) abgebaut wurde, die man zum Malen und Färben verwendete.

Fabelhafte Funde

Ob jedoch nicht nur „Gelbes", sondern auch „Goldenes" an der Saalequelle entdeckt wurde, bleibt bis heute ein Geheimnis. Es ranken sich jedenfalls zahlreiche Erzählungen von Geistern und reinen Goldadern um die Quelle:

„Laut der Quellensage hütete im Wurzelwerk einer nahen heiligen Buche eine Alraune [eine menschliche Gestalt, die Zauberkräfte besitzen und zu Reichtum und Glück verhelfen soll] *umfangreiche Gold- und Edelsteinschätze, die rund um die Quelle im Erdinneren versteckt waren. Nur alle 100 Jahre konnte ein Mensch diesem Erdgeist begegnen. Hatte jemand dieses Glück und bekam die Alraune zu Gesicht, wurde er mit Gold und Silber überhäuft. Tatsächlich soll ein Goldsucher einmal der Saale-Alraune begegnet sein. Anschließend soll er ein reicher Mann geworden sein"* (Bogner 2014).

Von der Begegnung mit solch einem Zauberwesen hat der italienische Goldsucher Giovanni Carnero (in Kretschmann 1741) nicht berichtet, sehr wohl aber von Gelbkreide und Goldfunden. Der wandernde Bergmann drang – wie damals viele sogenannte Venediger – auf der Suche nach Bodenschätzen bis ins Fichtelgebirge vor. Seine Aufzeichnungen und auch eine von Johann Wilhelm Kretschmann, Hochfürstlich-Brandenburgischer Bergrat, aufgeschriebene Sage geben einen Hinweis, woher das angeblich gefundene Gold möglicherweise stammen könnte:

„Von Münchberg frag gegen der Zell, das ist ein Dorff und eine Kirchen, darinen und wenn du dahin kommest, so frag nach dem Fluß, die Saal genandt, und daran gehe hinauf biß daß sie entspringet und nicht weit davon, da die Saal entspringet, findest du ein Loch. In dieser Gruben schlage ein und senke durch den Leimen bey 5 oder 6 Ellen tief, so findest du in einem Gang, rein und wohl gediegen Gold". (gekürzt aus Kretschmann 1741).

Das Gold wurde demnach in einem Gang gefunden. Im 20 Kilometer südlicher gelegenen Goldkronach, dem bedeutendsten Goldrevier Bayerns, kommt das Gold tatsächlich in weißen, mächtigen Quarzgängen vor. Diese sind in den sogenannten Phycodenschichten eingebettet → *Geotop Nr. 5*. Genau aus diesen Ablagerungen entspringt entlang einer Störung die Saale; ganz in der Nähe befinden sich Quarzgänge. Die Voraussetzungen für ein Goldvorkommen sind also tatsächlich gegeben – die Sage könnte einen wahren Kern haben.

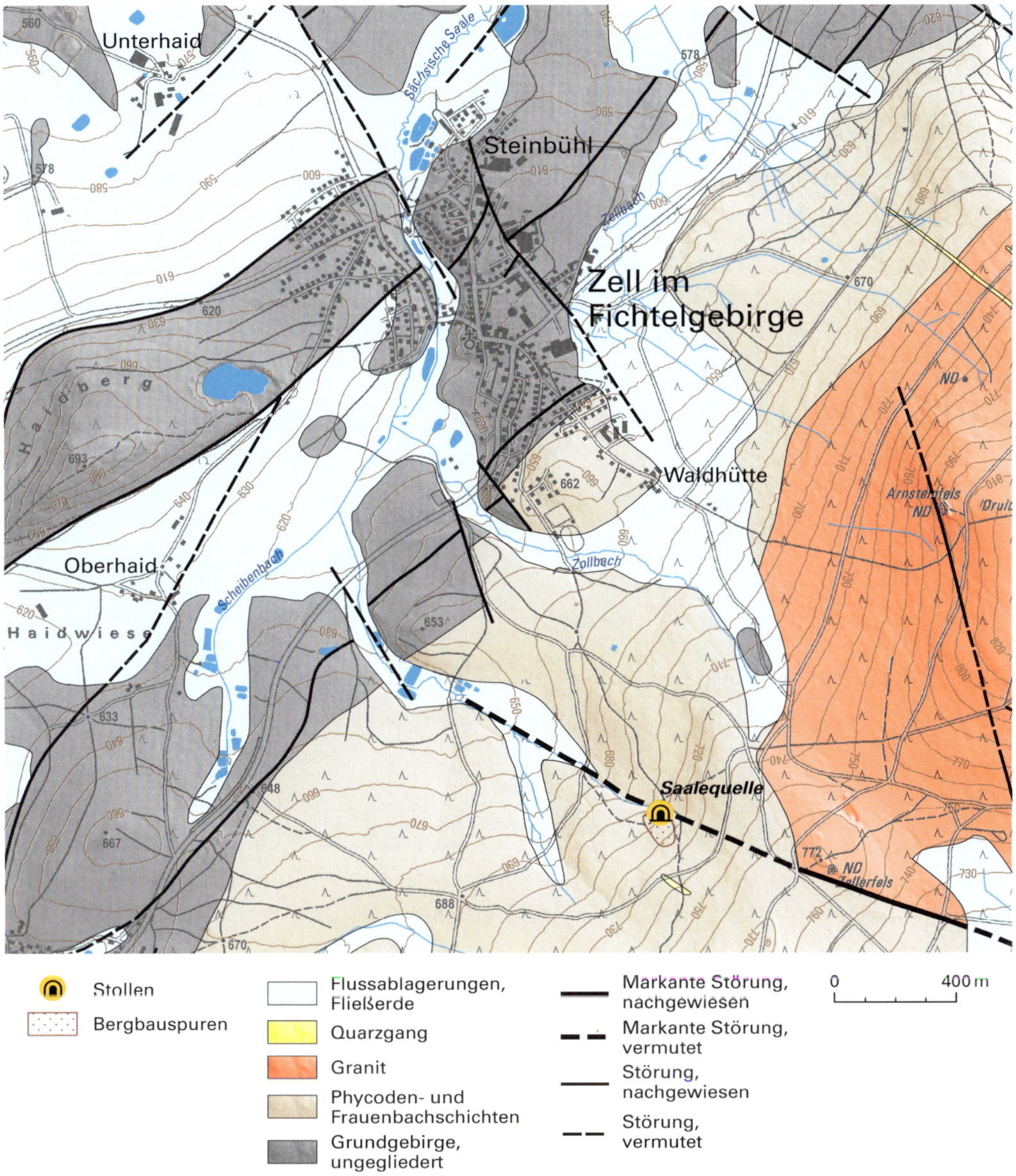

Geologische Karte von der Umgebung der Saalequelle. Die Voraussetzungen für ein Goldvorkommen sind vorhanden: Phycodenschichten (braun), eine Störung (schwarze unterbrochene Linie) und Quarzgänge (gelb).

BERGBAUGESCHICHTE

Bereits am 27. Juni 1496 hatte sich ein gewisser Nikol Bär aus Weißenstadt eine „Fundgrube am Saalbrunnen“ als Lehen geben lassen. Dies ist die älteste Erwähnung dieser montanhistorisch bedeutenden Stätte (Roßner 2015).

Vielleicht war es dieser alte Hinweis, vielleicht waren es aber auch die erwähnten Aufzeichnungen Carneros, die einen oberfränkischen Förster namens Jacob Heinrich Richter 1769 zu einem reichen Mann machten. Carnero berichtete in seinem Fundtagebuch, einem sogenannten Walenbuch, davon, dass an der Saalequelle eine lehmartige Erde („Laimen“) zu finden sei.

Das Walenbuch selbst ist zwar nicht mehr auffindbar, aber Johann Christoph von Pachelbel-Gehag hat die Aufzeichnungen des Italieners in seinem dreibändigen Buch „Ausführliche Beschreibung Des Fichtel-Berges“ 1716 wiedergegeben:

„Bey dem Ursprung der Saale findet man ein Loch, dessen Weisse Lausur-Erde wie ein weisser Laimen ist, wann diese ein wenig von der Sonnen gedörret wird, so färbt sie wie eine blaue Lasur, daß man also wohl

Zeichnung der Saalequelle (aus Münnich & Fleischmann 1846)

Ausführliche
Beschreibung
Des
Fichtel-Berges,
In
Norgau liegend,
In
Dreyen Theilen abgefasset,
Deren
Der Erste handelt von dem beruffenen Fichtel-See, von denen Flüssen und Wassern des Fichtel-Berges, dann vom Gebürge selbsten, und was vor Mineralien, Vegetabilien und Animalien alda anzutreffen, samt mancherley Geschichten so sich daselbst zugetragen haben.
Der andere Theil, handelt von etwas entferneteren, iedoch die dessen auch zu den Fichtel-Bergischen Gräntzen gerechneten Orten: Als Eger, Ellenbogen, Schlackenwald und Carls-Bad.
Der dritte Theil handelt von denen Nachrichten derjenigen fündigen Oerter auf-an- und um den Fichtel-Berg, &c.&c. Nebst einer Land-Carte, auch einigen in Kupffer gestochenen accuraten Abbildungen etlicher Seltenheiten am Fichtel-Berge, colligiret
von
Einem Liebhaber Göttlicher und Natürlicher Wunder-Wercke.
Leipzig, 1716.
Verlegts Johann Christian Martini,
Buchhändl. in der Nicolai-Strasse.

Titelblatt von Pachelbel-Gehags ausführlicher Beschreibung des Fichtelgebirges von 1716

etwas mit machen und anstreichen kan. In dieser Gruben oder darunter, daneben, dabey schlage einen Sinter durch den Laimen, bey 1 biß 5 Ellen tieff, so findestu einen reinen und wohlgediegenen Gold-Gang, und von dannen einen Armbrust-Schuß weit bey dem Flüßlein gegen Hoff zu, da stehet auf einem kleinen Bühl eine Tanne mit vielerley Zeichen an der Rinden, woselbst man findet dreyerley theure Marcasiten, als Gold, Silber, Kupffer."

Auch Gelb ist Gold wert

Dass ein Förster nur anhand von Überlieferungen das finanzielle Wagnis eines Bergwerks auf sich nimmt, ist im besten Fall als kühn zu bezeichnen. Aber das Goldfieber muss ihn gepackt haben. Denn Gold und die im Walenbuch beschriebene „lehmartige Erde" kommen oft zusammen vor, worauf Förster Richter wohl spekulierte. Dieser besondere Lehm ist ein gelbbraunes Gemisch aus Ton und Brauneisen, das heutzutage als Ocker bezeichnet wird. Das Brauneisen stammt dabei aus verwitterten schwefelhaltigen Eisenerzen. Ob er tatsächlich Gold fand, ist nicht überliefert. Letztlich war es der Ocker, der dem Förster zu Wohlstand verhalf. Denn daraus ließ sich eine kostspielige und gefragte gelbe Farbe herstellen.

Richter eröffnete 1769 ein Bergwerk namens „Hülffe Gottes" und errichtete mehrere Stollen und Gruben, ein Zechen- und Huthaus sowie einen hölzernen Förderturm. Die gelbe Kreide hatte eine so ausgezeichnete Qualität, dass Alexander von Humboldt der preußischen Regierung den weiteren Abbau empfahl. 1797 übergab Richter sein Bergwerk an die Gebrüder Braun aus Zell. Die genaue Geschichte des Betriebes in den darauffolgenden Jahren ist leider nicht bekannt. 1809 war das Gelbkreidevorkommen dann anscheinend komplett ausgebeutet (Roßner 2015). Nach der Stilllegung des Bergwerks wurde die Saalequelle zu einem beliebten Ausflugsziel.

GOLDSUCHER AUS VENEDIG?

Zahlreiche oberfränkische Bergbausagen, vor allem aus dem Fichtelgebirge und speziell der Gegend um den Ochsenkopf, erzählen von Gold suchenden Venedigern (auch Venetianer genannt). Handelte es sich dabei wirklich um Bewohner der berühmten Lagunenstadt an der Adria?

Fremde in Franken

Erstmals erwähnt wurden die Venediger 1542 von Kaspar Brusch (latinisiert Caspar Bruschius). Er war Sohn eines Schuhmachers und Buchhändlers, besuchte die evangelische Lateinschule in Hof, studierte an der Universität Wittenberg bei Philipp Melanchthon und stieg zum kaiserlichen Hofpfalzgraf und Notar auf. In dieser Funktion ging Brusch auf Studienreisen und schrieb seine Forschungsergebnisse in etwa 80 Büchern nieder. In einem davon, „Des Vichtelbergs … gründtliche Beschreibung", dokumentiert er als Erster das Treiben der Fremden:

„Es ist auch mit Gold, Silber, Eisen und in Summa allerley der besten Metallen … dieser Berg und gantz herum liegende Gegend und Landschafft allen andern Ländern und Gegenden teutschen Landes weit fürzuziehen, welches auch den von uns gelegenen Völckern, als Wahlen, Venedigern, Spaniern, unserer Lande Kuntschaffer, gantz wißlich und kundig ist. Denn die pflegen sich zuberühmen, die Schätz und Reichthum, so in des teutschen Landes Gebürgen verborgen liegen, seynd ihnen (so sie doch Fremdling sind) bekannter, denn uns Teutschen selbst. … Dahero thut auch das Sprichwort …: Daß man an und um den Fichtelberg offt eine Kuh werfe mit einem Stein, der Stein sey aber besser denn die Kuhe. Damit sie auch wollen anzeigen, daß groß mercklich Gut um diesen Berg liege. Man hat auch in gemeldtem Gebürg hin und wider Büchlein gefunden, Wählisch, Französisch und aufs Niederländisch Teutsch geschrieben, darinnen viel Oerter beschrieben und angezeigt gewesen, an und bey welchen Bächlein man Gold, ja auch Perlen und Edelgestein findet, und ein solches Büchlein hab ich selbst gehabt …" (Brusch 1683).

Kaspar Brusch war kaiserlicher Hofpfalzgraf, Poet und Historiker.

Gut zu Fuß

Dass Menschen auf der Suche nach Reichtümern so weite Strecken zu Fuß zurücklegten, mag auf den ersten Blick unglaubwürdig erscheinen. Andererseits: Viele Menschen pilgern heute freiwillig und ohne materielle Not wochenlang auf dem rund 800 Kilometer langen Jakobsweg. Der Weg von Venedig nach Oberfranken war auch nicht länger, dafür die Not umso größer. Heute weiß man, dass Norditaliener auf der Suche nach wertvollen Bodenschätzen in der Tat regelmäßig bis nach Oberfranken kamen (Hanika 1958). Im Auftrag einer der berühmten Glasmanufakturen zu Murano oder Venedig suchten sie nicht nur nach Gold und Silber, sondern auch nach Kobalterzen (Speiskobalt), die zum Blaufärben von Glas verwendet wurden. Ihre fremde Sprache und Geheimniskrämerei – sie wollten nicht auf ihre erbeuteten Reichtümer aufmerksam machen – riefen bei den Ortsansässigen Argwohn und wilde Spekulationen hervor. So entstanden die berühmten Venedigersagen.

Klares, kobaltblaues Glas mit polychromer Emaille; Murano, Mitte 15. Jahrhundert

Rechts: Walenzeichen mit der Erklärung: *„In diesen jeden Berge ⊙ [Gold] gnug"* (aus Lehmann 1764)

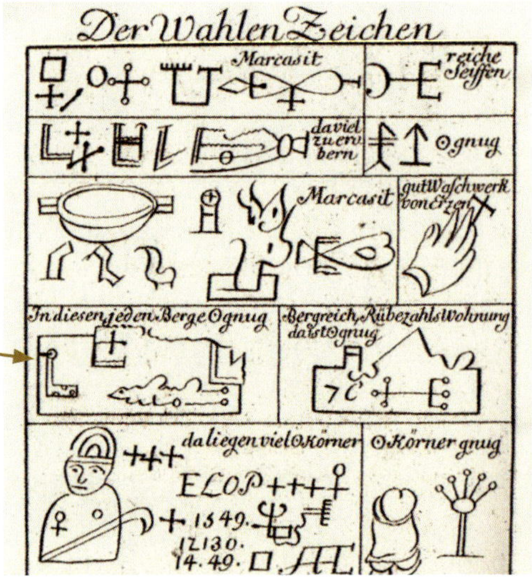

Schatz oder Schwindel?

Die italienischen Erzsucher schrieben ihre Erzfundstellen und geologischen Erkenntnisse direkt vor Ort in kleine Notizbücher. Diese Feldbücher wurden als Walenbücher bezeichnet, da man Fremde aus dem Süden Walen oder Welsche nannte. Einige vermeintliche Abschriften von verschollenen Originalen, die im 17. und 18. Jahrhundert angefertigt wurden, sind noch heute erhalten. Wahrscheinlich wurden sie jedoch von Trickbetrügern erstellt und leichtgläubigen Schatzsuchern angedreht → Seite 68. Sie waren auf Deutsch und nicht auf Italienisch verfasst und enthielten äußerst vage Hinweise (Schramm & Wilsdorf 1987).

2003 wurde die verschollen geglaubte Steinsäule mit dem Ochsenkopfbildnis wiederentdeckt.

In der Antike wurden den Planeten bestimmte Metalle zugeordnet: Sonne (Gold), Jupiter (Zinn), Mars (Eisen) und Merkur (Quecksilber). Das Quecksilberssymbol ähnelt dem Ochsenkopfbildnis.

DER SAGENUMWOBENE OCHSENKOPF

Auf der Website des Fichtelgebirgsvereins e.V. (www.bayern-fichtelgebirge.de) finden sich verschiedene Überlegungen, woher der bekannteste Berg des Fichtelgebirges seinen besonderen Namen hat.

Laut Rudolf Thiem tauchte der Name „Ochsenkopf" erstmals 1495 in einer Urkunde auf. Im „Berckwerckpuch der verlihen lehen auf dem gepirg" steht folgender Eintrag: *„Lorenz von Ploben von Nürnberg hat empfangen ime und allen seinen Mitgewerken ein Bergwerk am Fichtelberg bey dem Ochsenkopff … 1495."* Ein paar Jahrzehnte später, 1531, wird in „Gratius Kundels Wallen Büchlein" bereits von einem in den Fels gemeißelten Ochsenkopfsymbol berichtet: *„Vom Ochsen Kopff am Fichtelberg, der ist ein Fels, daran steht der Kopff gehauen und reket eine lange Zungen aus, und so die Sonne zu Mittag scheinnet, so scheint sie oben drauf."* (Kretschmann 1741). Irgendwann übertrug sich der Name auf den ganzen Berg.

WIE DER OCHS VORM BERG: Doch was hat es mit dem Tierkopf auf sich? Eine der Theorien besagt, dass es sich um ein alchemistisches Bergbauzeichen handeln könnte. Am Ochsenkopf wurden in der Tat in mehreren Bergwerken vor allem Gold, Zinn und Eisen abgebaut. Deren astronomische Symbole haben allerdings keinerlei Ähnlichkeit mit dem Ochsenkopfsymbol. Dafür sieht das Symbol für Quecksilber einem stilisierten Ochsenkopf verblüffend ähnlich! Allerdings wurde an der Stelle, wo die Steinsäule mit dem Ochsenkopf gefunden wurde, nie Quecksilber abgebaut.

HÖHLE OHNE SCHATZ: Unmittelbar nach dem Wahrzeichenfelsen kommt man, dem Wanderweg folgend, zu einem mit einem Eisengitter umgebenen Bodenloch, dem sagenumwobenen „Schneeloch". Hier sollen die alten Venetianer „Kleinodien in großem Werthe" und edle Metalle wie Gold gefunden haben. Die Speläogruppe Nordbayern untersuchte im August 1988 die Hohlräume des Schneelochs. Ihr Befund: Das Bergloch ist eine in Teilen eingestürzte Felsenhöhle; Bergbautätigkeiten konnten nicht nachgewiesen werden.

SESAM, ÖFFNE DICH: Da an vielen Stellen am Ochsenkopf Erze abgebaut wurden, drehen sich die Ochsenkopfsagen auch immer um dieses Thema. So befände sich im Innern des Berges eine mit Gold und Silber gefüllte Kirche. Am Johannistag (24. Juni) wachse eine Zauberblume, die, einmal gepflückt, dem Finder den Zugang zu den Schätzen ermögliche. Er müsse die Blume jedoch am selben Tag aus dem Berg tragen, sonst bliebe er mit den Schätzen im Innern eingeschlossen.

Schachtpinge am Goldberg in Goldkronach

Am Fuße des Fichtelgebirges liegt die „Gold City“: Goldkronach ist mit seiner über 600-jährigen Bergbaugeschichte das Zentrum der historischen Goldgewinnung in Bayern. Die Stadt lädt Besucherinnen und Besucher ein, die geheimnisvolle Welt unter Tage zu entdecken, selbst Gold zu waschen oder auf den Pfaden des jungen Alexander von Humboldt zu wandeln.

Schachtpinge der Zechen „Ritter Sankt Georg“ und „Name Gottes“ auf dem Goldberg mit Hinweisschild des montanhistorischen Humboldt-Rundwegs

DAS GEOTOP

Die „Free Easyriders Gold City“ sind vermutlich der einzige Motorradclub, der seinen Namen von der Bergbaugeschichte seiner Heimatstadt ableitet. Das zeigt: Die Erinnerung an sechs Jahrhunderte Bergbau ist in Goldkronach noch lebendig. Die am Flüsschen Kronach gelegene Stadt ist das Zentrum der historischen Goldgewinnung in Bayern. An keinem anderen Ort im heutigen Freistaat wurde in so großem Ausmaß im Untertagebau Gold gewonnen.

Die „Gold City“ hat eine Fülle von montanen Sehenswürdigkeiten zu bieten. Besonders imposant ist die gewaltige Schachtpinge ganz oben auf dem Goldberg, östlich des Stadtzentrums von Goldkronach. Im Zentrum der Halde gähnt ein 15 Meter weites, eingezäuntes Loch. Einst war dies ein senkrecht

Einer der sehr schmalen Quarzgänge im Schmutzlerstollen. Die Bergleute arbeiteten in unvorstellbarer Enge.

Stollen der Schmutzlerzeche

nach unten führender Förderschacht für zwei Gruben, der sage und schreibe 88 Meter tief war. Er diente den Zechen „Ritter Sankt Georg" und „Name Gottes" zur gemeinsamen Förderung ihrer Erze.

Neben diesem Montan-Geotop kann man auf dem nach Alexander von Humboldt benannten Rundwanderweg noch viele weitere Relikte des Bergbaus bei Goldkronach entdecken →Seite 55. Der Weg führt vorbei an Bergbauspuren aus dem späten Mittelalter bis hin zu den letzten Goldabbauversuchen zu Beginn des 20. Jahrhunderts. Zahlreiche Förder- und Wetterschächte künden von der regen Bergbautätigkeit vergangener Tage. Weitere Stationen auf dem Weg sind das Besucherbergwerk „Mittlerer Name Gottes" und der Besucherstollen „Schmutzlerzeche" →Seite 66.

Bis tief ins Innere des Goldbergs hinein haben die Bergleute ab dem frühen 14. Jahrhundert goldhaltige Quarzgänge abgebaut. Das Quarzgestein war so hart, dass es durch Feuersetzen mürbe gemacht werden musste. Rußgeschwärzte Bereiche zeugen noch heute davon. Die Arbeit war äußerst mühevoll: Die Bergleute mussten die Schächte und Stollen mit Schlägel und Eisen in reiner Handarbeit, ganz ohne Sprengstoffe oder motorgetriebene Bohrhämmer, aus dem Fels schlagen. Die original Meißelspuren in den engen Stollen sind noch heute deutlich zu erkennen.

GOLDHERKUNFT

Wichtige Hinweise auf die Herkunft des Goldvorkommens am Goldberg liefern historische Berichte über die Art und Weise des Abbaus. Insgesamt waren es rund 14 Quarzgänge, hinter denen die frühen Bergleute her waren. Der Berg machte es ihnen nicht leicht. Die Quarzgänge waren meist nur bis zu 40 Zentimeter breit. Die Bergleute mussten also eine Unmenge an nicht goldhaltigem Gestein herauspickeln, um ihre Körper überhaupt in die schmalen Stollen zwängen zu können.

Erschwerend kam hinzu, dass die einzelnen Gänge abrupt endeten. Die Ursache dafür sind Verwerfungen im Berg: Die goldhaltigen Gänge liegen gegeneinander versetzt – allerdings meist nur so geringfügig, dass sie

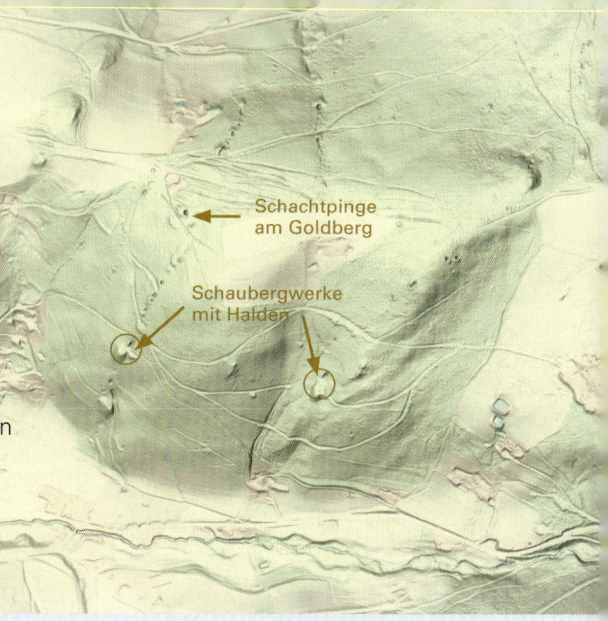

STANDORT	Landkreis Bayreuth, Stadt Goldkronach
KOORDINATEN	N 50° 0,595′ E 011° 42,389′
LAGERSTÄTTENTYP	Berggold, alluviales Seifengold
ABBAUPERIODEN	historisch belegt ab dem frühen 14. Jahrhundert, wahrscheinlich schon wesentlich früher; bis ins 20. Jahrhundert
GOLDHERKUNFT	Das Gold kommt konzentriert in goldhaltigen Quarzgängen (Reicherz) vor und fein verteilt in Phycodenschichten und Diabasen.
GOLDMENGE	geschätzt mehrere Tonnen

NAVI	Am Goldberg 6 A, 95497 Goldkronach
WEGBESCHAFFENHEIT	kurzer einfacher Weg, zum Schluss schmaler Pfad
WEGBESCHREIBUNG	Über Zoppaten und Brandholz zum Parkplatz am Informationszentrum am Goldberg (beschildert mit „Besucherbergwerke"). Von dort zu Fuß etwa 50 m Richtung Besucherbergwerke, dann links kurz über einen schmalen Pfad zur Schachtpinge.
TIPP FÜR WANDERUNGEN	Der rechts beschriebene Humboldtweg mit über 40 Geotafeln geht an zahlreichen Bergbaurelikten vorbei. Länge: 6 km, 300 Höhenmeter, Dauer: 2 Stunden.
TIPP FÜR RADTOUREN	Der Radwanderweg BT 33 führt in der Nähe des Geotops vorbei.

Im digitalen Geländemodell zeigen sich die teilweise perlschnurartig aufgereihten Abbauspuren entlang der Vererzung. Besonders gut sind die Vertiefungen der Stolleneingänge und mehrerer Luft- und Förderschächte zu erkennen.

HUMBOLDT-RUNDWANDERWEG

Große Teile der Ortschaft Brandholz stehen auf Bergbauterrain und zahlreiche Gebäude haben eine bergmännische Vergangenheit. Daher wurde vom Goldkronacher Museumsverein ein Rundwanderweg eingerichtet, der an allen wichtigen Gebäuden, Schächten und Halden vorbeiführt und nach dem geschätzten preußischen Beamten Alexander von Humboldt benannt wurde. Außerdem sind die Gebäude der alten Probierlaboratorien, der ehemalige Standort des Pochwerkes und die Administrationsgebäude des Bergamtes gekennzeichnet. Auf dem Weg entdeckt man immer wieder neue Häuser, die auf den alten Halden stehen und vermutlich unter ihrem Keller einen alten Bergwerksschacht haben.

Vorsicht: Manche Schächte und Pingen sind nur durch einen Holzbalken abgesichert.

in der geologischen Karte nicht erkennbar sind. Sie lassen sich von West nach Ost in antimonit-, arsenopyrit- und pyritreiche Goldquarzgänge gliedern. Die Bergleute waren gezwungen, mithilfe aufwendiger Suchstollen die zwar nah beieinander liegenden, aber dennoch leicht versetzten Erzlinsen zu finden (Vaché 2008).

Freigold für alle

Wer sich so viel Mühe machte, musste auf reiche Belohnung hoffen. Eine glaubwürdige Beschreibung aus der Zeit der frühen Goldgewinnung lieferte 1607 der Bergmeister Johann Marcell Hess dem Markgrafen Christian von Brandenburg-Bayreuth aus dem Hause Hohenzollern. Er schwärmte von den goldenen Zeiten (von etwa 1360 bis 1430):

„Sie haben auch dazumahl keine Pochwerck gehabt, und nicht viel uff die Schlich, sondern nur auf die ledigen Gölder gesehen: Haben uff der Schmelz-Hütten: so dießfallß noch heut die Goldmühl heißt: eine Mühle mit zwey Gängen gehabt, allda die Quartz gemahlen und die löthigen Gölder angequickt, die Affter und Schlich aber stracks in den Main gestürzt und nichts geschmelzt …“ (Brinkel & Dollinger 2008).

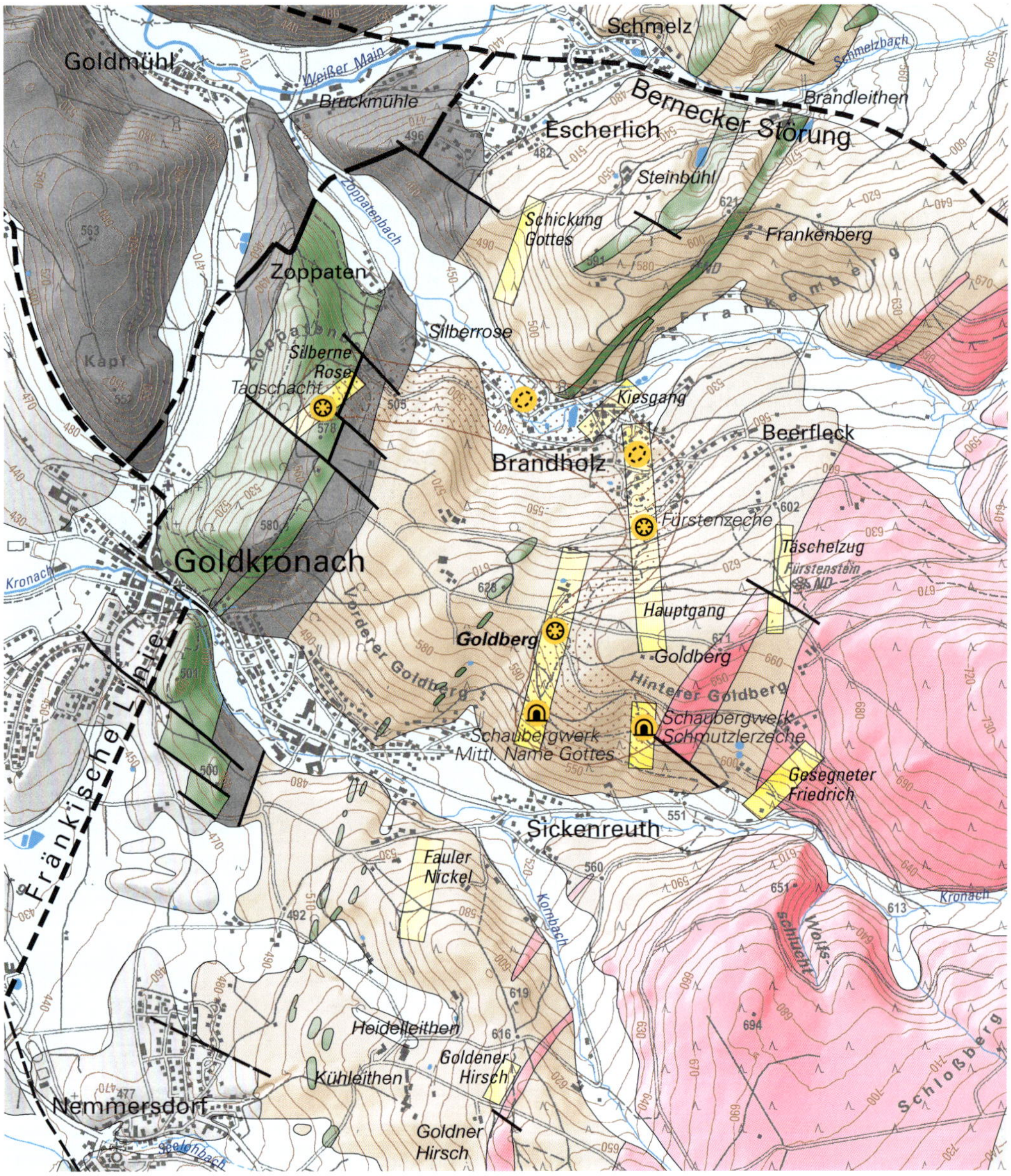

Geologische Karte: Die goldhaltigen Quarzgänge (gelb; zur besseren Sichtbarkeit übertrieben dick eingezeichnet) liegen hauptsächlich in einem Gesteinspaket, das aus Phylliten (Phycodenschichten, braun) und Diabasen (Vulkanite, dunkelgrün) aufgebaut ist. Die Verwerfung beim Täschelzug hat den Gang seitlich versetzt und machte den Bergleuten das Leben schwer.

Übersetzt in heutiges Deutsch besagt der Text: Die Bergleute haben nur das mit bloßem Auge sichtbare Freigold (ledige Gölder) nach dem Zerkleinern in der Mühle gewaschen und das so gewonnene freie (löthige) Gold amalgamiert (angequickt, also mit Quecksilber herausgelöst). Das Schwermineralkonzentrat zu schmelzen, um auch noch das darin fein verteilte Gold zu gewinnen, war ihnen zu mühsam. Dieses Gold war eng verwachsen mit schwefelhaltigen Erzen wie Pyrit, Arsenopyrit sowie Antimonit. Das Konzentrat (Schlich) und der Rest des zerkleinerten Gesteins (Affter) wurden einfach in den (Weißen) Main gekippt. Es gab offenbar genug Freigold für alle!

Im Herzen des Berges

Neben den waagerechten Suchstollen legten die Bergleute auch zahlreiche senkrechte Schächte an, die in unterschiedliche Tiefen reichten, und zwar aus gutem Grund: Die höchsten Goldgehalte wurden in mittleren Tiefen von 25 Metern sowie in großen Tiefen von bis zu 120 Metern gefunden, wie der bereits zitierte Bergmeister Hess zu berichten wusste:

„Die Ursach deßen ist, daß die Gänge in diesen Gebürg wie fast im ganzen Land ein Mittel haben, darinnen sie gut erthan, und trefflich geschütt, nicht bald am Tag, auch nicht gar in der Teuffe, sondern fast in 12 oder 15 Lachter [24 bis 30 Meter] *vom Tag an, biß etwas unter die Tieffe Stollens-Teuffe, das wird bey 40 oder 60 Lachter* [80 bis 120 Meter] *ungefehrlich an der Teuffe zu diesen Mittel treffen"* (Brinkel & Dollinger 2008).

Ein Schatzkästchen im Schraubstock

Um das Rätsel der Goldherkunft zu lösen, gilt es, den Zusammenhang der bisher beschriebenen Sachverhalte zu klären: Was hat es mit den Verwerfungen und den Quarzgängen auf sich? Und wieso befanden sich die goldreichsten Partien in so unterschiedlichen Tiefen?

Wolfgang Irber, ein ehemaliger Geologiestudent der Technischen Universität München, lieferte in seiner Diplomarbeit 1992 eine geniale Erklärung, die alle Beobachtungen in Einklang bringt: Der Goldberg liegt, einem Schatzkästchen gleich, eingequetscht zwischen zwei großen Störungen, der Fränkischen Linie und der Bernecker Störung. Durch eine Art Schraubstockeffekt rissen Spalten auf, in die während vieler Millionen Jahre ab der variszischen Gebirgsbildung immer wieder goldhaltige Lösungen dringen konnten. In mehreren Phasen reicherte sich so zunehmend mehr Gold an, vermutlich vor allem in der Kreidezeit. Die Backen des Schraubstocks – um im Bild zu bleiben – stießen nicht genau senkrecht aufeinander, sondern leicht seitlich versetzt. Dadurch kam es

Oben: Ein Quarzbrocken mit heute selten gewordenem Freigold. Im 14. und 15. Jahrhundert war es so reichlich zu finden, dass anderes, fein verteiltes Gold gar nicht gewonnen wurde.

Unten: Unter dem Auflichtmikroskop werden die Detailstrukturen des Gesteins sichtbar: Gold auf Rissen in Pyrit neben Antimonit (Antimon-Schwefel-Mineral, dunkelgrau) (Erzprobe aus der Grube „Silberne Rose" in Brandholz-Goldkronach, einer bedeutenden Antimonlagerstätte).

zusätzlich zu einer Art Scherbewegung, sodass die Gänge zerstückelt und seitlich gegeneinander versetzt wurden.

Dass das Gold in unterschiedlichen Tiefen angereichert wurde, hing mit der Verwitterung der Quarzgänge, vor allem in der Tertiärzeit, zusammen. Vor etwa 50 Millionen Jahren war es im heutigen Bayern tropisch warm und es regnete viel. Die Quarzgänge verwitterten bis in große Tiefen. Dabei wurde das Gold in den Spalten und Klüften des Gesteins vom Regen gelöst und nach unten ins Berginnere transportiert, wo es sich konzentrierte. Lag die ursprüngliche Goldkonzentration im Quarzgang bei fünf Gramm je Tonne, ging sie nun gegen null an der Oberfläche, stieg dafür aber mit zunehmender Tiefe auf den unglaublichen Wert von 88 Gramm in der sogenannten Reicherzzone (Helmkampf 2008). In den darauffolgenden Jahrmillionen wurde das Gestein allmählich abgetragen. Bäche schnitten sich tief in den Berg. Das Reicherz kam wieder näher an die Oberfläche.

Durch den Schraubstockeffekt rissen im Goldberg Spalten auf, in die goldhaltige Lösungen eindrangen und als Quarzgänge (gelb) auskristallisierten.

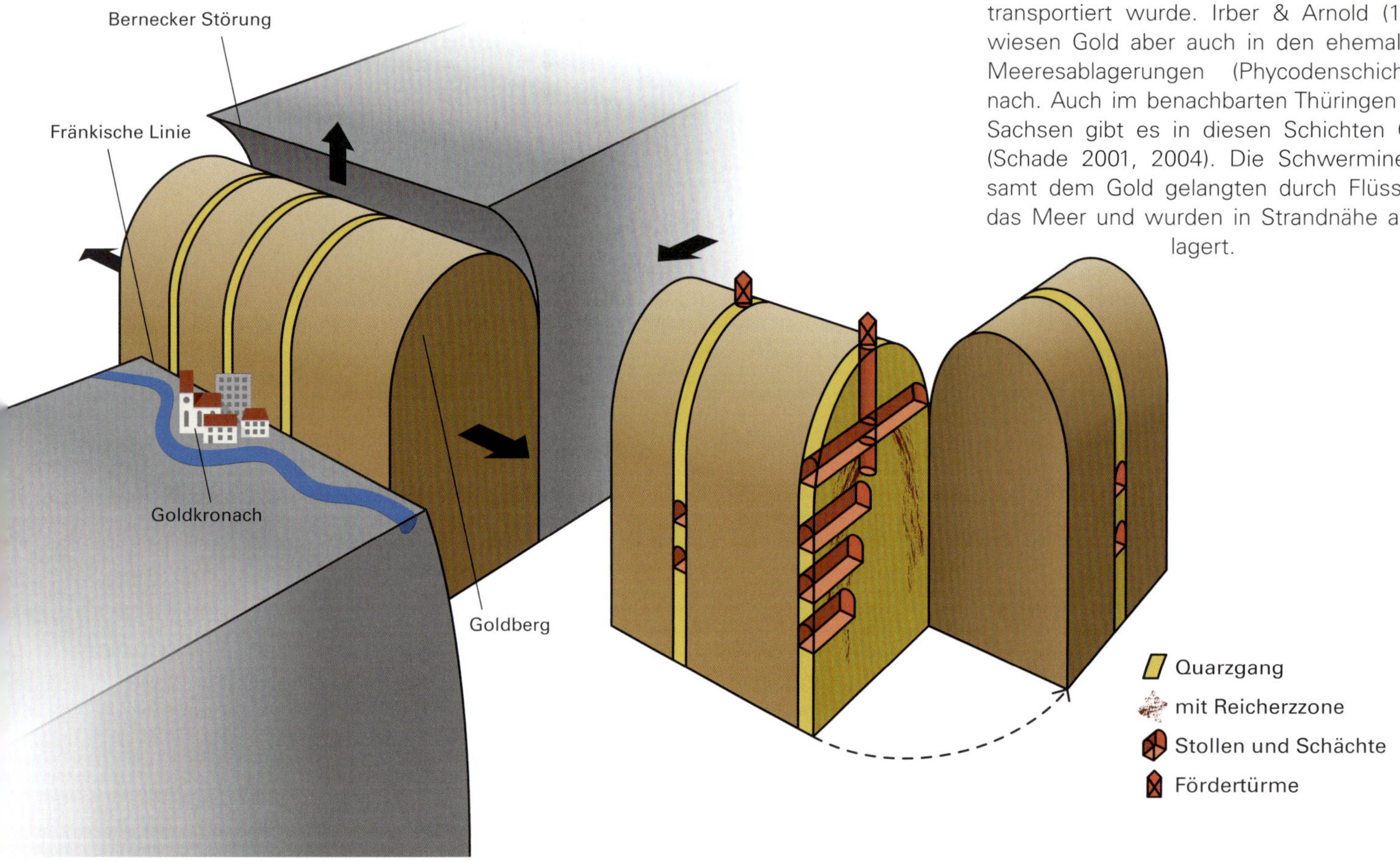

Frankengold – aus Feuer und Wasser gemacht

So weit, so gut – aber *eine* Antwort steht noch aus: Woher kam das „erste" Gold in den goldhaltigen Lösungen, die zunächst in den Quarzgängen auskristallisierten und durch Verwitterung in der Reicherzzone konzentriert wurden?

Während der variszischen Gebirgsbildung wurden tonige Meeresablagerungen der Phycodenschichten in Phyllite sowie vulkanische Basalte in Diabase umgewandelt. Hauptsächlich in diesen Gesteinen liegen die Quarzgänge im Goldkronacher Goldrevier, die von Sulfidmineralen wie Pyrit und Arsenopyrit begleitet werden. Im Bereich der Lagerstätte „Silberne Rose" kommt auch Antimonit zusammen mit Gold vor. In den meist dunkelgrünen Diabasen weiter im Norden →*Geotope Nr. 1* wurden geringe Spuren von fein verteiltem Gold nachgewiesen. Das überrascht nicht weiter, da Gold über wässrige Lösungen gemeinsam mit der vulkanischen Lava aus dem Erdinnern nach oben transportiert wurde. Irber & Arnold (1997) wiesen Gold aber auch in den ehemaligen Meeresablagerungen (Phycodenschichten) nach. Auch im benachbarten Thüringen und Sachsen gibt es in diesen Schichten Gold (Schade 2001, 2004). Die Schwerminerale samt dem Gold gelangten durch Flüsse in das Meer und wurden in Strandnähe abgelagert.

Auffällig an allen Goldvorkommen im Fichtelgebirge und im Frankenwald ist, dass tonige Meeresablagerungen und Vulkanite immer bei einer Gebirgsbildung in größere Tiefen versenkt und erhitzt worden sind. Ist das die Rezeptur zum Goldmachen? Anscheinend ja, denn das Gold kommt auch andernorts in derartigen Gesteinen vor, zum Beispiel in Österreich und der Schweiz. Bei der Versenkung finden durch den enormen Druck des darüberliegenden Gesteins sowie durch die Aufheizung Entwässerungsreaktionen statt. Als Folge davon setzen die Gesteine eine salzhaltige wässrige Lösung (Fluid) frei. Das Fluid löst aus goldhaltigen Gesteinen (hier Vulkanite beziehungsweise Phycodenschichten) das Gold und transportiert es nach oben. Es braucht also wohl in der Tat Feuer und Wasser, um das Gold anzureichern.

GOLDMENGE

Bezüglich der Goldmenge gibt es sehr widersprüchliche Angaben. Es existieren Quellen, die für die Hochphasen des Goldkronacher Bergbaus von über 150 Kilogramm Goldausbeute pro Jahr ausgehen. So schreibt Johann Friedrich Gmelin in seinem 1797 erschienenen Buch „Geschichte der Chemie": *„... bei Goldkronach in Baireuth ein Goldbergwerk im Gange, das schon zu der Zeit von G. Agricola dem Markgrafen alle sieben Tage 1500 Goldgulden eingebracht, 1577 und 1578 über zwanzig Mark reinen Goldes Ausbeute gegeben, und im Ganzen jede Woche 2400 rheinische Goldgulden abgeworfen haben soll."*

2.400 Goldgulden entsprächen dann nach dem aktuellen Goldpreis von etwa 37 Euro pro Gramm (Stand: März 2017) einem heutigen Jahresumsatz von satten 16 Millionen Euro. Selbst wenn man beim Gulden einen Wertverlust von etwa einem Drittel berücksichtigt →Kasten Seite 60, wären es noch etwa fünf Millionen Euro. Vielleicht waren das übertriebene Angaben, die findige Grubenbesitzer in die Welt setzten, um neue Geldgeber für ihre Bergwerksunternehmen zu finden?

Im Gegensatz dazu berichtet Friedrich Gottlob Leonhardi, Professor der Ökonomie in Leipzig, in seiner „Erdbeschreibung der Fränkischen Fürstenthümer Bayreuth und Anspach" von 1797 über die Goldausbeute wie folgt: *„Goldcronach, eine sehr alte Stadt, an dem mitten durch dieselbe strömenden kleinen Flusse Cronach hat dem Bergbaue ihren Ursprung zu verdanken [...]. Die damalige Reichhaltigkeit der Ausbeute kann man z. B. nach Oetters Versicherung aus gerichtlichen Protocollen einigermaßen ersehen, indem von 1577 und 1578 jährlich etliche 20 Mark* [etliche im Sinne von „über"; Mark als alte Gewichtseinheit, eine Mark entsprach etwa 234 Gramm] *rein Gold gewonnen worden ist, woraus man Doppel-Ducaten prägte."*

Ein Dukaten bestand ursprünglich aus 3,5 Gramm Gold, ein Doppeldukaten war demnach doppelt so schwer. Im Jahr wurden also aus den gut viereinhalb Kilogramm reinen Goldes rund 1.300 Dukaten beziehungsweise 650 Doppeldukaten geprägt. Dies entspräche nach dem aktuellen Goldpreis von etwa 37 Euro pro Gramm einem Jahresumsatz von rund 170.000 Euro, aber keinem Millionenumsatz mehr.

Tonnenweise Gold?

Nach Gmelins Bericht beliefen sich die Einnahmen pro Woche auf 1.500 bis 2.400 Goldgulden. Selbst unter der Annahme, dass der Gulden durch den Wertverlust nur noch 2,5 Gramm Gold beinhaltete, wäre die Jahresausbeute zu Agricolas Zeiten knapp 200 Kilogramm und 1577 und 1578 noch über 300 Kilogramm gewesen. Das entspräche einer Gesamtgoldausbeute von über 30 Tonnen reinem Gold in den 150 Jahren der Hochphase des Bergbaus. Gehen wir jedoch von der Richtigkeit der Angaben Leonhardis aus, hätten die Bergleute in Goldkronach von der Mitte des 14. bis zur Mitte des 16. Jahrhunderts rund 200 Jahre lang jährlich einige Kilogramm Gold gewonnen. In den beiden Spitzenjahren 1577/78 waren es über 4,5 Kilogramm, im Durchschnitt über 200 Jahre sicher deutlich weniger, insgesamt geschätzte 400 bis 500 Kilogramm. Sind die Angaben über die Goldmenge aus geologischer Sicht nachvollziehbar? Eine überschlägige Kontrollrechnung bestätigt dies: Die früheren Bergleute bauten fast ausschließlich die Reicherzpartien in den Quarzgängen ab. Darin waren bis über 80 Gramm Gold je Tonne Quarz enthalten. Ein Quarzgang ist, vorsichtig geschätzt, durchschnittlich 400 Meter lang und 40 Zentimeter breit; die Reicherzzone darin 60 Zentimeter hoch. Bei 14 Quarzgängen ergibt dies eine Reicherz-Quarzmenge von rund 1.350 Kubikmetern oder 4.000 Tonnen goldhaltiges Reicherz mit gut 350 Kilogramm reinem Gold – die Größenordnung stimmt.

So sind die Angaben recht unterschiedlich. Gab es anfangs vielleicht mehr als die erwähnten 14 Quarzgänge? Vermutlich wurde auch in den Bächen Kronach, Zoppatenbach und Weißer Main reichlich Gold gewaschen. Leider gibt es darüber keine Berichte. Insgesamt könnte sich die Ausbeute durchaus auf mehrere Tonnen Gold beziffern.

Florentiner Goldmünze von 1347. Auf der Vorderseite symbolisiert eine Lilienblüte die Stadt Florenz, auf der Rückseite ist der Stadtheilige Johannes der Täufer abgebildet.

Venezianischer Dukaten des Dogen Michele Steno (1400)

GULDEN UND DUKATEN – DIE EUROS VON DAMALS

Die drei italienischen Handelszentren des Mittelalters ersetzten als Erste die damals gängigen Silber- durch Goldmünzen: 1252 Florenz mit dem Fiorino d'oro (Florentiner, Floren oder Gulden), 1284 Venedig mit dem Ducato d'oro (Dukaten) und 1252 Genua mit dem weniger weit verbreiteten Genovino d'oro.

FLORENTINER AUS FLORENZ: Der Florentiner Gulden (lateinisch: *florenus aureus*, Abkürzung: fl.) bestand ursprünglich aus etwa 3,5 Gramm reinem Gold. Der Goldgehalt blieb in den in Florenz geprägten Münzen bis 1533 nahezu gleich. Auf der Vorderseite war das Stadtsymbol von Florenz, eine große Lilienblüte (lateinisch: *flos*), abgebildet, auf der Rückseite der Stadtheilige Johannes der Täufer. Jahr für Jahr wurden Hunderttausende Goldmünzen hergestellt. Sie breiteten sich deshalb relativ schnell in ganz Europa aus und wurden schon bald von anderen Staaten nachgeprägt.

RHEINISCHE GULDEN: Auf deutschem Gebiet wurden die goldenen Nachprägungen des Florentiners als Gulden bezeichnet. Am weitesten verbreitet im Heiligen Römischen Reich Deutscher Nation war dabei der rheinische Gulden (lateinisch: *florenus rheni*, Abkürzung: Rfl.). Der Gulden verlor, vor allem im Westen des Reiches, zwischen 1380 und 1450 fast ein Drittel seines ursprünglichen Goldgehaltes.

DUKATEN AUS VENEDIG: Auf der Vorderseite der venezianischen Dukaten ist der heilige Markus beim Überreichen der Kreuzfahne an den Dogen, das Staatsoberhaupt Venedigs, zu sehen. Die Rückseite zeigt das Bildnis Jesu. Der Name Dukaten ist auf die Umschrift auf der Rückseite der ersten Prägungen zurückzuführen: *„Sit tibi Christe datus quem tu regis iste ducatus“* (Dir, Christus, sei dieses Herzogtum, welches du regierst, gegeben). Der Dukaten war in ganz Europa verbreitet und wog wie der Florentiner rund 3,5 Gramm. Die Dukaten wurden – im Gegensatz zu den Gulden – bis zum Ende des 18. Jahrhunderts mit nahezu unverändertem Goldgehalt geprägt. Damit waren sie jahrhundertelang die stabilste Währung der Welt.

DEUTSCHE DUKATEN: Als der Dukaten 1559 zur Reichsmünze erklärt wurde, verdrängte er nach und nach den Gulden und wurde so die Hauptgoldmünze Deutschlands. Im 19. Jahrhundert wurden Dukaten dann allerdings mehr als Medaillen statt als Zahlungsmittel geprägt. Das war zum Beispiel der Fall bei den bayerischen Isar-, Donau- und Inngolddukaten oder den Goldkronacher Ausbeutedukaten. In Österreich werden Dukaten mit dem Abbild von Kaiser Franz Joseph I. und der Jahreszahl 1915 bis heute für Geschenk- und Sammlerzwecke nachgeprägt. Ausbeutedukaten werden von dem Gewinn (der Ausbeute) eines Metalls (hier Gold) geprägt. Das Metall dieser Münzen stammt ausschließlich aus einem Revier beziehungsweise Bergwerk, wie im Falle der Goldkronacher Ausbeutedukaten. Meist ist auf den Münzen das Porträt des damals Regierenden abgebildet.

Die Anfänge des professionellen Goldbergbaus in ganz Europa und auch in Goldkronach gehen bis ins frühe 14. Jahrhundert zurück. Die italienische Stadt Florenz hatte für größere Geldsummen die silbernen Groschen durch Goldmünzen (Florentiner) ersetzt. Andere Städte und Länder folgten diesem Beispiel, sodass Gold das Silber als wichtigstes Zahlungsmittel ablöste. Der gesteigerte Bedarf ließ den Goldpreis bis auf das Doppelte steigen. Das löste einen intensiven Abbau des Edelmetalls aus (Neumann 2008).

Burggraf mit Bergregal

Einer der Ersten, die diesen aufkommenden Goldboom erkannten, war der Nürnberger Burggraf Friedrich IV. aus dem Hause Hohenzollern. Im Jahr 1323 ließ er sich von König Ludwig dem Bayern als Dank für seine Treue alle Bodenschätze schenken, die in seinen Ländern gefunden werden sollten → *Seite 31*.

Das Geschenk des Königs hatte es in sich. Der Burggraf besaß nicht nur das Nürnberger Umland, sondern auch große Teile Oberfrankens – und damit auch die gold- und silberreichen Gesteine des Fichtelgebirges. Damals regelte das sogenannte Bergregal, wem alle wertvollen Bodenschätze in einem Gebiet gehörten. Das war zunächst einmal der König beziehungsweise Kaiser. Dieser konnte seinen Eigentumsanspruch allerdings verschenken, wie im Beispiel des Burggrafen Friedrich IV. Letzterer hatte damit die vollständige Herrschaftsgewalt über den Bergbau in seinem Gebiet erhalten. Ihm allein gehörten die Bodenschätze und er allein konnte sein Ausbeuterecht weiterverleihen – gegen Geld, versteht sich. Darum ließen sich auch die späteren Burggrafen von Nürnberg die einmal zugesprochenen Abbaurechte immer wieder auffrischen.

Erstmals urkundlich erwähnt wird der Goldkronacher Goldbergbau im Jahr 1363. Am 1. Februar jenes Jahres ernannte der inzwischen amtierende Burggraf von Nürnberg, Friedrich V. (der Enkel Friedrichs IV.), einen gewissen Hans von Watzmannsdorf zum Bergmeister, sozusagen zum Betriebsleiter, seines Goldbergwerks „Fürstenzeche“ in Goldkronach. Zu dieser Zeit muss es also bereits einen florierenden Bergbau gegeben haben.

Gold für 500.000 Euro im Jahr

Man kann durchaus von einem fränkischen Goldrausch Ende des 14. Jahrhunderts sprechen. Unter- und übertägig sollen damals bis zu 700 Personen beschäftigt gewesen sein. Burggraf Friedrich V. erzielte offenbar eine stattliche Rendite mit seinem Goldkronacher Goldbergwerk und natürlich mit seinen sonstigen Steuereinnahmen. Vom damaligen Kaiser Karl IV. ließ er nicht nur das Bergregal seines Großvaters auffrischen, sondern er erhielt von ihm zusätzlich noch das Münzregal verliehen, also das Recht, Münzen zu prägen. Seit der Auffrischung des Bergregals 1363 bis zu seinem Tod 1398 häufte er 140.000 Goldmünzen nach Florentiner Art an. Das entsprach einer Goldmenge von 490 Kilogramm oder nach dem heutigen Goldpreis über 18 Millionen Euro – Gold für rund 500.000 Euro im Jahr.

Albrecht Achilles und die Zeit der „Aktionäre“

Im 15. Jahrhundert schlug die Stunde der „Aktionäre“. Zu dieser Zeit regierte Albrecht Achilles, Markgraf von Ansbach und Kulmbach und späterer Kurfürst von Brandenburg. Er zählte damals zu den prominenten Fürsten. Unter ihm wurde mit der Gründung eines Bergamts das Bergwesen neu geordnet. Durch die Ausgabe von aktienähnlichen Anteilsscheinen, sogenannten Kuxen, warb Albrecht die für den Grubenbetrieb dringend benötigte Finanzspritze ein. Außerdem verlieh er das Recht der Goldgewinnung an selbstständig agierende Unternehmer, damals Gewerke genannt. Die durch Albrecht durchgeführten Maßnahmen verhalfen dem Goldkronacher Goldbergbau zu einer zweiten Blüte. Doch Mitte des 16. Jahrhunderts spielten die geologischen Verhältnisse nicht mehr mit.

Das Freigold in den Quarzgängen ging zu Ende. Zwar konnte das fein verteilte und verwachsene Gold noch aus dem Berg geholt werden, man musste es aber mit

Oben: Der Nürnberger Burggraf Friedrich V. (1333–1398). Unter seiner Regentschaft wurde das Goldkronacher Goldbergwerk erstmals urkundlich erwähnt.

Unten: Albrecht Achilles, Markgraf von Ansbach und Kulmbach (1414–1486). Unter ihm wurde das Goldkronacher Bergwesen modernisiert (Porträt aus dem 17. Jahrhundert).

aufwendigen Methoden aufbereiten. Die Goldkronacher Bergwerksbetriebe machten Verluste; 1583 waren nur noch 32 Bergleute beschäftigt. Der Ertrag aus der Förderung von Gold und Silber sank zwischen 1604 und 1612 auf rund 10.600 Florentiner pro Jahr (Endres 1999). Der Dreißigjährige Krieg von 1618 bis 1648 tat ein Übriges; der Bergbau kam vollständig zum Erliegen.

Markgraf Christian Ernst von Brandenburg-Bayreuth (1644–1712) war ab 1661 Chef der Goldkronacher Bergwerke.

Liebe versetzt Berge: Markgraf Christian Ernst

Nach den Kriegswirren, die ganz Europa erschüttert hatten, setzte sich Markgraf Christian Ernst von Brandenburg-Bayreuth 1661 zum Ziel, die maroden Goldkronacher Bergwerke wieder auf Vordermann zu bringen. Er nutzte hierzu das Know-how der bergbauerfahrenen Sachsen: *„So stund man ihm derowegen von Dreßden aus, woselbst man ebenfalls den Bergbau möglichst beförderte, mit guten Rathschlägen zu diesem löblichen Vorhaben bey"* (Endres 1999).

Sein Elan war auch einer Frau geschuldet: Seine angebetete Gemahlin Sophie Luise begeisterte sich für Bergbau und Goldmacherei. Christian Ernst verlieh ihr daher sämtliche Bergrechte, aber auch sie konnte den Bergbau nicht entscheidend voranbringen. 1695 erbrachte die Goldkronacher Fürstenzeche im Quartal dennoch eine beachtliche Ausbeute von 336 Talern für alle Anteilseigner (Becker 2008).

Von dem Gewinn ließ Christian Ernst goldene Ausbeutedukaten prägen. Auf deren Vorderseite prangen die Porträts des Markgrafen und seiner Gemahlin. Auf der Rückseite ist eine Bergwerksszenerie zu sehen, über der der Sonnengott Helios in seinem von Löwen gezogenen Wagen thront und auf die er Gold hinabwirft. Das Motiv auf den Dukaten konnte nicht darüber hinwegtäuschen, dass die Bergwerke allmählich im Niedergang begriffen waren. Daher verwundert es nicht, dass das markgräfliche Paar beständig auf der Suche nach neuen Geldquellen war – und dabei einem Betrüger auf den Leim ging.

Der Gaunerbaron Christian Wilhelm von Krohnemann

Baron Christian Wilhelm von Krohnemann trat 1677 als Offizier in die Dienste des Markgrafen Christian Ernst. Krohnemann machte dem Markgrafenpaar weis, dass er von Gott persönlich die Rezeptur für eine Universaltinktur erhalten hätte, aus der sich pures Gold extrahieren ließe. Allerdings bräuchte er ein Startkapital, um den Brauvorgang mit allerlei mehr oder weniger geheimen Zutaten wie Quecksilber, Essig, Salz und Grünspan anzufachen. Die markgräflichen Zuwendungen flossen üppig; Krohnemann kaufte davon heimlich Gold, schmolz es ein und ließ daraus Münzen als Beweis seiner Schaffenskraft prägen. Nebenbei lebte er in Saus und Braus. Mehrfach wurde er des Betrugs bezichtigt, aber Geldgier macht bekanntlich blind – Sophie Luise hielt lange Zeit ihre schützende Hand über ihn. Doch dann kam es, wie es kommen musste: Krohnemann wurde des Betrugs überführt, zum Tode verurteilt und am 27. April 1686 auf dem Galgenberg bei Kulmbach gehenkt – angeblich nur wenige Stunden, bevor ihn der markgräfliche Gnadenerlass erreichte. Der Henker ersann einen sarkastischen

Ausbeutedukaten von 1695; 2015 für 65.600 Euro versteigert. Er zeigt auf der Vorderseite die Porträts von Markgraf Christian Ernst von Brandenburg-Bayreuth und seiner Gemahlin Sophie Luise. Auf der Rückseite ist eine Bergwerksszenerie zu sehen.

Reim über den Versuch des Gaunerbarons, das in seiner Geheimtinktur verwendete flüssige Quecksilber (Mercur) in festes (fixes) Silber umzuwandeln:

„Ich war zwar, wie Mercur wird Fix gemacht, bedacht.

Nun ist es umgekehrt und ich wird Fix gemacht." (Grimmler 2015)

Alexander von Humboldt kam, sah und hatte Erfolg

Ende des 18. Jahrhunderts ging die Zeit der Burg- und Markgrafen aus dem Hause Hohenzollern zu Ende. Der regierende Markgraf Karl Alexander von Brandenburg-Ansbach trat seine Fürstentümer Ansbach und Bayreuth an den preußischen König Friedrich Wilhelm II. ab. So wurden diese fränkischen Regionen erstmals preußisch – und ein junger Bergbeamter namens Alexander von Humboldt kam nach Franken, um die maroden Bergwerke wieder in die Gewinnzone zu führen → *Seite 28 und 33*.

Als Humboldt in Goldkronach eintraf, war der Betrieb der traditionsreichen Fürstenzeche wieder einmal eingestellt worden. Die Ergebnisse seiner Recherchen und Grubenfahrten weckten jedoch neue Hoffnungen: *„Denn die neugefundenen Akten aus dem 16. Jahrhundert, die ich mit der größten Mühe studiere, haben mich ganz orientiert. Alle, die vor mir die Direktion des dasigen Grubenbaus hatten, waren irre, weil ihnen diese Quellen fehlten"* (Endres 1999). Humboldt war der Ansicht, dass in der Fürstenzeche eine Jahresförderung von bis zu 7.000 Zentner Golderz möglich sei, mit einer Finanzspritze von weiteren 600 Talern sogar noch 5.000 Zentner mehr. Und – ganz entscheidend – ein wirtschaftliches Risiko sei nicht zu befürchten (Neumann 2008).

Auch hier stellt sich die Frage, ob so hohe Golderzförderungen realistisch waren. Lag Humboldt mit seinen Schätzungen der Goldmenge falsch?

Die Goldbergwerke schrieben durch Humboldt jedenfalls wieder schwarze Zahlen – zumindest für ein paar weitere Jahre. Er selbst zog 1799 Bilanz: *„Ich blieb drei Jahre mit der Bergwerkspraxis befaßt, und der Zufall begünstigte meine Unternehmungen dermaßen, daß die Alaunwerke, die Kobaltgruben und sogar die Goldmine von Goldkronach bald begannen, Gewinn für die Kassen des Königs abzuwerfen"* (Endres 1999). Humboldt war es nicht nur gelungen, die

Links oben:
Die Gaunermünzen des Betrügers Krohnemann waren im 18. Jahrhundert sehr beliebte Sammelobjekte.

Oben: Beschreibung Christian Wilhelm von Krohnemanns zu seiner vermeintlich Gold spendenden Universaltinktur, mit der er über Jahre hinweg Tausende von Dukaten ergaunerte.

Unten: Vorder- und Rückseite eines seltenen Ausbeutedukatens aus der Goldkronacher Fürstenzeche mit dem Wappen Preußens unter König Friedrich Wilhelm III. von 1803

Vorder- und Rückseite des 1855 aus Goldkronacher Gold geprägten Ausbeutedukatens. Die Vorderseite zeigt den regierenden König Maximilian II. (Durchmesser: 20 Millimeter).

wirtschaftliche Situation zu verbessern; er hatte im gesamten Fichtelgebirge auch die Arbeitsbedingungen unter Tage sicherer gemacht, in Not geratene Bergleute unterstützt (mit der Bergbau-Hülfskasse) und die bergmännische Ausbildung verbessert. Dank Humboldts konnten sogar wieder Ausbeutedukaten geprägt werden. Eine dieser goldenen Münzen aus dem Jahre 1803 erzielte 2012 auf einer Auktion den Rekord-Sammlerpreis von 160.000 Euro.

Erst preußisch, dann französisch, dann bayerisch

Hätte Preußen den Krieg gegen Napoleon 1807 nicht verloren, wäre Goldkronach wohl bis heute nicht bayerisch geworden. So aber kam alles anders: Die siegreichen Franzosen schnappten sich die preußischen Gebiete Ansbach und Bayreuth im Frieden von Tilsit. Doch bereits 1810 war das französische Intermezzo vorbei. Man hatte Napoleon nichts Gutes über die Bergwerke berichtet: Der Abbau von Gold wurde ihm als wenig erfolgversprechend geschildert, die Stollen seien halb verschüttet und nur elf Bergleute würden in zwei Bergwerken arbeiten (Becker 2008). So schenkte Napoleon die Gegend seinen Verbündeten, den Bayern. Bayerische Bergingenieure versuchten daraufhin, die Verhüttung der Goldkronacher Erze zu optimieren, wie ein ausführlicher Bericht des königlichen Berg- und Salinenpraktikanten Johann C. Hahn aus dem Jahr 1851 belegt (Becker 2008). Im Jahr 1855 konnten erneut Ausbeutedukaten, diesmal mit dem Bildnis des regierenden Königs Maximilian II., geprägt werden. Doch der Aufschwung war von kurzer Dauer. Zehn Jahre später war der Bergbau erneut am Ende.

Entdeckung auf dem Feldweg: Gerold Pascher hat Goldkronacher Gold gefunden.

DR. GEROLD PASCHER: WIEDERENTDECKER DES GOLDKRONACHER GOLDES

Im Laufe der Zeit war im wahrsten Sinne des Wortes Gras über viele der Goldkronacher montanhistorischen Spuren gewachsen. Doch das sollte sich in den 1960er-Jahren ändern. Damals hatte der Zahnarzt und passionierte Mineraliensammler Dr. Gerold Pascher aus Regensburg von einem Sammlerfreund ein Stück oberfränkischen Quarz mit goldhaltigem Arsenkies erhalten. Die Folge war „eine heftige Erkrankung am Goldfieber", wie Pascher es selbst nannte. Wochenlang fuhr er immer wieder ins ferne Oberfranken, um dem Gold im Fichtelgebirge auf die Spur zu kommen. Schließlich wurde Pascher im Quarz einer Halde fündig: Winzige Goldblättchen und drahtartige Kristalle schauten aus dem Gestein.

Angeregt durch diesen und weitere Goldfunde, wollte Pascher mehr über die Hintergründe und die Geschichte des Goldbergbaus erfahren. So durchstöberte er Archive, Bibliotheken und Plansammlungen. Heraus kamen eine Fülle von historischen Fakten und wunderschön gezeichnete und kolorierte Grubenpläne. Auf der Basis dieser Unterlagen fingen weitere Mineraliensammler an, die alten Stollen zu suchen. Der Schmutzlerstollen war der erste, der freigelegt und Besucherinnen und Besuchern zugänglich gemacht wurde.

Das Interesse an der Bergbaugeschichte wuchs in Goldkronach und im Ortsteil Brandholz so sehr, dass 1987 ein Museumsverein gegründet und unter der Leitung von Dipl.-Ing. Eberhard Arnold ein erstes kleines Museum eingerichtet wurde. Mittlerweile gibt es in Goldkronach zwei Besucherstollen, ein Informationshaus und eines der besten Goldmuseen in Bayern → *Seite 66*. Ohne den leidenschaftlichen Goldsucher Pascher wäre diese Entwicklung wohl nicht möglich gewesen.

Keine neuen Zeiten

Nach dem Ersten Weltkrieg versuchte man, den Goldbergbau zum wiederholten Mal zu beleben. Erzanalysen aus dem 19. Jahrhundert, die hohe Goldgehalte auswiesen, ermutigten 1920 zur Gründung der Fichtelgold Aktiengesellschaft. Die Aktien sorgten für das nötige Kapital, mit dem der 200 Meter tiefe Ludwig-Wittmann-Schacht gebaut und Anlagen zur Extraktion des Goldes mit Cyanidlauge errichtet wurden. Allerdings zeigte sich, dass weder die geförderten Erze noch die Aufbereitungsanlagen für dieses Verfahren geeignet waren. Bereits nach fünf Jahren wurde der Abbau wegen der geringen Goldausbeute eingestellt. Am 26. August 1925 musste Konkurs angemeldet werden.

Mitte der 1970er-Jahre begannen die Prospektionsarbeiten der Firma Pegasos Bauplanungsgesellschaft mbH & Co. Mutungs-KG. 1975 führte sie im Bereich der alten Zeche „Goldener Hirsch" bei Nemmersdorf eine Bohrung durch. Dabei konnten Gangstrukturen mit bis zu elf Gramm Gold pro Tonne Gestein nachgewiesen werden (Pascher 1985). Eine zweite Probebohrung, ebenfalls der Firma Pegasos, wurde 1977 unter anderem beim Schmutzlerstollen gemacht. Die Firma hat bis heute die Rechte über die verliehenen Bergwerke. Trotzdem gab es bislang keine weiteren Versuche, die goldenen Schätze im Innern des Goldberges erneut abzubauen.

Postkarte aus den 1930er-Jahren mit dem beeindruckenden Ludwig-Wittmann-Schacht. Heute ist die Stelle, an der der Schacht stand, nur noch durch einen Betondeckel gekennzeichnet.

DER „DONEL"

Daniel Schmidt, der „Donel" genannt, war in den 1920er- und 1930er-Jahren ein stadtweit bekanntes Goldkronacher Original. Der Sägefeiler lebte genügsam und zurückgezogen – und in der ständigen Hoffnung, Gold zu finden.

Zum einen suchte er den Schatz der Königsheide, eines Hochplateaus im Fichtelgebirge südöstlich von Goldkronach. Der Sage nach soll ein König nach einer Schlacht als letzten Wunsch geäußert haben, seinen goldenen Sarg und weitere Schätze auf eine Kutsche zu packen und die Pferde laufen zu lassen. Dort, wo die Pferde müde würden und stehen blieben, wolle er mitsamt seinen Reichtümern begraben werden. Und dies soll auf der Königsheide geschehen sein; Rüstungs- und Knochenfunde beflügelten die Fantasie der Einheimischen – und auch die des „Donels".

Zum anderen suchte er nach natürlichem Gold. So legte der „Donel" in der näheren Umgebung von Goldkronach mehrere kleine Stollen an (Gottfried 2017). Kurioserweise wies die Firma Pegasos bei späteren Probebohrungen unweit eines dieser Stollen nicht unwesentliche Goldanteile nach.

Oben: Bergmännisch eingekleidet begeben sich die Besucherinnen und Besucher auf Grubenfahrt in den mittelalterlichen Bergbau der Zeche „Mittlerer Name Gottes".

Unten: Nachbau eines Schmelzofens in der Nähe des Stollenmundlochs der Zeche „Mittlerer Name Gottes". Bei Freilegungsarbeiten wurden die Überreste eines Schmelzofens gefunden, der zum Testen der geförderten Erze gedient haben dürfte.

Rechts oben: Das Goldbergbaumuseum Goldkronach ist ein denkmalgeschütztes ehemaliges Forsthaus.

Rechts: Ansichtskarte von Goldkronach, Ortsteil Brandholz mit Kennzeichnung der wichtigen montanhistorischen Stätten und der Vignette eines Grubenplans aus dem frühen 18. Jahrhundert

Besucherbergwerke „Mittlerer Name Gottes" und „Schmutzlerzeche"

Mit Grubenlampe und Schutzhelm ausgerüstet, kann man unter sachkundiger Führung die Stollen der Bergwerke „Mittlerer Name Gottes" und „Schmutzlerzeche" besuchen. Sie sind weitgehend so erhalten, wie sie die Bergleute vor mehreren Hundert Jahren errichtet haben. Die alten Stollen wurden von den Goldkronacher Bergbauforschern wiederentdeckt und in mühevoller Arbeit, meist von Hand, zugänglich gemacht. Sogar ein Schmelzofen wurde nachgebaut.

Eine Grubenfahrt in die Zeche „Mittlerer Name Gottes" führt in das praktisch unversehrt erhaltene Bergwerk, das bereits im 15. Jahrhundert erwähnt wird. Dieser Stollen ist der derzeit wichtigste und am besten erhaltene Aufschluss im Goldkronacher Goldrevier. Darin sind sowohl das Nebengestein als auch Gebirgsverwerfungen und Gold führende Erzgänge gut zu erkennen. Der ehemalige Verhüttungsplatz auf der Halde neben dem Stollenmundloch steht als Bodendenkmal unter Schutz.

Der auf 35 Meter befahrbare Stollen der „Schmutzlerzeche" zeigt unter anderem einen goldhaltigen Quarzgang. Er wurde als Erstes freigelegt und bereits 1985 als Besucherbergwerk eröffnet.

Besucherbergwerke „Mittlerer Name Gottes" und „Schmutzlerzeche":

Am Goldberg 6 A (Info-Haus, Schildern „Besucherbergwerke" folgen)
www.goldkronach.de/unsere-stadt/freizeit/besucherstollen-goldwaschen

Die Besucherbergwerke sind jeweils von Mai bis September sonn- und feiertags geöffnet. Startpunkt für beide Besucherbergwerke ist das Info-Haus am Goldberg 6 A. Am Info-Haus kann man auch unter Anleitung selbst Gold waschen.

Goldbergbaumuseum

Bei einem Besuch in Goldkronach bietet sich auch ein Streifzug durch das Goldbergbaumuseum an. Dort wird die jahrhundertelange Bergbaugeschichte anschaulich erzählt. Originalwerkzeug und andere Hilfsmittel vermitteln einen Eindruck von der beschwerlichen Arbeit der Hauer, Pocher und anderen Bergleute. Zahlreiche Grubenrisse, Karten und Befahrungsprotokolle geben Aufschluss über die Geschichte des Gold- und Antimonitbergbaus (Burger-Segl 2011). Neben Gold und Antimonit sind auch etliche andere Minerale zu sehen.

Das Museum befindet sich im ehemaligen Forsthaus. Das Gebäude, in dem auch kurzzeitig Alexander von Humboldt wohnte, steht unter Denkmalschutz. Im Garten wurde ein geologisch-gesteinskundlicher Lehrpfad eingerichtet, auf dem man die verschiedenen Gesteine aus dem Stadtgebiet von Goldkronach und der näheren Umgebung kennenlernen kann.

Goldbergbaumuseum Goldkronach
Bayreuther Straße 21, 95497 Goldkronach
www.goldbergbaumuseum.de

Schachtpinge „Churfürst“ bei Neualbenreuth

6

Heutzutage bringt man den Kurort Neualbenreuth höchstens mit dem „nassen“ Gold des Sibyllenbades in Verbindung. Doch in früheren Zeiten wurde hier echtes Gold gewonnen. Die eingestürzten Schächte der beiden alten Zechen „Churfürst“ und „Güldenstern“ sind noch heute erhalten.

Schachtpinge und Nachbau einer hölzernen Bergwerkshaspel im Wäldchen bei Buchgütl

DAS GEOTOP

Beeindruckende Spuren hinterließen die frühen Goldgräber südlich von Buchgütl. Vom Marktplatz Neualbenreuth führt ein Wanderweg des Oberpfälzer Waldvereins nach knapp 2,5 Kilometern zu drei großen, rundlichen Senken in einem Wäldchen. Es sind verfüllte und eingestürzte Schächte der ehemaligen Zechen „Churfürst“ und „Güldenstern“. Die drei Schachtpingen weisen jeweils einen Durchmesser von fünf bis sechs Metern auf.

Vor einigen Jahren wurden an einer der Schachtpingen ein alter Förderwagen und eine nachgebaute Bergwerkshaspel, eine spezielle Seilwinde, wie sie zu Zeiten des Gelehrten Gregorius Agricola im 16. Jahrhundert benutzt wurde, aufgestellt. Von der Bergwerkshaspel ist noch der hölzerne Unterstand vorhanden. Vom Lockruf des Goldes zeugen nicht nur die eingestürzten Schächte der beiden Zechen. Das alte

Gebäudeensemble Buchgütl steht möglicherweise als „Pochwerk“ mit den Bergwerken „Churfürst“ und „Güldenstern“ in Verbindung. In der Kalmreut rund 1,8 Kilometer östlich von Buchgütl sind entlang eines Baches die typischen Spuren eines Seifengoldabbaus mit tiefen Gräben und Haldenhügeln zu erkunden.

Seilwinde zur Förderung von Erz (Agricola 1556)

Nasses und echtes Gold

Neualbenreuth ist heute wegen seines „nassen“ Goldes bekannt: Die radonhaltige Katharinenquelle und die kohlensaure Sibyllenquelle speisen den Kurbetrieb des Sibyllenbades, des einzigen Kur- und Heilbades der nördlichen Oberpfalz. Diese Quellen sind wie jene der nahe gelegenen tschechischen Kurorte Karlsbad, Marienbad und Franzensbad vulkanischen Ursprungs.

Jahrhunderte früher wurde dem Neualbenreuther Boden tatsächlich echtes Gold abgerungen. Das Zentrum des alten Bergbaus lag auf bayerischer Seite im Bereich der Dörfer Neualbenreuth, Ottengrün, Altmugl und Ernestgrün. In geringerem Umfang finden sich auch auf böhmischer Seite um Altalbenreuth (Mýtina) und beim ehemaligen Hammerwerk Säuerlingshammer (Kyselecký hamr) Zeugnisse des Goldabbaus.

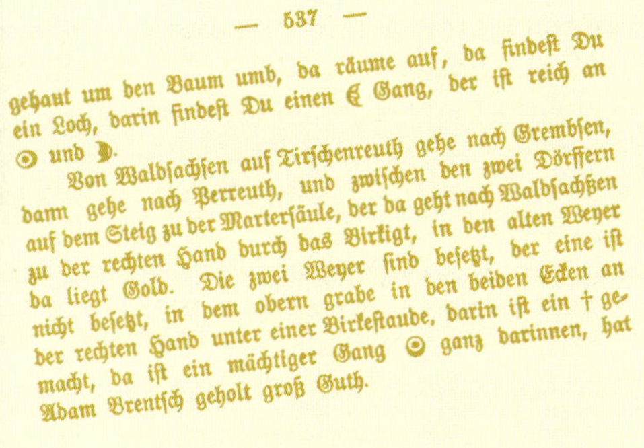

— 537 —

gehaut um den Baum umb, da räume auf, da findest Du ein Loch, darin findest Du einen ☾ Gang, der ist reich an ⊙ und ☽.

Von Waldsachsen auf Tirschenreuth gehe nach Grembsen, dann gehe nach Perreuth, und zwischen den zwei Dörffern auf dem Steig zu der Martersäule, der da geht nach Waldsachßen zu der rechten Hand durch das Birkigt, in den alten Weyer da liegt Gold. Die zwei Weyer sind besetzt, der eine ist nicht besetzt, in dem obern grabe in den beiden Ecken an der rechten Hand unter einer Birkestaude, darin ist ein † gemacht, da ist ein mächtiger Gang ⊙ ganz darinnen, hat Adam Brentsch geholt groß Guth.

In den Walenbüchern wird die Gegend um Waldsassen auch wegen der Goldfunde erwähnt (Gräße 1874).

DAS SAGENHAFTE GOLD DER WALEN

In den Walenbüchern, einer Art „Schatzkartensammlung“, wird die Gegend um Waldsassen auch wegen der Goldfunde erwähnt (Gräße 1874). In den Berichten werden die alchemistischen Symbole für Edelmetalle verwendet: Das Symbol für Gold ist der Kreis mit dem Punkt in der Mitte, das für Silber der links geöffnete Halbmond. Im Text heißt es:

„Zu Waldsachsen frage nach S. Nicolai gegen Hofenstein, da die große Linde steht, gehe eine Ackerlänge davon so kömmst Du zu einem großen Birnbaum, ist eine Pflugscharr gehaut um den Baum umb, da räume auf, da findest Du ein Loch, darin findest Du einen ☾ Gang, der ist reich an ʘ und ☽.

Von Waldsachsen auf Tirschenreuth gehe nach Grembsen, dann gehe nach Perreuth, und zwischen den zwei Dörffern auf dem Steig zu der Martersäule, der da geht nach Waldsachßen zu der rechten Hand durch das Birkigt, in den alten Weyer da liegt Gold.

Die zwei Weyer sind besetzt, der eine ist nicht besetzt, in dem obern grabe in den beiden Ecken an der rechten Hand unter einer Birkestaude, darin ist ein † gemacht, da ist ein mächtiger Gang ʘ ganz darinnen, hat Adam Brentsch geholt groß Guth.“

Die angeblichen Schatzbücher, die leichtgläubigen Menschen gegen Geld angedreht wurden, waren allerdings blanker Schwindel. Das erklärt auch die äußerst ungenauen Fundangaben wie „unter einer Birkenstaude“ oder „in einem Loch unter einem Baum“.

STANDORT	Landkreis Tirschenreuth, Gemeinde Neualbenreuth
KOORDINATEN	N 49° 57,801′ E 012° 26,765′
LAGERSTÄTTENTYP	Berggold in den Zechen „Churfürst" und „Güldenstern", eluviales und alluviales Seifengold in den Bächen im Umfeld
ABBAUPERIODEN	13. bis 20. Jahrhundert. Goldabbau ab 1533 in der Zeche „Gulden Löwen" (später umbenannt in „Churfürst"), ab 1568 in der Zeche „Hl. Gottesgab St. Reichard" (an deren Stelle entstand später die Zeche „Güldenstern"). Erste archivalische Belege für Goldabbau in der Region durch Kloster Waldsassen aus dem Jahr 1230.
GOLDHERKUNFT	Das Gold kommt zusammen mit Arsenkies in schieferungsparallelen Lagen und Scherzonen in quarzreichen Phylliten bis Glimmerschiefern und Quarziten vor. Es dürfte sich um eine tektonisch und hydrothermal stark überprägte Vererzung handeln.
GOLDMENGE	weniger als 100 Kilogramm insgesamt

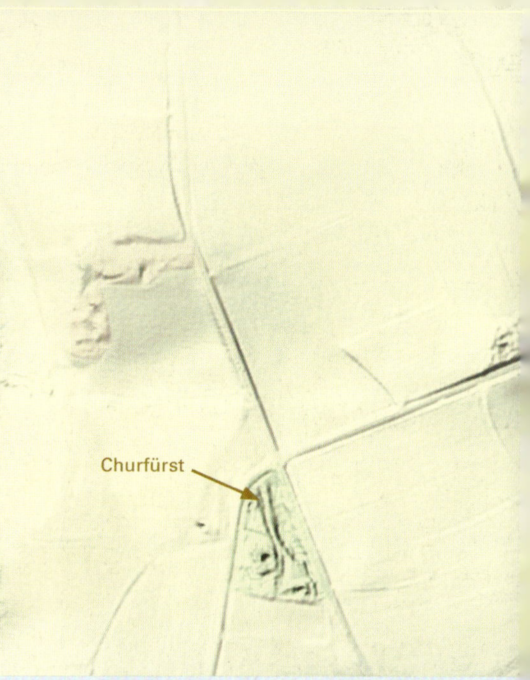

In dem Wäldchen südlich von Buchgütl sind Überreste der ehemaligen Bergbauzechen „Churfürst" und „Güldenstern" erhalten. Im südlichen Bereich sind im digitalen Geländemodell zwei Schachtpingen an den Stellen der früheren Schächte dieser Zechen zu erkennen.

NAVI	Buchgütl, 95698 Neualbenreuth
WEGBESCHAFFENHEIT	niedriger Schwierigkeitsgrad
TIPP FÜR RADTOUREN	(Rad-)Wanderung zum jüngsten Maar Bayerns → Seite 73

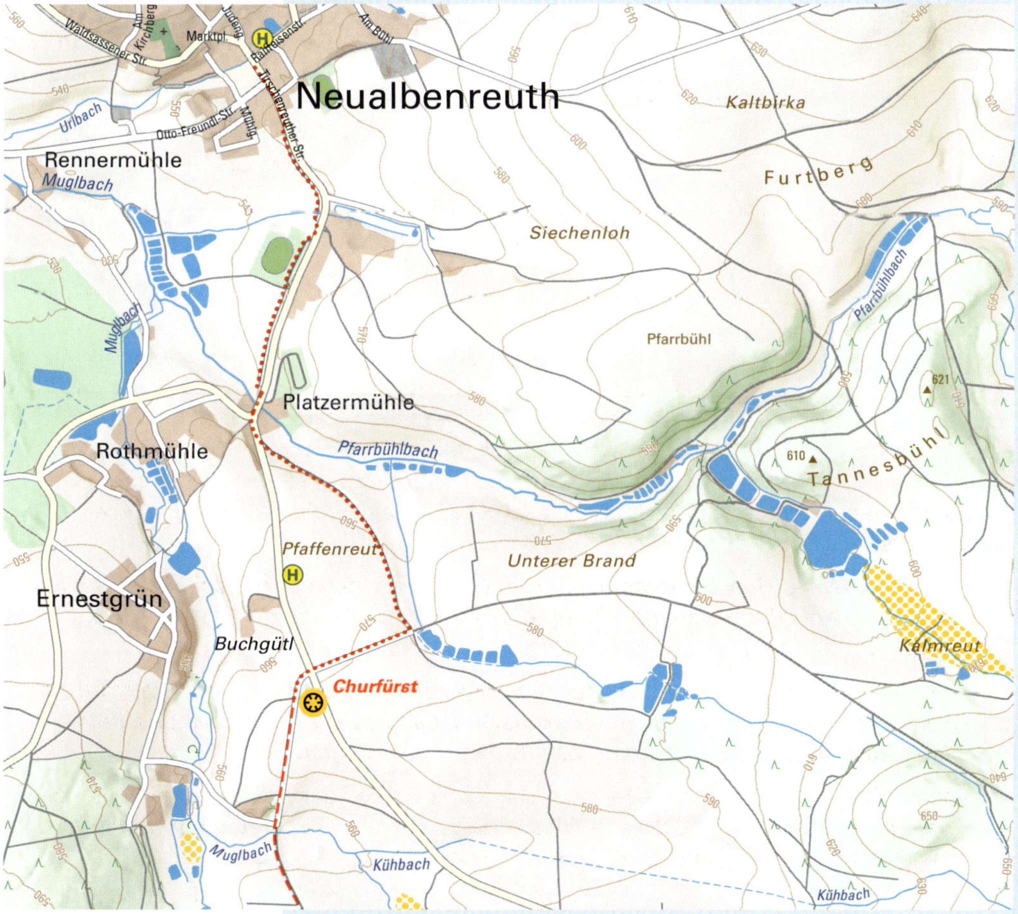

WEGBESCHREIBUNG

Von Neualbenreuth entlang der Straße nach Süden zur Platzermühle. Nach Überquerung des Baches nach ca. 80 m links in einen Feldweg (Wanderweg mit Beschilderung: „orangefarbener Punkt auf weißer Fläche"). Nach knapp 700 m nach rechts, Überquerung der Kreisstraße 2175 nach weiteren 300 m, anschließend auf einer kleinen Straße entlang des Wäldchens. Kurz vor Ende des Wäldchens kleiner Trampelpfad nach links zur Schachtpinge „Churfürst".

Oben: Erzbrocken aus einer Halde im Wäldchen bei Buchgütl mit Quarz (braun) und Arsenkies (grau)

Unten: Polierter Anschliff im Auflichtmikroskop. In den Rissen des Arsenkieses (dunkelgrau) befindet sich das Gold (gelb).

GOLDHERKUNFT

Die Goldvererzungen bei Neualbenreuth finden sich in Arsenkies führenden Lagen in Phylliten, Glimmerschiefern und Quarziten. Diese sind aus 480 bis 500 Millionen Jahre alten tonigen und teils sandigen Meeresablagerungen entstanden, die bei der variszischen Gebirgsbildung vor über 320 Millionen Jahren tief ins Erdinnere gepresst wurden. Dort wurden sie durch die enorme Hitze und den hohen Druck entwässert und umgewandelt. Das ausgepresste heiße Wasser löste das Gold teilweise aus dem Gestein und transportierte es fort. In bestimmten, meist schieferungsparallelen Lagen und Scher-

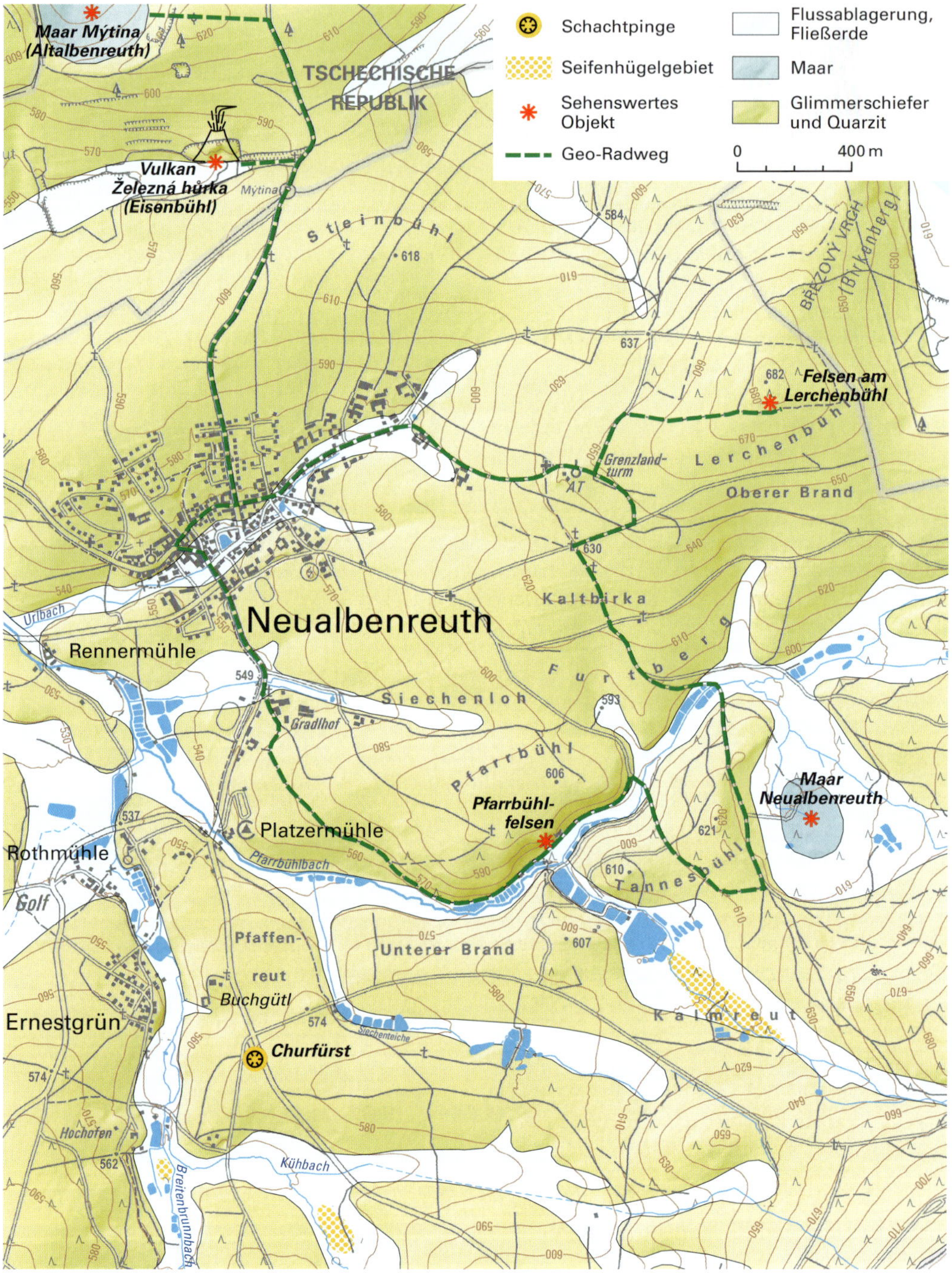

Geologische Karte. Die Goldvererzungen bei Neualbenreuth finden sich in Arsenkies führenden Lagen in Phylliten, Glimmerschiefern und Quarziten.

Links: Das alte Gebäudeensemble Buchgütl steht möglicherweise als „Pochwerk" mit den Zechen „Churfürst" und „Güldenstern" in Verbindung.

Oben: Hinweisschild zu den ehemaligen Schächten der Zechen „Churfürst" und „Güldenstern"

zonen kristallisierte das Gold zusammen mit dem Eisen-Arsen-Schwefel-Mineral Arsenkies oder in dessen Umfeld wieder aus.

Der Arsenkies bildet teilweise knollenartige Mineralaggregate. In einem Gutachten schreibt der Geologe Adolf Wurm, dass das Erzlager keine plattenförmige Ausdehnung hat, sondern die Erzknollen wie die Perlen eines Rosenkranzes im Abstand von zehn bis 30 Zentimetern im Gestein aneinandergereiht sind. Dies ist ein Hinweis auf eine spätere Boudinierung der Vererzung. Letztendlich dürfte es sich um eine in mehreren Bildungsphasen entstandene, tektonisch stark beanspruchte und auch noch nach der Metamorphose durch hydrothermale Lösungen veränderte Vererzung handeln.

Der Geologische Dienst am Bayerischen Landesamt für Umwelt (LfU) untersuchte 1993 die Goldvererzung bei Buchgütl zusammen mit der Technischen Universität München (Herzog 1996, Herzog et al. 1997). Es wurde bis in 70 Meter Tiefe gebohrt; dabei wurden Gesteinsbohrkerne gezogen. Zwar wurden keine Arsenkiesknollen gefunden, aber in 65 und 69 Meter Tiefe wurden kleinste Goldkristalle im quarzreichen Glimmerschiefer entdeckt. Von einer Bonanza, also einer ergiebigen Goldanhäufung, fehlte allerdings jede Spur.

GOLDMENGE

Aus Urkunden ist überliefert, dass 1.000 Zentner Erz in drei Jahren erbeutet worden seien – wohlgemerkt Erz, nicht Gold! Gemeint ist das goldhaltige Quarz-Arsenkies-Erz. Geht man von rund fünf Gramm Gold pro Tonne Erz aus, entspricht das 250 Gramm Gold in drei Jahren – eine möglicherweise zu vorsichtige Schätzung, wenn man die Angaben des Bergmeisters Anselm Rühlein aus Albenreuth hinzuzieht (Kretschmann 1741). Ihm zufolge sind in drei Quartalen des Jahres 1574 rund 2,2 Kilogramm Gold gewonnen worden. Da die Bergwerke wohl nur einige Jahrzehnte produktiv waren, ist vermutlich von insgesamt weniger als 100 Kilogramm Gold auszugehen, die das Neualbenreuther Revier abwarf.

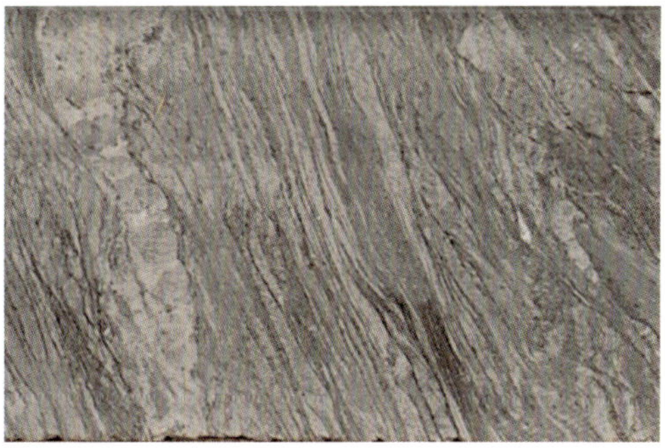

Quarzreicher Glimmerschiefer aus der Bohrung bei Buchgütl, der im erbohrten Tiefenabschnitt um 65 und 69 Meter winzige Goldkristalle beinhalten kann. Diese sind nicht mit bloßem Auge zu erkennen (Bildhöhe: 8 Zentimeter).

Typische Boudinage: Scherkräfte zerteilen einen Gang so, dass die Bruchstücke wie Perlen eines Rosenkranzes aneinandergereiht sind (weiß).

Friedrich II. (Pfalzgraf 1544–1556)

Friedrich III., der Fromme (Pfalzgraf 1559–1576)

BERGBAUGESCHICHTE

Hochgestellte Persönlichkeiten wie der Abt von St. Gallen und der Herzog von Meran waren anwesend, als König Heinrich VII. am 26. November 1230 dem Kloster Waldsassen die Ausbeuterechte verlieh für *„alle adern oder gruben auf gold, silber oder anderm metall welche sich in dessen besitzungen finden".* So steht es in der noch heute lesbaren Urkunde in den „Regesta Imperii", einer Sammlung mittelalterlicher Quellen. Sehr wahrscheinlich hat sich das rund 100 Jahre vorher gegründete Zisterzienserkloster des Privilegs fleißig bedient und ließ in der Region um Neualbenreuth die damals bereits bekannten Gold- und Silberadern am Tillenberg und am Höllberg abbauen. Die vergleichsweise dichte Besiedlung der Gegend am Ende des 14. Jahrhunderts deutet darauf hin, dass dort auch viele Bergleute sesshaft geworden waren (Köstler 1992). Allerdings fehlen schriftliche Zeugnisse über diese frühe Bergbautätigkeit (Seitz & Wolf 1971).

1497 erwarb die in der Reichsstadt Eger ansässige Adelsfamilie Schirnding das Dorf Altalbenreuth und begann, erfolgreich bei Ernestgrün sowie am Muglbach nach Gold zu suchen. Berücksichtigt man die Tatsache, dass es damals noch kein spanisches Gold aus der Neuen Welt gab, konnten selbst spärliche Goldgehalte und seltene Nuggetfunde rentabel sein.

In Teutschland einzigartig!

Als frühes Zeugnis des Bergbaus am Tillenberg kann man das noch heute auf der topografischen Karte am Osthang des Berges eingezeichnete „Goldschachtl" betrachten. Dieses Bergwerk war bereits im Jahr 1534 wieder aufgelassen, wie ein Archivale belegt. Erstmals schriftlich überliefert sind die Goldaktivitäten eines gewissen Sebastian Güer aus Ottengrün. Dieser begann um 1533 mit dem Goldbergbau. Drei Jahre später hatte er bereits 5.000 Gulden investiert und angeblich 1.000 Zentner Erz gewonnen. Das Bergwerk führte den verheißungsvollen Namen „Gulden Löwen". Um kapitalkräftige Mitstreiter zu gewinnen, wandte sich Güer an den für die Oberpfalz zuständigen Pfalzgrafen Friedrich II. aus dem Hause Wittelsbach mit den Worten, dass er den Goldabbau mit einer solchen Kunst betreibe, *„so in Teutschland niemahlen ersehen worden und (durch die) zu Nuzen und Erspahrung grosser Unkosten das Werk mit wenig Personen erhalten und betrieben werden vermag"* (Wolf 1980).

(Chur)fürstlich entlohnt

Ob wirklich eine fürstliche Entlohnung durch die Goldausbeute garantiert war, ist fraglich. Es wäre nur allzu menschlich, wenn ein Unternehmer seinen Betrieb ein wenig optimistischer darstellt, um bei finanzkräftigen Kreditgebern zu punkten. Letztlich wurde die Zeche „Gulden Löwen" nach kurzer Zeit dichtgemacht – aber bereits wenige Jahre danach, 1562, unter dem Namen „Churfürst" wieder in Betrieb genommen. Der neue Name wird schnell verständlich: Nach dem gleichen Prinzip werden auch heute ganze Fußballstadien nach dem größten Geldgeber benannt. Und der Hauptinvestor war Kurfürst Friedrich III. von der Pfalz (der Fromme) neben einigen anderen Grafen und Herzögen, aber auch kuroberpfälzischen Beamten, Bürgern der nahen Stadt Eger und Bergleuten selbst. Zum Bergwerk gehörten neben den Stollen und Schächten auch ein „Pochwerk", wo das Erz zerkleinert und das Gold abgetrennt wurde. 1568 kam die Zeche „Hl. Gottesgab St. Reichard" hinzu, an deren Stelle später die Grube „Güldenstern" entstand.

Halbwegs rentabel dürften die Bergwerksaktivitäten zumindest für eine gewisse Zeit gewesen sein. Die Anselm Rühlein, den Bergmeister von Altalbenreuth, betreffenden (und von ihm verfassten) Dokumente berichten von einem geregelten Einkommen für ein paar Bauern aus den umliegenden Dörfern, die sich auch als Bergleute verdingten. Rühlein schrieb 1574 das bis heute meist zitierte Dokument des Albenreuther Bergbaus (Kretschmann 1741). Es besagt, dass *„in den drei Quartalen neun Mark, zehn Loth, ein Quentchen feines, 22 karätiges Gold"* geliefert wurden, was etwa 2,2 Kilogramm entspricht. Doch der Goldboom währte nicht lange. Bereits nach wenigen Jahrzehnten kam er Ende des 16. Jahrhunderts wieder zum Erliegen.

Neues Goldfieber

Im ersten Drittel des 20. Jahrhunderts wurde Neualbenreuth von einem erneuten Goldfieber gepackt. Private Investoren versuchten ihr Glück. Im Kriegsjahr 1918 wurde an den Schächten im Wald bei Buchgütl exploriert und neue Schächte wurden abgeteuft. Aber noch im selben Jahr musste der Betrieb aus Mangel an Arbeitskräften wieder eingestellt werden.

1930 gingen sämtliche Gruben und Rechte in das Eigentum der Bayerland AG über, die im nahen Pfaffenreuth bei Waldsassen in der „Grube Bayerland" einen Bergbau für Sulfiderze betrieb. Nach nochmaliger geologischer Begutachtung der primären Erze und auch der Seifengoldlagerstätte in der nahe gelegenen Kalmreut wurde der Betrieb im Januar 1936 endgültig eingestellt.

Die Bergrechte liegen heute bei der Firma Sachtleben Bergbau GmbH & Co KG. Diese hat in den letzten Jahren eine Untersuchungskampagne südlich von Neualbenreuth durchgeführt, Bohrungen abgeteuft und diverse Schürfgräben quer zur vermuteten Vererzungsstruktur angelegt. Die Hoffnung auf einen erneuten Bergsegen hat sich allerdings bis heute nicht erfüllt.

Baggerschurf im Auftrag der Bergbaugesellschaft Sachtleben im Frühjahr 2015 im Bereich der Vererzungen bei Buchgütl südlich von Neualbenreuth

TIPP: (RAD-)WANDERUNG ZUM JÜNGSTEN MAAR BAYERNS

Auf einer elf Kilometer langen (Rad-)Wanderung können Zeugnisse des jüngsten Vulkanausbruchs in Bayern erkundet werden: das ungefähr 300.000 Jahre alte Maar Neualbenreuth im Wald unterhalb des Tillenbergs und der Schlackenkegel des Eisenbühls (Železná hůrka) nördlich von Neualbenreuth.

Die Tour beginnt und endet in Neualbenreuth. Wer den Pfad von Neualbenreuth nach Osten zum Grenzlandturm hochsteigt, kann die wunderbare Aussicht über die ganze Region genießen. Von da geht es weiter nach Süden in den Wald beim Tannesbühl unterhalb des Tillenbergs. Dort liegt in sumpfigem Gelände das Maar Neualbenreuth versteckt. Informationstafeln an der Stelle, an der das LfU 2015 mit einer 100 Meter tiefen Forschungsbohrung den Nachweis für Bayerns jüngsten Vulkan erbrachte, geben einen Einblick in die Erkundungsgeschichte, zeigen erste Ergebnisse der Bohrung und erläutern die Geologie des Umfeldes. Vom Maar führt der Weg am Pfarrbühl mit Glimmerschieferfelsen vorbei, zurück nach Neualbenreuth und weiter zum jüngsten Schlackenvulkan Böhmens, gleich jenseits der Grenze. Ihn besuchte schon Goethe 1823.

Die (Rad-)Wanderkarte „Vulkan-Touren im Oberpfälzer Wald" und der Infoflyer „Neualbenreuth und Tillenberg – Entdeckungen rund um den jüngsten Vulkan Bayerns" sind bei der Gäste-Information Neualbenreuth erhältlich (Marktplatz 10, 95698 Neualbenreuth, www.neualbenreuth.de/tourismus/).

2015 entdeckte das LfU den jüngsten Vulkan Bayerns – durch eine Bohrung wurde nachgewiesen, dass er noch zur Eiszeit aktiv war.

Seifenhügel beim „Goldbrunnen“ von Erbendorf

Erbendorf ist für sein einzigartiges Bergwerk bekannt, in dem zugleich Kohle und Blei-Zink-Erz gefördert wurden. Aufgrund der Begeisterung darüber waren die lokalen Goldseifenwerke lange Zeit in Vergessenheit geraten – bis zur Wiederentdeckung vor etwa 90 Jahren.

Im oberen (südlichen) Bereich des Goldbrunnenbachs treten großflächig intensive Abbauspuren auf.

DAS GEOTOP

Rund 400 Meter lang und 80 Meter breit ist das etwa 1,5 Kilometer südwestlich von Erbendorf gelegene Areal, das von Seifenhügeln entlang des Goldbrunnenbachs geprägt ist. Bis zu zehn Meter breite Trichtergruben sind dort ebenfalls eindrucksvoll erhalten. Der Name „Goldbrunnen“ verrät, dass dort wohl Gold und nicht Blei-Zink-Erz abgebaut wurde. Jahrhundertelang waren die Goldspuren im Dunkel der Geschichte versteckt. Erst mit Josef Höser, der für die 1926 gedruckte Stadtchronik von Erbendorf recherchierte, kamen die Abbauspuren wieder ans Licht. Entlang des Schreierbachs und des Galgenbachs, in den der Goldbrunnenbach mündet, sind Goldabbauspuren mit Haldenhügeln über eine Länge von etwa zwei Kilometern zu verfolgen.

Hobbygoldwäscher finden auch heute noch vereinzelt Goldkörner in den Bächen der Gegend. So schürfte 2002 die Deutsche Goldsuchervereinigung bei Erbendorf nach dem gelben Metall, unter anderem nachzulesen in der Oberpfälzer Onlinezeitung „Onetz“ (2002):

„Aus Hamburg, Frankfurt, Kassel, ja nicht nur aus Deutschland, sondern auch aus Österreich und Tschechien kamen die

STANDORT	Landkreis Tirschenreuth, Stadt Erbendorf
KOORDINATEN	N 49° 49,422′ E 012° 01,762′
LAGERSTÄTTENTYP	alluviales Seifengold
ABBAUPERIODEN	14. bis 18. Jahrhundert
GOLDHERKUNFT	Das Gold stammt aus Paläoseifen der kreidezeitlichen Schotterablagerungen des Hessenreuther Forstes (Albenreuther Schotter), die im Tertiär und im Quartär umgelagert wurden. Ursprünglich stammt es vermutlich aus Goldvererzungen von kreidezeitlich abgetragenen Gesteinen des Fichtelgebirges und des nördlichen Oberpfälzer Waldes.
GOLDMENGE	nicht ermittelbar

Die fächerförmigen Rinnen und eine flächenhafte Verbreitung von abflusslosen Senken und Haldenhügeln zeichnen sich im digitalen Geländemodell des Abbaugebietes am Goldbrunnen gut ab.

NAVI	Kreinzlweg, 92681 Erbendorf
WEGBESCHAFFENHEIT	niedriger Schwierigkeitsgrad
WEGBESCHREIBUNG	Von der Innenstadt Erbendorfs die Kemnather Straße stadtauswärts, dann nach links in den Kreinzlweg, am Sportgelände vorbei, Unterführung unter der B 22 und etwa 900 m entlang des Straßenverlaufs bis zum Waldrand. Nach links in den Wald hinein, Galgenbach überqueren und nach Süden bergaufwärts den Weg entlang des Goldbrunnenbachs. Links des Weges über mehrere Hundert Meter zahlreiche Spuren des Goldseifenabbaus des Geotops „Goldbrunnen" sichtbar.

0 500 m

SEHENSWERT

Heimat- und Bergbaumuseum Erbendorf → Seite 79

Oben: Gut gerundete Gerölle weisen auf den kreidezeitlichen Anteil am Sediment hin. Die kantigen Gesteinsstücke stammen aus dem Kristallin der Zone Erbendorf-Vohenstrauß des Grundgebirges.

Rechts: Nugget aus dem Sediment des Galgenbachs bei Erbendorf. Die Goldkörner sind durch den Flusstransport gerundet und geplättet.

Goldbegeisterten hoffnungsvoll angereist." Im Silberbach, Steinbach, Galgenbach und Schreierbach wurden *„weiße Quarzite, schwarze Lydite und andere bunte Kiesel beiseite geschaufelt",* nur der feine Sand war begehrt. *„Der Sand kreiste in der Waschpfanne, bis die leichten Bestandteile über den Rand abgeschwemmt waren und nur noch schwarzes Konzentrat aus Schwermineralien verblieb. Ab und zu leuchtete rosarot durchscheinend ein Granatkristall auf. Doch auch ein goldgelbes Goldkorn ließ die Herbstsonne fast in jeder zweiten Schüssel aufblitzen. Selbst wenn es nur ein kleines ‚Flinserl' war, so ließ es sich doch gut auf dem schwarzen Untergrund der Pfanne erkennen.*

Hin und wieder war ein preußischer Begeisterungsruf zu hören: ‚Ich hab eins mit zwei Millimeter gefunden!' … Oder auch ein Bayer enttäuscht: ‚Schufterei, scho wieder nix!'"

Früher soll das Gebiet um den Goldbrunnen der Kirche gehört haben. Ein Pfarrer habe dort Gold gewaschen, ein anderer Geistlicher suchte es offenbar mit der Wünschelrute. Auch die weiter westlich und nordwestlich auftretenden Namen wie Silberbrunnen, Silbergraben und Silberschlag beziehen sich wohl auf die damaligen Goldvorkommen. Mit dem silberhaltigen Bleierz der Gänge von Erbendorf sind die Bezeichnungen aufgrund der geografischen und geologischen Situation nicht in Einklang zu bringen. Eine wahrscheinlichere Erklärung ist, dass der Begriff „Silber" auf die Worte „Sichern" oder „Seifnen" zurückgeht, die früher das Goldwaschen bezeichneten. Ein Zusammenhang mit „güldisch Silber", also Silber mit leichtem Goldanteil, ist ebenso denkbar → *Seite 9*.

Titelseite des Buches „Ausführliche Beschreibung des Fichtel-Berges, in Norgau liegend" (von Pachelbel-Gehag 1716)

GRANAT ALS SCHMIRGEL

Bereits 1716 hat Johann von Pachelbel-Gehag über die Goldsucheraktivitäten im Fichtelgebirge und in Erbendorf berichtet. In seiner „Ausführlichen Beschreibung des Fichtel-Berges" erwähnt er Granatseifenwerke in der Umgebung von Erbendorf.

Granat war ein Beiprodukt der Goldwäsche, die roten Körner wurden als Schwerminerale mit dem Gold im Konzentrat angereichert. Granat wurde damals (wie auch noch heute) aufgrund seiner Härte und Zähigkeit als „Schmirgel" (Schleifmittel) verwendet. Der „Granatsand" wurde unter anderem zum Glattschleifen der aus einem geblasenen Zylinder hergestellten Glasscheiben für Spiegel verwendet. In sogenannten Spiegelglasschleifen, die es zahlreich in der Oberpfalz gab, wurden die Scheiben nach dem Planschleifen immer feiner geschliffen und schließlich mit Polierrot, wie es beispielsweise in Bodenmais hergestellt wurde, wieder auf Hochglanz poliert. Erst dann konnte von der Rückseite her mit einer Silberamalgampaste das Silber aufgebracht werden. Durch Erhitzen wurde das Quecksilbers entfernt und eine spiegelnd glatte Oberfläche entstand.

Granatkörner und gelbliche Monazitbruchstücke in einem Schwermineralkonzentrat aus dem Galgenbach (Sammlung Pedall)

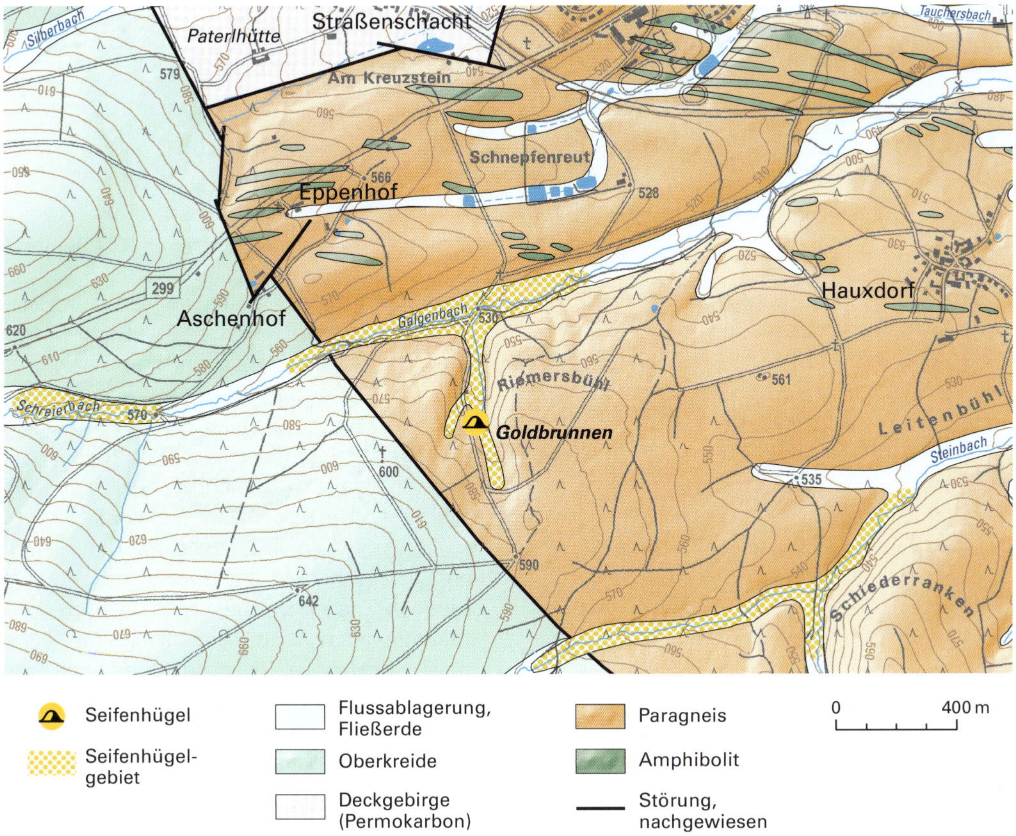

Geologische Karte: Heute besteht der Hessenreuther Forst zum großen Teil aus dem Albenreuther Schotter. Das darin angereicherte Gold ist somit eine Paläoseife. Die Anreicherung erfolgte in der Kreidezeit vor über 70 Millionen Jahren.

GOLDHERKUNFT

In den Bächen um Erbendorf liegen grobe Gerölle aus Quarziten, Lyditen und Kieseln. Sie alle stammen von Gesteinen aus dem alten Grundgebirge des Fichtelgebirges und des nördlichen Oberpfälzer Waldes. Diese goldhaltigen Gesteine sind Biotitgneise, Granite, Phyllite, Glimmerschiefer und Quarzite. Vor Jahrmillionen in der Kreidezeit wurden diese Gesteine durch Wind und Wetter abgetragen und als Bachgerölle mit dem Gold bis westlich von Erbendorf transportiert. Heute besteht der Hessenreuther Forst zum großen Teil aus diesem sogenannten Albenreuther Schotter. Das angereicherte Gold darin ist somit eine „alte", sogenannte Paläoseife.

Der Albenreuther Schotter blieb jedoch nicht einfach Millionen Jahre lang ungestört liegen. Natürlich flossen und fließen auch heute noch kleine Bäche durch die Schotterebene des Hessenreuther Waldes. Sie transportieren die Gerölle und die Goldkörner weiter und lagern sie woanders wieder ab – als neue Seife. Und das lässt sich beweisen.

Karl Ochantel aus dem Mineralienmuseum Vohenstrauß hat sich die Mühe gemacht, im Jahr 2000 die intensive Goldsuche von Mineralienliebhabern auszuwerten. Das Ergebnis: Alle Bäche, die in den Albenreuther Schottern entspringen, sind Gold führend!

Durch diese Umlagerung entstanden außerhalb der Verbreitung der Albenreuther Schotter entlang der Bäche jüngere Goldseifen, in denen heute bereits zweimal umgelagertes Gold vorliegt. Beim Transport in Fluss und Bach wurden die Goldkörner und Goldbleche geplättet und gerundet. Das Gold des Hessenreuther Forstes ist mit einer durchschnittlichen Korngröße von 0,4 bis 0,8 Millimetern relativ grobkörnig. Das mit vier Millimetern bisher größte Nugget wurde am Schreierbach gefunden.

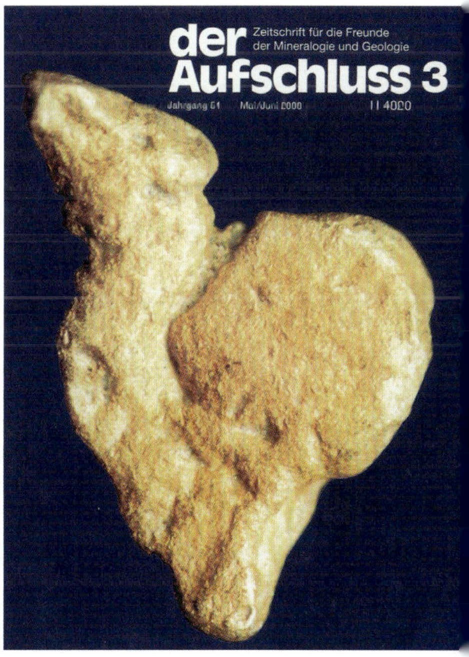

Das größte Goldkorn von Erbendorf misst vier Millimeter und stammt aus dem Schreierbach. Es zierte die Titelseite der Mai/Juni-2000-Ausgabe der Sammlerzeitschrift „Der Aufschluss".

König Wenzel IV., (Illustration aus der Wenzelbibel)

GOLDMENGE

Da Hobbygoldsucher eher ungern über ihre Funde und Fundstellen sprechen, ist es ein seltener Glücksfall, dass Ochantel offensichtlich ihr Vertrauen gewinnen konnte, um Auskunft über die Zahlen zu den erbeuteten Goldkörnern in den Bächen rund um Erbendorf zu erhalten. In gut zwei Tonnen Sand wurden über 500 Goldflinserl gefunden. Kleine Flinserl sind Goldkörner mit einer Größe von weniger als 0,1 Millimetern. Zur Einordnung: Ein fünf Millimeter großes Flinserl wiegt 0,1 Gramm, also sind 500 Flinserl, grob geschätzt, rund ein Gramm schwer. Das entspräche pro Tonne Sand 0,5 Gramm Gold – heutzutage eine völlig unrentable Konzentration.

Wahrscheinlich war auch früher der Goldgehalt nicht höher. Historische Quellen dazu fehlen leider ebenso wie Informationen zur gesamten abgebauten Goldmenge.

BERGBAUGESCHICHTE

Der Bergbau von Erbendorf wurde erstmals im 14. Jahrhundert erwähnt (Höser 1926). Der Abbau von silberhaltigem Bleiglanz und wahrscheinlich auch die Goldgewinnung wurden schon von Kaiser Karl IV. gefördert. Als sein Sohn König Wenzel IV. anno 1383 Erbendorf besuchte, begrüßten ihn einige Hundert Bergleute. Das war für die damalige Zeit eine große Anzahl. Vermutlich hielten die Grubenbesitzer ein wenig Schmeichelei für angebracht: Als König von Böhmen und König des Heiligen Römischen Reichs war Wenzel auch oberster Chef des Erbendorfer Bergbaus.

König Wenzel – Zuckerbrot und Peitsche

Wahrscheinlich hatte Wenzel für die Arbeit der Bergleute wenig Interesse, denn in dieser Zeit lag er im Streit mit fast dem gesamten europäischen Adel. Aber die Beschreibungen von Historikern legen nahe, dass Wenzel gefürchtet war. Er wird als Paranoiker und als Tyrann beschrieben, der mit der Reitpeitsche um sich schlug, seine großen Hunde auf unliebsame Menschen in seiner Umgebung hetzte und aus fadenscheinigsten Gründen jemanden hinrichten ließ (Rosendorfer 2003).

TIPP: UMWELTSTATION GEO-ZENTRUM AN DER KTB

Einen Abstecher lohnt die Umweltstation GEO-Zentrum an der Kontinentalen Tiefbohrung (KTB) bei Windischeschenbach, knapp sechs Kilometer östlich von Erbendorf. Anfang der 1990er-Jahre wurde dort das mit 9.101 Metern tiefste Loch Mitteleuropas gebohrt.

An dieser weltbekannten Lokation entstand 1998 das GEO-Zentrum an der KTB als Informations- und Begegnungsstätte für Wissenschaft, Schule und Öffentlichkeit. Heute stellt der damals höchste Landbohrturm der Welt ein technisches Denkmal dar. Das GEO-Zentrum an der KTB ist inzwischen eine moderne Umweltbildungsstätte mit einer sehenswerten Dauerausstellung zum Thema Erde und zur KTB-Bohrung.

Adresse:
Umweltstation GEO-Zentrum an der KTB,
Am Bohrturm 2, 92670 Windischeschenbach;
www.geozentrum-ktb.de

Oben: Das GEO-Zentrum bietet durch eine interaktive Ausstellung einen Einblick in den Aufbau unserer Erde und liefert Informationen zur KTB-Bohrung.

Unten: Der Bohrturm der KTB bei Windischeschenbach überragt das 9.101 Meter tiefe Forschungsbohrloch; im Hintergrund der Höhenzug des Steinwalds.

TIPP: HEIMAT- UND BERGBAUMUSEUM ERBENDORF

Eine ausgezeichnete Ausstellung zur Geologie und zum Bergbau in Erbendorf und seiner Umgebung präsentiert das Heimat- und Bergbaumuseum in Erbendorf. Das überwiegend ehrenamtlich betreute Museum zeigt sowohl die Geschichte, die Geologie und das bergmännische Leben der Kohle- und Erzgrube am Silberrangen als auch eine beachtliche Sammlung von Proben aus den Goldgebieten südlich von Erbendorf im Hessenreuther Forst.

Die mit viel Geschmack und handwerklichem Geschick hergestellten und gestalteten Vitrinen lassen das Herz jedes „Steinbegeisterten" höherschlagen. Besonders umfangreich ist die Gesteinssammlung, die neben den geologischen Karten auch einen sehr guten Überblick über die Vielfalt der Gesteine in der Region gibt.

Adresse:
Heimat- und Bergbaumuseum Erbendorf,
Georg-Bertelshofer-Platz 1, 92681 Erbendorf;
www.heimatmuseum.erbendorf.de

Oben: Heimat- und Bergbaumuseum Erbendorf

Unten: Unter der Lupe: Goldproben aus den Bächen im Hessenreuther Wald bei Erbendorf in einer Vitrine des Heimat- und Bergbaumuseums

Die Grubenbesitzer wiederum waren angesehene Prager Bürger und böhmische Adelige. Vermutlich hatten sie aus der goldreichen Umgebung von Prag das Wissen für die Goldgewinnung mitgebracht. Sie organisierten nicht nur die Goldwäscherei in den umliegenden Bächen, sondern betrieben auch das Silberbergwerk.

Silber statt Gold

Dem Silber, nicht dem Gold, galt der Hauptbetrieb des Bergbaus bei Erbendorf, genauer gesagt den Bleiglanz-Vererzungen am Silberrangen (Bäumler 2000). Bleiglanz ist das wichtigste Silbererz, weil es Silber in Form kleiner Tröpfchen einschließt. Das Silber wird dann durch Verhüttung abgetrennt und gewonnen. Im Laufe der Jahre entdeckten die Bergleute beim Silberabbau auch Kohleflöze, die ebenfalls abgebaut wurden.

Im 16. Jahrhundert kamen die Bergleute in Erbendorf in den Genuss einer Wirtschaftsförderung: Die 1540 durch die kurfürstliche Regierung in Amberg verliehenen Bergfreiheiten umfassten auch die Befreiung vom zehnprozentigen Förderzins auf drei Jahre. Das Edelmetall durfte frei an jedermann verkauft werden. Damit waren die Bergbautreibenden von der Verpflichtung entbunden, alles Gold zu niedrigen Preisen an den Kurfürsten abzuliefern. 1582 wurde über die Goldgewinnung im Erbendorfer Kreinzlwald wie folgt berichtet: *„Item im Crenzlin gibt es Granat-Goldkörner und Flammen"* (Höser 1926). Bei den angesprochenen „Flammen" muss es sich wohl um Goldflinserl gehandelt haben.

Der Dreißigjährige Krieg (1618–1648) war in der Oberpfalz ein gravierender Einschnitt in der Bergbaugeschichte. Viele Unternehmungen erholten sich nicht mehr davon und wurden eingestellt. Im Sommer 1697 ließ Herzog Christian August mit einer Gewerkschaft die Goldwäscherei am Galgenbach und Silberbach wieder aufnehmen, die 36 Mann starke Belegschaft musste die Arbeit aber aus wirtschaftlichen Gründen bereits im Folgejahr wieder aufgeben.

Südlich des Hessenreuther Forstes hat im Jahr 2008 ein Kiesunternehmer mit der Separation von Gold aus den Kiesablagerungen der Heidenaab begonnen.

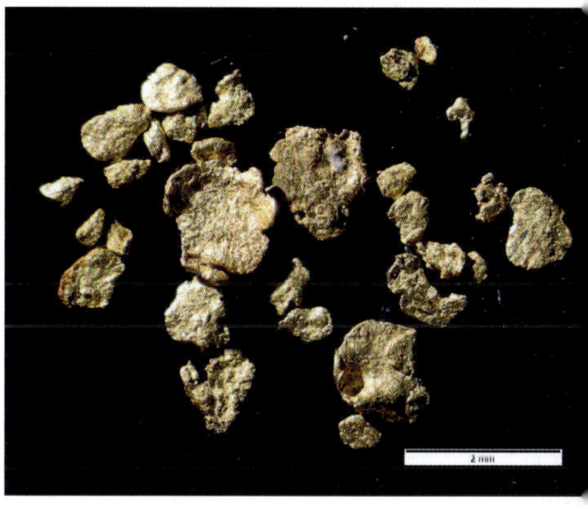

Die Goldplättchen, die aus den Sedimenten im Kreinzlwald bei Erbendorf gewonnen wurden, wurden früher „Flammen" genannt.

8 Schachtpinge „Güttingloch" bei Oberviechtach

Im Oberviechtacher Land, dem „Goldstück Bayerns", dreht sich vieles ums Gold: Dort können Groß und Klein einmal selbst Gold waschen, den Gold-Lehrpfad erkunden oder einen Blick ins abgrundtiefe „Güttingloch" werfen. Selbst der gebürtige Oberviechtacher Doktor Eisenbarth (1663–1727) hätte wohl nach Gold gesucht, wenn er nicht schon als Zehnjähriger seine Geburtsstadt verlassen hätte und später ein berühmter privilegierter Wanderarzt geworden wäre.

Das „Güttingloch" war in der Mitte der 1980er-Jahre als Quellaustritt in der damals noch jungen Anpflanzung zu erkennen. Heute ist das sumpfige Gebiet eingezäunt und im inzwischen hochgewachsenen Wald versteckt.

DAS GEOTOP

Die Gegend um die oberpfälzische Stadt Oberviechtach ist ein Zentrum des historischen Goldbergbaus in Bayern. Bereits 1318 wurde ein Goldbergwerk in einer Verpfändungsurkunde erwähnt. Eine besondere Rolle in der regionalen Bergbaugeschichte spielt das „Güttingloch" mitten im Güttingwald bei Unterlangau östlich von Oberviechtach. Den früheren Einwohnern war es unheimlich. Viele hielten es für unendlich tief, wenn nicht gar für den Eingang zur Hölle. Tatsächlich handelt es sich dabei wohl um den alten Stollenzugang zu einem Bergwerk des 18. Jahrhunderts. Die Tiefe der Schachtpinge beträgt heute noch etwa vier bis fünf Meter. Allerdings ist das Gebiet, in dem das „Güttingloch" liegt, sehr sumpfig und unzugänglich.

Das „Güttingloch" kann man sich dennoch anschauen, und zwar im Doktor-Eisenbarth- und Stadtmuseum von Oberviechtach.

STANDORT	Landkreis Schwandorf, Stadt Oberviechtach, Unterlangau/Gütting
KOORDINATEN	N 49° 30,653′ E 012° 28,838′
LAGERSTÄTTENTYP	Berggold, residuales und eluviales Seifengold
ABBAUPERIODEN	14. bis 18. Jahrhundert, erneut Untersuchungen Ende 20. und Anfang 21. Jahrhundert
GOLDHERKUNFT	Das Gold stammt aus Cordierit-Sillimanit-Gneisen, die Lagen von quarzreichen Gneisen und Granat führenden Gneisen enthalten können.
GOLDMENGE	nicht ermittelbar
SONSTIGES	Bodendenkmal

Das digitale Geländemodell des Abbaugebietes am Gütting zeigt die beeindruckenden Materialbewegungen, die eine völlig anthropogen umgestaltete Morphologie erzeugt haben. Deutlich ist der ehemalige Tagebau zu sehen, in dessen linkem oberem Bereich das „Güttingloch" liegt.

NAVI	Unterlangau, 92526 Oberviechtach
WEGBESCHAFFENHEIT	niedriger Schwierigkeitsgrad
WEGBESCHREIBUNG	Von Unterlangau die Straße nach Südosten etwa 250 m bis zur Infostelle des Gold-Lehrpfades. Von dort auf der Straße nach links weiter, nach knapp 250 m am Ende des Wäldchens rechts auf einen Feldweg (Beschilderung des Gold-Lehrpfades: blaues quadratisches Schildchen mit gelbem Punkt und Kreis). Nach 30 m rechts auf einen Trampelpfad in den Wald zum Geotop, dort Infotafeln des Gold-Lehrpfades zum „Güttingloch".
TIPP FÜR WANDERUNGEN	Beginnend an der Infostelle zum Gold-Lehrpfad, kann das ehemalige Goldabbaugebiet um Unterlangau/Gütting und beim Stangenberg erwandert werden. Es sind drei Wanderrouten ausgeschildert.
INFOS UND KARTEN	www.oberviechtach.de

TIPP GOLD-LEHRPFAD

Gold-Lehrpfad und Goldwaschen
→ Seite 87

Neben der Nachbildung des alten Schachteingangs gibt es dort eine sehr instruktive Goldausstellung und ein funktionsfähiges Pochwerk für Erz zu sehen. Außerdem wurde ein vorbildlicher Gold-Lehrpfad bei Unterlangau eingerichtet. In den Sommermonaten bietet die Tourist-Information zahlreiche Führungen durch die Goldabbaugebiete an, einige Exkursionen beinhalten auch das Goldwaschen unter Anleitung → *Seite 87*.

GOLDHERKUNFT

Die Goldvorkommen nordöstlich von Oberviechtach liegen alle in einem Cordierit-Sillimanit-Gneis, der Lagen von quarzreichen Gneisen wie auch von Granat führenden Gneisen enthalten kann. Die Gneise wurden zunächst als Gebirge emporgehoben. Im Laufe der Jahrmillionen nagten Wind und Wetter an den Gesteinen. Das einstige Hochgebirge verwandelte sich zu einem hügeligen Mittelgebirge, viel sandiger Schutt lagerte sich in den Senken und Mulden ab. Das herausgewitterte Gold, das sich im lockeren Gestein anreicherte, war relativ einfach zu gewinnen.

Die Goldvererzung tritt in den Gneisen nur in besonderen Lagen auf. Dort ist sie meist fein verteilt zwischen anderen Mineralen. In diesen Erz führenden Lagen kommt Gold zusammen mit Arsen und Bismut vor. Das könnte bedeuten, dass das Gold bereits in den Sedimentgesteinen enthalten war, aus denen die Gneise durch Metamorphose entstanden sind. Bei diesen Sedimenten handelte es sich meist um Grauwacken, Sandsteine und Tonsteine, die vermutlich als abgetragener Schutt eines küstennahen Gebirges vor mehr als 470 Millionen Jahren von Flüssen in ein Meeresbecken gespült wurden. Schon dieser Schutt enthielt Gold.

Gold aus dem Bereich Braunbeergraben/Forellenbach. An manchen Goldkörnern ist eine Verwachsung mit Quarz zu erkennen (Sammlung Preßl, Burglengenfeld).

Selten so gesehen

Bei Kernbohrungen der ehemaligen Preussag AG Mitte der 1980er-Jahre in Gütting konnte das Gold mikroskopisch untersucht werden. Der Großteil des vorhandenen Goldes ist an die Arsenminerale Löllingit ($FeAs_2$) und Arsenopyrit ($FeAsS$) gebunden und tritt in Form von Einschlüssen auf (Lehrberger 2017).

Im Gebiet des Braunbeergrabens und des Forellenbachs treten überwiegend gezackt geformte Goldkörner auf, die oft porös sind. Gelegentlich können auch Goldkörner beobachtet werden, die mit Quarz verwachsen sind. Ein weiteres typisches Erkennungszeichen des Oberviechtacher Goldes ist das Auftreten von extrem seltenem Gold-Bismut-Erz → *Seite 10*. Wohlgemerkt: Bei den Goldkörnern im Arsenkies handelt es sich um reines Gold, beim Gold-Bismut-Erz dagegen um eine Legierung, also eine Verbindung aus zwei chemischen Elementen wie bei Bronze oder Messing. Dabei können sowohl Gold-Bismut-Legierungen wie Maldonit (Au_2Bi) als auch komplex zusammengesetzte Minerale wie das Gold-Bismut-Sulfid Jonassonit ($AuBi_5S_4$) auftreten.

Maldonit besteht aus rund zwei Drittel Gold und einem Drittel Bismut. Mit der Zeit trennt sich das Mineral wieder in seine zwei Bestandteile auf. Es entsteht eine schwammartige Verwachsung aus gediegenem Gold und gediegenem Bismut. Das Bismut, das nicht von einem schützenden Goldpanzer eingeschlossen ist, kommt in Kontakt mit Luft und oxidiert. Das entstandene Bismutoxid ist wasserlöslich und wird herausgelöst – zurück bleiben Löcher im Gold.

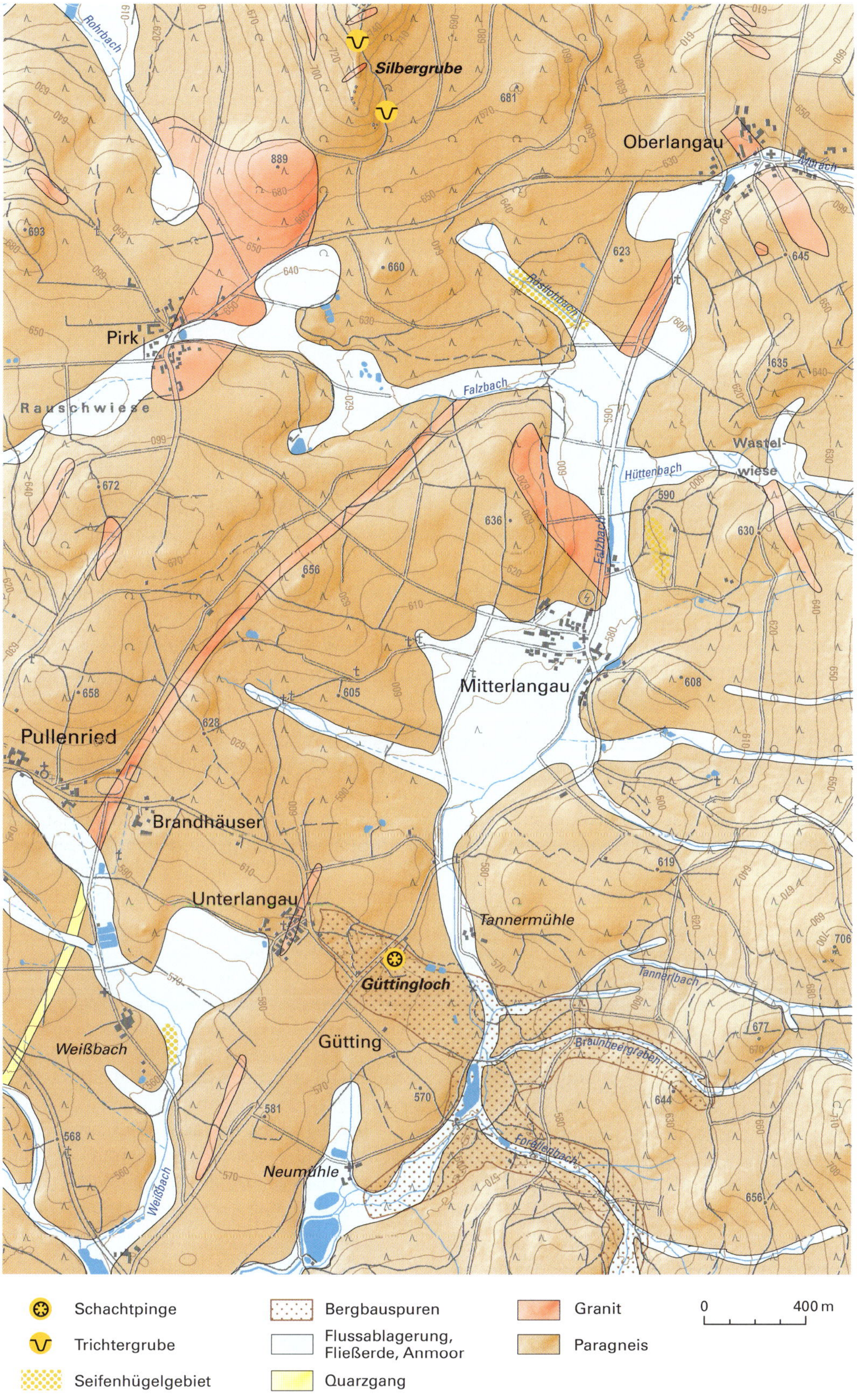

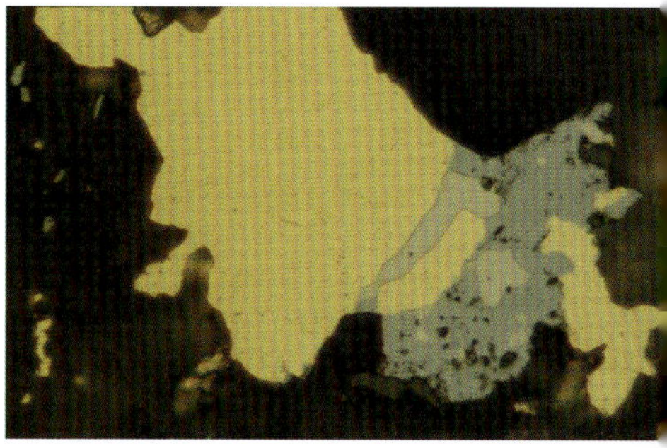

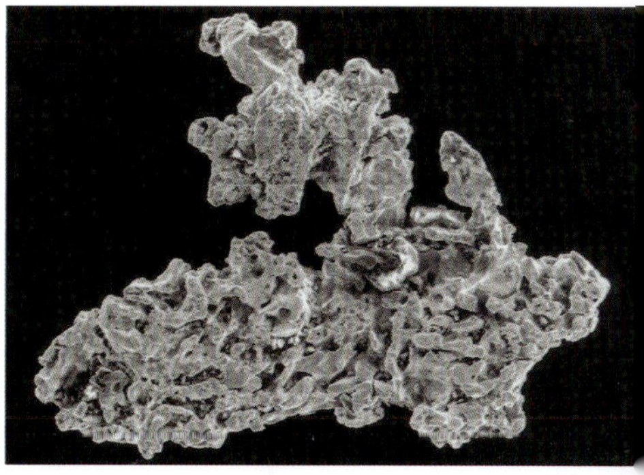

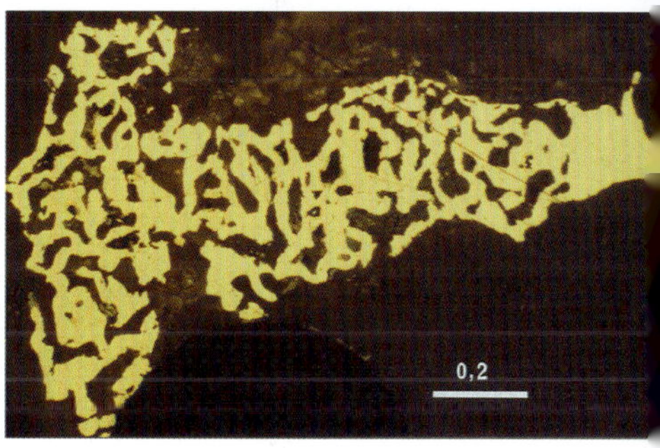

Oben: Komplexe Verwachsung von gediegenem Gold (gelb), gediegenem Bismut (hellgrau) und Maldonit (mittelgrau) in einem Bohrkern vom Güttingwald bei Unterlangau

Mitte: In hoher Vergrößerung ist die schwammig ausgebildete Oberfläche vieler Goldkörner erkennbar, die auf die einstige Verwachsung mit Bismut schließen lässt (Größe des Korns: 0,8 Millimeter).

Unten: Im Querschnitt zeigt sich, dass die Poren durch das ganze Goldkorn verlaufen – ein Beleg, dass es sich um ein aus Maldonit entmischtes Gold-Bismut-Korn handelt, aus dem das leichter lösliche Bismut verschwunden ist.

Links: Geologische Karte und Lage der wichtigsten Abbauspuren in der Gegend um Unterlangau nordöstlich von Oberviechtach

GOLDMENGE

Über die im Laufe der verschiedenen Abbauphasen seit dem 14. Jahrhundert gefundene Goldmenge gibt es keine sicheren Angaben. In Unterlagen zum Bergbau (Paschen 2008) ist zu lesen, dass das sogenannte Pullenrieder Seifenwerk (nordöstlich von Oberviechtach) in der zweiten Hälfte des 18. Jahrhunderts teilweise Gewinn bringend war. Aus anderen schriftlichen Aufzeichnungen lässt sich ableiten, dass der Goldsegen mitunter auch auf sich warten ließ. Bergmännische Unterlagen, die im Bayerischen Hauptstaatsarchiv über die Zeit gerettet worden sind, sprechen eine deutliche Sprache. In 86 Einzelakten betreffend „Das Goldseifenbergwerk zu Pullenried" sind der Grubenplan von 1763 sowie der Schriftwechsel zwischen dem zuständigen Berg- und Hüttenamt Bodenwöhr und dem Münz- und Bergwerkskollegium als zentraler Behörde erhalten geblieben (Originaltext wurde leicht abgeändert zur besseren Lesbarkeit):

„1763 fing man an, den Bergbau von Pullenried auf fürstliche Kosten rege zu machen. Es wurde der königliche Bergschreiber Riedl mit dem Bergwerkspraktikanten Schwarzkönig von Eule aus Ostböhmen berufen. Man richtete Poch- und Waschherde

So könnten Goldsucher aus Venedig ausgesehen haben.

DIE SAGE VON DER „SILBERGRUBE" AM STANGENBERG

Eine spannende Sage rankt sich um die „Silbergrube" am Stangenberg zwischen Pirk und Oberlangau (Wilsdorf 1987):

„In der Nähe von Wildstein ist der Stangenberg. Eine Waldabteilung darauf heißt die Silbergrube. Der Name rührt von den Venedigern her, die da droben nach Silber schürften. Am Stangenberg hatte der Stangenbauer seinen Hof. Einmal kam er in die Nähe der Silbergrube. In seiner Tasche trug er ein Messer mit drei Kreuzeln darauf, damit ihm's Herlmannl [der Teufel] *nicht anhaben konnte.*

Als er bei der Grube angekommen war, erhob sich plötzlich ein Windgspreil [Wirbelwind] *und wollte den Stangenbauer entführen. Doch da kam's an den Unrechten. Flugs warf er das Messer nach dem Gspreil, und das fiel unglücklicherweise in die Silbergrube. Dort war es verschwunden. Der Bauer konnte sich plötzlich nicht mehr vom Platze rühren. Jetzt kamen die Bergleute aus dem Schacht und trugen einen verletzten Kameraden heraus. Ein Auge war ihm ausgestochen. Sie fluchten dem unbekannten Übeltäter und verschwanden.*

Da erhob sich wieder das Windgspreil und trug den Stangenbauer fort durch die Luft. In einer großen Stadt ließ es ihn nieder. Hier war er ganz fremd und verstand die Sprache der Leute nicht. Als er so ratlos durch die Straßen dieser Stadt schlenderte, hörte er mit einem Mal seinen Namen rufen. Er drehte sich um und erkannte unter den rufenden Leuten die Venediger Bergmänner vom Stangenberg. Unter ihnen war auch der Einäugige. Angst und Furcht erfasste da den armen Stangenbauer, denn er fürchtete, sein letztes Stündlein habe geschlagen. Wohl gaben ihm die Venediger zu verstehen, dass er nun in ihren Händen sei, doch habe er nichts zu befürchten, weil er ihnen in seiner Heimat immer freundlich und gefällig war. Sie ermahnten ihn, er möge nie wieder ein Messer oder einen anderen gefährlichen Gegenstand in einen Schacht werfen. Der Stangenbauer versprach's und versicherte, er habe nur nach dem Windgspreil werfen wollen.

Die Venetianer beschenkten den Bauern und zeigten ihm den Weg aus ihrer Heimatstadt. Kaum hatten sie sich von ihm verabschiedet, da erhob sich auch schon wieder ein Windgspreil, und – a Wischer – da war der Stangenbauer wieder in seinem Stangenhof. Seit der Zeit ist die Silbergrube verlassen."

Die einige Meter tiefe „Silbergrube" und eine dazugehörige Halde sind noch heute als Überreste der Goldsuche zu sehen. Sechs Schilder stehen an der Stelle, an der der Stangenhof gewesen sein soll, und erzählen die obige Venedigersage.

vor: der Versuch wurde nach 5 Jahren eingestellt. Die Hauptschwierigkeit bildete die tiefe Lage der Gold führenden Schichten unter dem Rasen, und es erschien zu kostspielig, die oberste Schicht abzudecken. Der Seifengrand [grober Sand] *bestand aus einem Gemenge von unmagnetischem Eisenglanze, mit rotem Quarz und spärlich eingestreuten Goldflämmchen. Auf 500 Zentner kam ein halbes Quentchen Gold* [1,825 Gramm]. *Der Goldgehalt, je Tonne berechnet, ergibt 0,08 Gramm und ist in der Tat unbedeutend und vom praktischen Standpunkte aus vollständig gegenstandslos"* (Paschen 2008).

Besser kann man auch heute die Goldprognose nicht zusammenfassen. Wie viel Gold im Raum Oberviechtach tatsächlich gefördert wurde, ist völlig unbekannt.

Katzenjammer statt Goldrausch

„Katzenjammer statt Goldrausch in der Oberpfalz" – so betitelte die Zeitung „Welt am Sonntag" 2009 einen Bericht über das Projekt der Deutschen Rohstoff AG, die seit 2008 im Wald bei Oberviechtach nach Gold grub. Sie hatte eine Lizenz für die Förderung von Zinn, Wolfram, Kupfer und Zink erworben sowie die „Aufsuchungsgenehmigung" für Gold bei Gütting erhalten. Das Unternehmen untersuchte diverse Bodenproben im Labor und fand auch Gold – allerdings nur auf kleinem Raum.

BERGBAUGESCHICHTE

Überlieferte Urkunden und Geschichten erzählen davon, dass bereits 1318 ein Bergwerk am Gütting existierte und dass im 16. Jahrhundert bei Oberviechtach an verschiedenen Stellen nach Gold gegraben wurde. Wie viel Gold gefunden wurde, ist nicht belegt. Vielmehr ist die Rede von verschiedenen Männern, die trotz der Behauptung, in der Gegend zentnerweise Gold gewinnen zu können, eine Menge Schulden machten – und dann spurlos verschwanden, ohne diese zu begleichen (Bauer 1970).

Weißes und gelbes Gold

Eine ausführliche schriftliche Dokumentation des Goldabbaus in der Langau bei Oberviechtach begann um 1763. Maßgeblich verantwortlich dafür war Graf Sigmund von Haimhausen. Er wurde vom bayerischen Kurfürsten mit der Reorganisation des Berg-, Hütten- und Münzwesens betraut. Unter seiner Regie erfolgte die erste systematische Zusammenstellung von Bergrechtsakten und damit der ersten Bergbaugeschichte von Bayern. Sein „Zögling" Mathias von Flurl erstellte als junger Berg-, Münz- und Salinenrat die erste geologische Karte von Bayern und schrieb 1792 das erste Buch über dessen Rohstoffvorkommen → *Seite 21*.

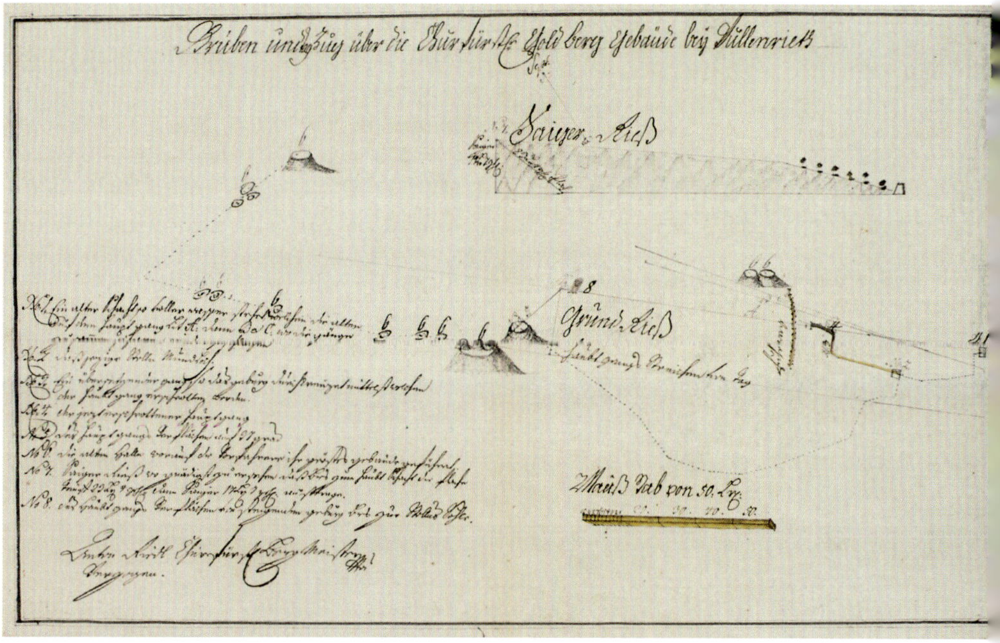

Der Grubenplan des kurfürstlichen Bergwerks von 1763 gehört zu den wichtigsten Dokumenten des Goldbergbaus in der Oberpfalz. Das „Güttingloch" ist als ehemaliges Stollenmundloch eindeutig zu lokalisieren.

Von Haimhausen hatte selbst in Sachsen Unterricht im Berg- und Hüttenwesen genommen und besaß im nahen Böhmen bei Plan Bergwerke für den Abbau von Kupfer und Kobalt. Außerdem betrieb er dort ein Hammerwerk für die Eisenverarbeitung und Schmelzhütten für die Kupfererze. Er war als Experte sehr gefragt, konnte erreichen, dass in Bayern das Berg- und Hüttenwesen eine eigenständige Behörde bekam, und wurde der Präsident dieses Bergwerkskollegiums. Seine unternehmerische Tätigkeit

erstreckte sich auch auf die Herstellung des „weißen Goldes" in der Porzellanmanufaktur in München, deren Gründung er aus privaten Mitteln finanzierte. Die ursprünglich in der Münchner Au angesiedelte Manufaktur entwickelt sich rasch zur Porzellanmanufaktur Nymphenburg, in der der berühmte Modellierer Bustelli die Porträtbüste des Grafen von Haimhausen anfertigte und brannte.

Im Bestreben nach einer bedeutenden Steigerung der Bergbauproduktion in Bayern ließ man nichts unversucht und öffnete 1763 auch das Goldbergwerk im Bereich des Güttingwaldes. Vom Bergamt Bodenwöhr aus wurden die Arbeiten koordiniert.

Links: Gründer der Porzellanmanufaktur und Koordinator des Berg- und Hüttenwesens: Graf Sigmund von Haimhausen (1708–1793)

Aktuelle Goldsuche

In der Folge des Berichts des „Club of Rome" lebte im letzten Viertel des 20. Jahrhunderts die Suche nach Gold nochmals auf. Einige große Bergbaufirmen streckten ihre Fühler nach Goldvorkommen am Westrand der Böhmischen Masse aus. Wie bereits erwähnt, führte die Firma Preussag AG Metall in den 1980er-Jahren ein sehr intensives Erkundungsprogramm durch. Von 1994 bis 1996 prospektierte die in vielen Ländern tätige Bergbaufirma Rio Tinto im Gebiet Oberviechtach nach Gold. Und schließlich gab es 2008 den bereits genannten Versuch durch die Deutsche Rohstoff AG. Alle Untersuchungen wiesen lokal die Vererzung in den Cordierit-Sillimanit-Gneisen mit absolut abbauwürdigen Goldgehalten von bis zu sieben Gramm je Tonne nach. Dennoch bleibt abzuwarten, ob ein neues „Berggeschrei" beginnt, zumal diese Angaben in deutlichem Widerspruch zu denen von 1763 stehen.

TIPP: DOKTOR-EISENBARTH- UND STADTMUSEUM

Wo früher das Getreide für die Oberviechtacher Bevölkerung gemahlen wurde, dreht sich heute alles um die Stadtgeschichte von Oberviechtach. In einer eigenen, großzügig ausgestatteten Abteilung geht es um den historischen Goldbergbau sowie die Geologie und Mineralogie der Goldvorkommen.

Einen realistischen Eindruck von der Arbeitssituation in den engen Stollen und Strecken des mittelalterlichen Goldbergbaus in der nahe gelegenen Langau vermittelt der Goldstollen im Untergeschoss des Museums. Dort werden Szenen des Golderzabbaus unter Tage dargestellt. Außerdem sind in den authentischen Nachbildungen fiktive Geschichten und Sagen zum Goldbergbau zu hören.

Im Rahmen eines Studienprojekts wurde von Studenten der Ostbayerischen Technischen Hochschule Weiden-Amberg unter Leitung von Prof. Dr.-Ing. Stefan Beer im Hof des Museums ein originalgetreues, maßstabsgerechtes Pochwerk rekonstruiert, das durch Schreinermeister Hubert Bauer, beraten vom rumänischen Schreiner Dumitru Cosma, gefertigt wurde. Als eines der wenigen funktionsfähigen Pochwerke für Erz in Europa ist es zugleich Denkmal und Demonstrationsobjekt: Der günstigen Lage am Marktweiher ist es zu verdanken, dass das Werk regelmäßig mit Gesteinsmaterial aus dem Bereich der Goldvererzungen in Betrieb genommen werden kann.

Adresse:
Doktor-Eisenbarth- und Stadtmuseum, Mühlweg 7, 92526 Oberviechtach
www.eisenbarthmuseum.de

Oben: Das aus Eichenholz gebaute Pochwerk ist mit sechs hölzernen Pochstempeln mit eisernen „Schuhen" ausgestattet. Die Stempel werden nacheinander von der Zapfenwelle hochgehoben und auf das darunterliegende Erz fallen gelassen.

Unten: Ein Bergmann arbeitet im nachgebauten Goldstollen im Untergeschoss des Doktor-Eisenbarth- und Stadtmuseums.

TIPP: GOLD-LEHRPFAD UND GOLDWASCHEN

Auf drei ungefähr drei bis fünf Kilometer langen Wanderrouten sind die Hauptbereiche des Gold-Lehrpfades zu entdecken.

Die Touren beginnen bei der Informationsstelle des Gold-Lehrpfades südöstlich von Unterlangau. Das ehemalige Goldabbaugebiet um Unterlangau/Gütting und beim Stangenberg kann von da aus erwandert werden. Die Wanderrouten sind ausgeschildert (blaues quadratisches Schildchen mit gelbem Punkt und Kreis, dem alchemistischen Symbol für Gold).

Der 3,5 Kilometer lange Gütting-Rundwanderweg führt am „Güttingloch" vorbei zu beeindruckenden Spuren des ehemaligen Goldabbaus mit Schürfgruben und Abraumhalden am Braunbeergraben und am Forellenbach. Beim Unterlauf des Tannerlbachs und des Braunbeergrabens gibt es Schürfgräben und -löcher sowie Halden einer zentralen Goldwäscherei zu entdecken. Der kleine Forellenbach unterstreicht die idyllische Waldlandschaft, die an warmen Sommertagen Schatten spendet. Vorbei am Greiner-Weiher mit der ehemaligen Greinerschleife, erreicht man schließlich wieder die Infostelle.

Der etwa 4,8 Kilometer lange Falzbachweg beginnt ebenfalls bei der Informationsstelle und führt in nördliche Richtung. Auf dem ehemaligen Langauer Kirchsteig stehen am Wegesrand der dichten Nadelgehölze verschiedene Gruppen mit Totenbrettern. Dem alten Volksglauben nach hat die Seele des Toten so lange keine Ruhe, bis das Totenbrett gänzlich zerfallen ist. Um den Vorgang zu beschleunigen, bevorzugte man weiches Holz, das zudem der Witterung ausgesetzt wurde. Der Falzbachweg leitet weiter zum Stangenbergweg.

Der dritte Teil der Wanderung, der etwa 2,9 Kilometer lange Stangenbergrundweg, beginnt an einem Infopunkt an der Verbindungsstraße Pirk–Oberlangau. Die Stangenbergrunde führt zur „Silbergrube" und zum Hofgut Stangenberg. Trichterförmige Gruben und Halden sind als Zeugnisse des alten Bergbaus zu sehen. Über den Falzbachweg geht es zurück zum Ausgangspunkt.

Außerdem ist es von Mai bis Oktober möglich, geführte Gruppentouren zu buchen, auf denen man unter fachkundiger Anleitung selbst das Goldwaschen ausprobieren kann. Diese Touren sind auch für Kinder geeignet.

Weitere Informationen:

Tourist-Information Oberviechtach
Tel.: 09671 30716
E-Mail: tourismus@oberviechtach.de
www.oberviechtach.de →Gold-Lehrpfad

Oben: Infostelle und Ausgangspunkt des Gold-Lehrpfades

Mitte: Entlang des Gold-Lehrpfades sind Informationstafeln aufgestellt.

Unten: Goldwaschen für Groß und Klein

Links: Goldwaschen für Kinder mit Goldwaschexperten in der Tracht der Venezianer

9 Grübenfeld „Alte Schanze" am Steinbach bei Diepoltsried

Über den Ursprung der seltsamen Hügel und Gräben an der „Alten Schanze" bei Diepoltsried im Oberpfälzer Landkreis Cham gab es die wildesten Spekulationen. Stammten sie aus der Zeit der Hussitenkriege im 15. Jahrhundert? Oder handelte es sich um uralte Relikte aus der Eiszeit, als die höchsten Gipfel im Bayerischen Wald noch vergletschert waren? Erst in den 1960er-Jahren kam man dem Rätsel auf die Spur: Die hügelige Landschaft ist das Werk von Goldgräbern.

Intensive Abbauspuren mit Haldenhügeln und Gräben im nördlichen Bereich der „Alten Schanze" bei Diepoltsried

DAS GEOTOP

Südöstlich von Diepoltsried, in der Nähe der Oberpfälzer Stadt Rötz, tauchen entlang des Steinbachs riesige Hügel und scharf eingeschnittene Gräben auf. Im Volksmund wird das hügelige Gelände als „Alte Schanze" bezeichnet. Die Einheimischen früherer Zeiten glaubten, dass die „Alte Schanze" zur Zeit der Hussitenkriege als militärischer Schutzbau diente. Schließlich fand 1433 ganz in der Nähe die berühmte Schlacht von Hiltersried statt.

In Wirklichkeit handelt es sich aber um eines der ausgedehntesten Grübenfelder im Raum Rötz mit bis zu vier Meter tiefen Gräben und hohen Halden. Sie weisen auf eine einst sehr intensive Goldgewinnung am Steinbach hin. Auch lassen sich Reste eines alten Staudammes erkennen, der zum Waschen des Goldsandes errichtet wurde. Nördlich des Grübenfeldes liegt der Güttenberg, dessen Name auf den „guten Berg" im Sinne einer

STANDORT Landkreis Cham, Stadt Rötz, Ortsteil Diepoltsried

KOORDINATEN N 49° 22,495′ E 012° 32,733′

LAGERSTÄTTENTYP alluviales Seifengold

ABBAUPERIODEN keine historischen Quellen vorhanden

GOLDHERKUNFT Das Gold stammt aus Gesteinen des Grundgebirges, vermutlich des Oberpfälzer Waldes oder möglicherweise aus Böhmen.

GOLDMENGE nicht ermittelbar

SONSTIGES Bodendenkmal

Südöstlich von Diepoltsried sind im digitalen Geländemodell die Spuren des Goldwaschens mit Schurfgräben, Abbaugruben und Haldenhügeln auf über 1,5 Kilometer Länge entlang des Steinbachs zu erkennen.

NAVI 92444 Diepoltsried

WEGBESCHAFFENHEIT Weg zum Geotop leicht, durch das Geotop mittelschwer

WEGBESCHREIBUNG Von Diepoltsried nach Osten die Straße nach Premeischl. Nach etwa 250 m am Waldrand auf einen Feldweg nach rechts und dann in den Wald östlich dieses Feldwegs zum Geotop. Auf über 1,5 km Länge nach Süden zu eindrucksvollen Abbauspuren im Wald.

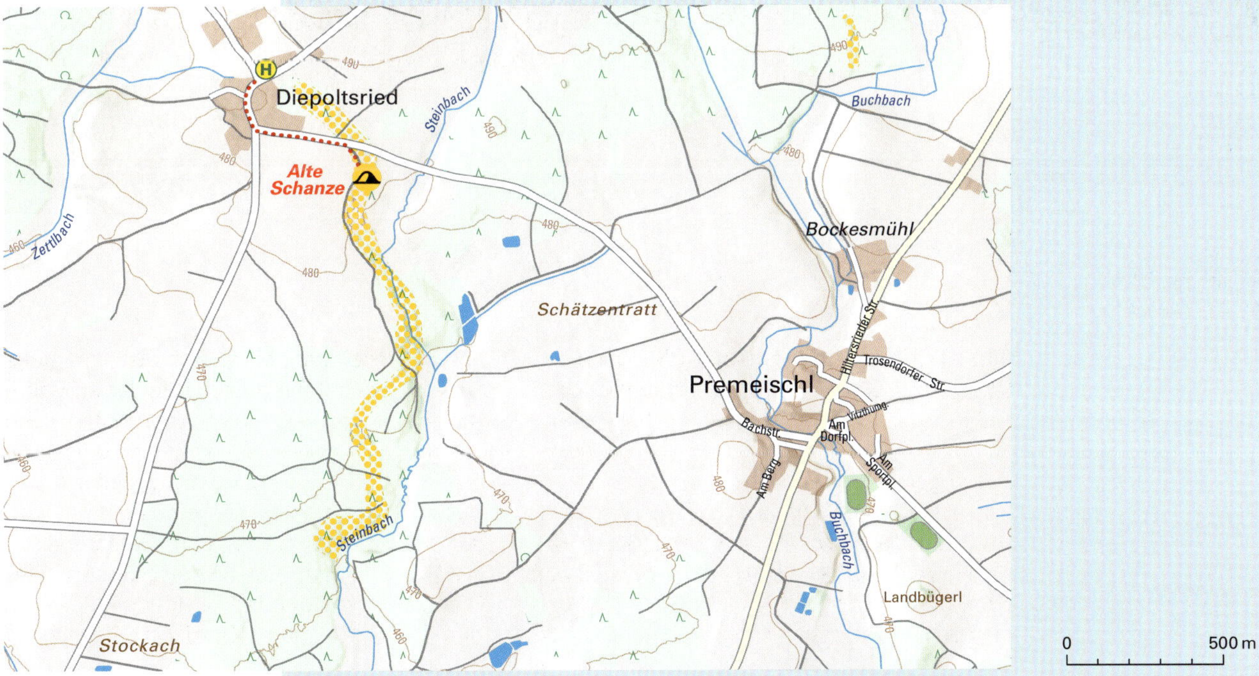

reichen Ausbeute bei der Goldgewinnung zurückgehen könnte. Der Heimatforscher Dietmar Görgner aus Rötz weiß außerdem von Sagen über Berggeister und Schrazeln um diesen Berg zu berichten (Görgner 1981). Sie könnten auf die Aktivitäten früherer Bergleute hindeuten → *Seite 39*.

Ein weiteres Gebiet mit eindrucksvollen Goldabbauspuren liegt rund drei Kilometer östlich von Rötz. Es erstreckt sich mit kleineren Unterbrechungen entlang des Tannenbachs vom Krammaholz an der B 22 nördlich von Niederpremeischl nach Nordwesten bis in die kleinen Waldgebiete Heidholz und Grabenholz.

Eine Infotafel des Oberpfälzer Waldvereins weist auf die sternförmigen Befestigungswälle und Gräben der Tillyschanze bei Eslarn hin.

AUF DER SUCHE NACH ERKLÄRUNGEN

Die mittlere Oberpfalz war Schauplatz der gewaltvollen Hussitenkriege Anfang des 15. Jahrhunderts. Vor allem die Schlacht von Hiltersried am 21. September 1433 ging in die Annalen ein. Während dieser und anderer kriegerischer Auseinandersetzungen wurden Schanzen zur Verteidigung angelegt. Ein berühmtes Beispiel ist die Tillyschanze bei Eslarn an der tschechischen Grenze. Diese 1611 errichtete sternförmige Schanze ist als Bodendenkmal sehr gut erhalten. Sie zeigt auch die deutlichen Unterschiede zu Bergbauspuren: Die Anlage ist regelmäßig und linear aufgebaut, ganz im Gegensatz zu den ungleichmäßig gewundenen Grübenfeldern. Doch als die Erinnerung an den Goldbergbau in der Bevölkerung verblasste, ging auch das Wissen um die dabei entstehenden Abbauformen verloren. So verwundert es nicht, dass gerade in dieser Gegend der Oberpfalz die Abbauspuren der Goldgewinnung mit den alten Verteidigungsanlagen verwechselt wurden.

Die Erklärung, die Grübenfelder seien Relikte der Eiszeit, stammte vom Zwieseler Forstmann Georg Priehäußer → *Seite 110*. Er schrieb in einem Aufsatz aus dem Jahr 1954, dass *„östlich von Diepoltsried und westlich von Hiltersried Erdformen als ‚Schanzen' eingetragen* [sind], *welche nach Anlage im Gelände, Aussehen und Verlauf der Gräben und Wälle kaum eine entfernte Ähnlichkeit mit einem künstlich aufgeworfenen Erdwerk zu Verteidigungszwecken haben"*. Ausgehend von seinen Beobachtungen im Bayerischen Wald bei Zwiesel, stellte Priehäußer die These auf, dass es sich bei den Gräben und Wällen um Bildungen im direkten Einzugsbereich der Eiszeitgletscher handele. Das „Durcheinander" von verschiedenen Gesteinen in den Hügeln brachte er mit abgelagerten Fließerden und „Firneisgrundschutt", einer Art Grundmoränenablagerung, in Verbindung.

Die korrekte Zuordnung der „Alten Schanze" geht auf die beiden Geografen Dieter Manske und Hans-Günther Sternberg zurück. Sie interpretierten die Hügel und Gräben nach intensiven Geländebegehungen 1965 als typische Relikte des Goldbergbaus. Außerdem fanden sie Anzeichen für ehemalige Staubecken oberhalb der Abbauspuren, die der Wasserspeicherung für die Goldwäscherei dienten.

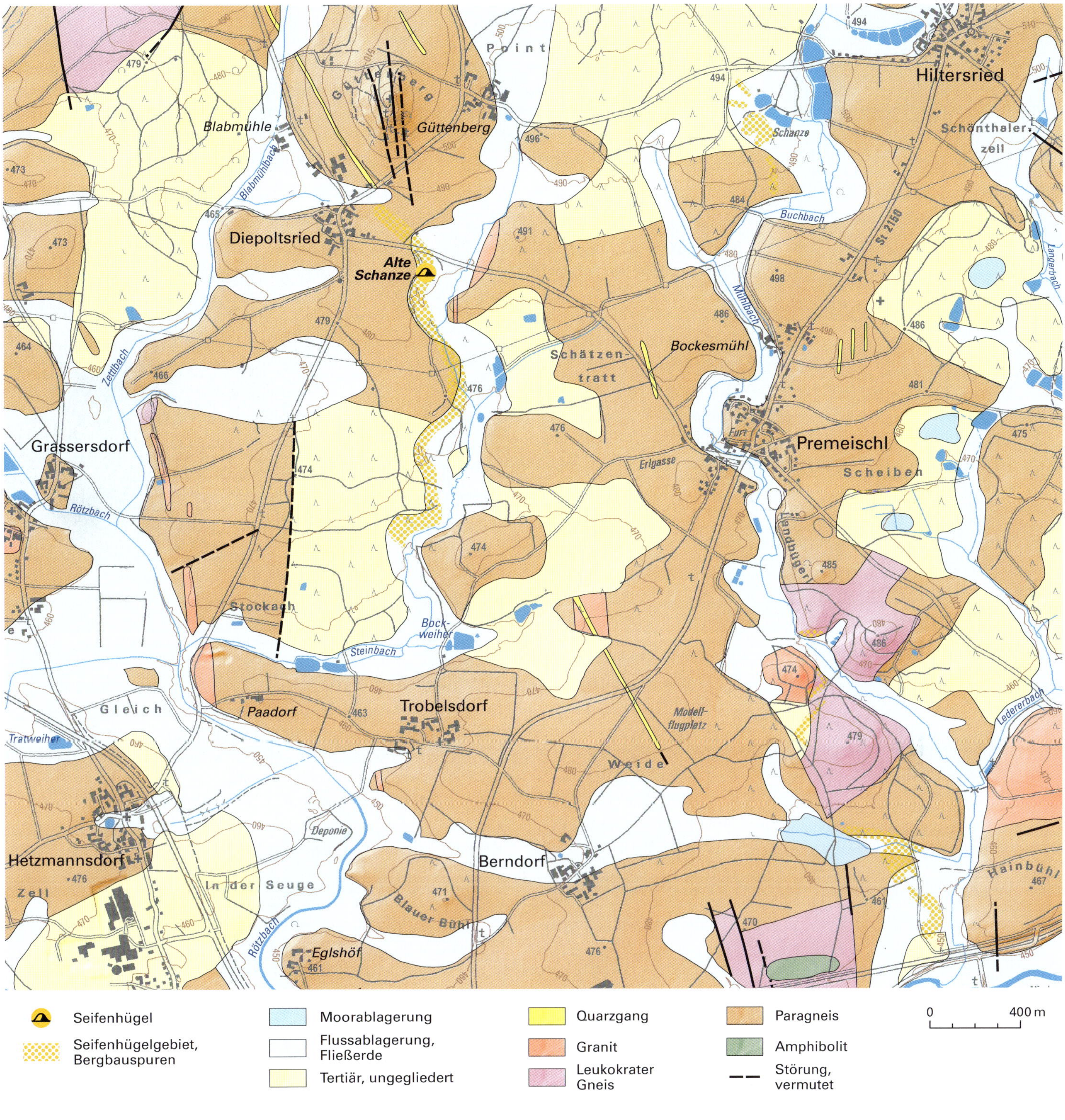

Geologische Karte mit der Verbreitung von Abbauspuren in der Umgebung von Rötz

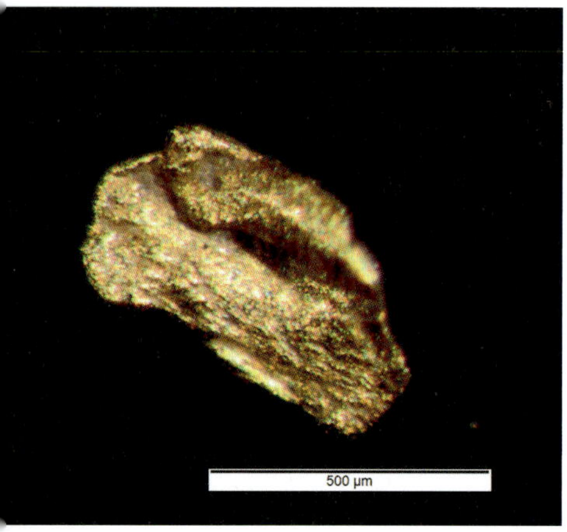

Nugget aus Diepoltsried: Sattgelbe, rundliche Goldkörner sind typisch für die Goldvorkommen aus den Bächen in der Rötzer Gegend.

GOLDHERKUNFT

Alle Goldkörner aus den Bächen der Umgebung von Rötz haben eines gemeinsam: Sie sind stark abgerollt, das heißt, sie weisen glatte Oberflächen und gerundete Kanten auf. Diese Merkmale sind ein klares Indiz dafür, dass das Gold in einem Fluss transportiert wurde und dass die so zurückgelegte Strecke mehrere Kilometer betragen haben dürfte. Durch den langen Flusstransport wurde auch ein Teil des ehemals im Gold enthaltenen Silbers gelöst, sodass die Körnchen sehr hohe Goldgehalte aufweisen.

Die fehlenden äußeren Spuren an den Goldkörnern erschweren die Zuordnung zu einem möglichen Liefergebiet. Mit anderen Worten: Keiner weiß genau, woher das Gold stammt. Möglicherweise handelt es sich auch um bereits mehrfach umgelagertes Gold aus älteren Sedimenten, wie es beim „Goldbrunnen" von Erbendorf *→Geotop Nr. 7* der Fall war. Denn ähnlich wie dort wurde auch im Raum Rötz vor Jahrmillionen der Abtragungsschutt der Berge in Senken abgelagert und dann später in der Tertiärzeit ein zweites Mal von Flüssen und Bächen umgelagert.

Sicher ist, dass das Gold aus Gesteinen aus dem alten Grundgebirge stammt, vermutlich aus dem nördlichen Oberpfälzer Wald oder gar aus Böhmen, falls in der Zeit des Tertiärs oder noch viele Millionen Jahre vorher Flüsse den Abtragungsschutt aus Osten anliefern konnten.

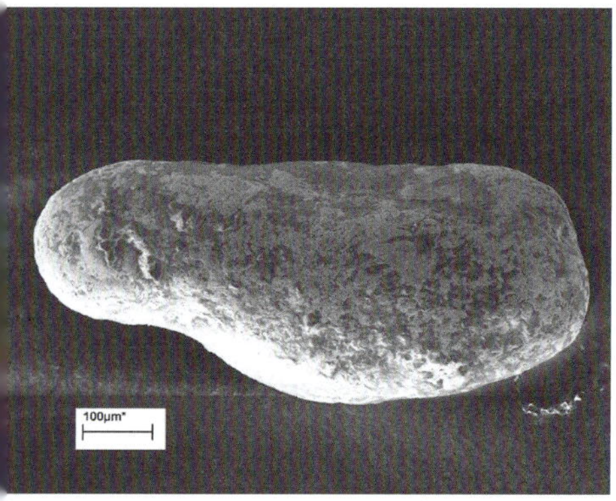

Gold aus den Abbauspuren von Diepoltsried: Das mit dem Rasterelektronenmikroskop erzeugte Bild zeigt die starken Rundungen und glatten Oberflächen des Nuggets – eindeutige Hinweise auf einen längeren Flusstransport.

GOLDMENGE

Über den Goldabbau in der Umgebung von Rötz sind keine schriftlichen Aufzeichnungen bekannt. Fakt ist aber, dass dort auf einem beeindruckend großen Gebiet nach Gold gesucht wurde. Das ergab die Auswertung des digitalen Geländemodells auf Grundlage von lasergestützten Luftaufnahmen (Kerscher 2013). Es zeigt die enorme Ausdehnung dieses Rötzer „Eldorados". Wie viel Gold auf dieser Fläche erbeutet wurde, lässt sich jedoch nicht abschätzen.

Grübenfeld am Rothbach bei Bodenmais

10

Die Goldvorkommen im Böhmerwald waren spätestens seit dem Mittelalter in großem Umfang bekannt und bildeten die Basis für Wohlstand und Macht der böhmischen Krone. Im Gegensatz dazu war über die Goldvorkommen im Bayerischen Wald bis vor Kurzem nur wenig bekannt.

Ein Wanderweg führt zu den Relikten der Goldwäscherei im Tal des Rothbachs.

DAS GEOTOP

Südöstlich von Böbrach führt ein Wanderweg ins wildromantische, schattige Tal des Rothbachs – der richtige Ort, um an einem heißen Sommertag die Relikte der Goldwäscherei zu erkunden. Dort, wo der Weg auf einer Brücke den Bach überquert, ist man auch schon fast mittendrin im ehemaligen Abbaugebiet. Im Gegensatz zu vielen anderen Grübenfeldern, bei denen dichter Bewuchs die Sicht behindert, sind die fünf Meter hohen Seifenhügel am Rothbach schon von der Brücke bachaufwärts wunderbar zu sehen.

Im Bereich der Furt westlich der Brücke wurden bachabwärts bei Wegebauarbeiten einige Seifenhügel angerissen, sodass man das von den Goldwäschern durchsuchte Material sehr gut sehen kann. Die Halden bestehen aus einem wirr angeordneten Korngemisch von Feinsand bis hin zu Steinen. Überwiegend handelt es sich um Gerölle aus Gneis, Quarz und Granit.

Die Abbauspuren befinden sich jeweils nach Engstellen des Tales. Hinter den Felsriegeln aus hartem Cordierit-Sillimanit-Gneis weitet sich das Tal, die Fließgeschwindigkeit des Baches sinkt und die schweren Goldflitter sinken auf den Grund.

Oben: Blick auf die gut erhaltenen Abbauspuren am Rothbach südöstlich von Maisried

Oben links: Die Halden am Rothbach enthalten ein wirres Gemisch von feinem Sand bis hin zu Steinen. Es handelt sich dabei überwiegend um Gerölle aus Gneis, Quarz und Granit.

Rechts: Frei gespülte Felsen aus Cordierit-Sillimanit-Gneis verleihen dem Rothbach sein wildromantisches Aussehen. Bei Hochwasser schleift der quarzhaltige Sand die Gneisfelsen glatt und bildet rundliche Formen und tiefe Strudellöcher.

GOLDHERKUNFT

Spätestens seit dem Mittelalter waren die Goldvorkommen im Böhmerwald in großem Umfang bekannt und bildeten die Basis für Macht und Wohlstand der böhmischen Könige. Auch in der jüngeren Geschichte der Gegend interessierte man sich offenbar noch für potenzielle Goldquellen: Im Rahmen staatlicher Rohstofferkundungen wurden auf dem Gebiet der heutigen Tschechischen Republik in den 1970er- und 1980er-Jahren nochmals sämtliche bekannten Goldgewinnungsstellen systematisch katalogisiert.

Im Gegensatz dazu war über die Goldvorkommen im Bayerischen Wald bis vor einigen Jahren nur wenig bekannt. Erste geologische Hinweise darauf stammen aus dem Werk von Mathias von Flurl (1792) →*Seite 21*. Genauer erkundet wurden die Abbauspuren in Bayern erst Ende des 20. Jahrhunderts durch Geologen der Technischen Universität München. Dabei stellte sich heraus, dass Gold auf bayerischer Seite zwar im Grunde ebenso häufig auftritt wie auf tschechisch-böhmischer Seite, jedoch ausnahmslos in wesentlich kleineren Lagerstätten. Durch Probewaschen, das im Rahmen der oben genannten Untersuchungen von Gerhard Lehrberger und seinem Team durchgeführt wurde, konnte in vielen Bächen der Umgebung von Bodenmais Gold gewonnen werden. Und überall dort, wo er

STANDORT Landkreis Regen, Gemeinde Böbrach

KOORDINATEN N 49° 03,174′ E 013° 03,234′

LAGERSTÄTTENTYP alluviales Seifengold

ABBAUPERIODEN vermutlich 9. bis 18. Jahrhundert

GOLDHERKUNFT Das Gold könnte sowohl aus dem Cordierit-Sillimanit-Gneis im Bereich des Rothbachtals stammen als auch aus sulfidischen Vererzungen im Bereich der Rundlinger Scherzone, die vom Rothbachtal durchschnitten wird.

GOLDMENGE rund 550 Kilogramm

SONSTIGES Bodendenkmal

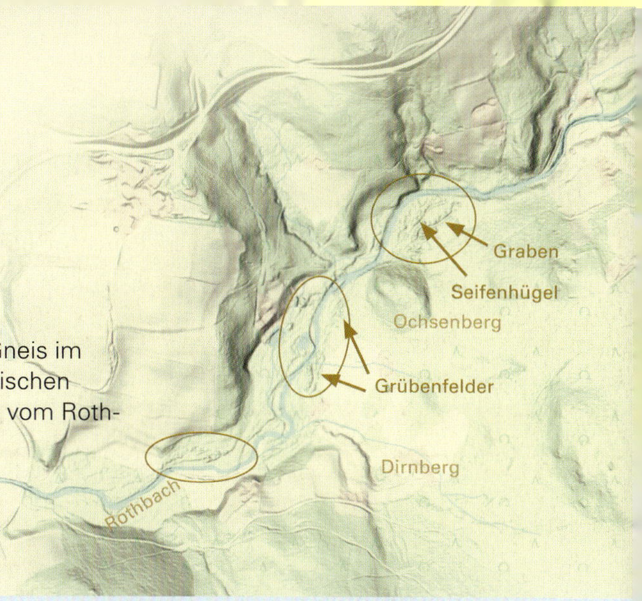

Die Abbauspuren entlang des Rothbachs sind im digitalen Geländemodell deutlich zu erkennen.

NAVI Böbrach, Kirche St. Magdalena, 94255 Böbrach

WEGBESCHREIBUNG Parkmöglichkeit bei der Bushaltestelle Maisried am „Bergkirchlein“ St. Magdalena. Von dort auf Teerstraße (➜ „Märchenalm“) Richtung Rothbachtal bis zu einem Löschwasserweiher. Dann auf einem Waldweg Richtung Osten etwa 300 m bis zur Furt durch den Rothbach. 60 m bachaufwärts auf einem Steg auf die andere Bachseite und links zum Grübenfeld.

TIPP FÜR WANDERUNGEN Wanderweg („weiß auf rot 3“) entlang des Rothbachs bachabwärts nach 100 m zu einem weiteren Grübenfeld von etwa 300 m Länge und etwa 30 m Breite. Nach dem Durchqueren des Grübenfeldes entweder zum Ausgangspunkt zurück oder aber im Tal bis zur Hammermühl, dann auf der anderen Seite des Rothbaches auf einer Teilstrecke der Mountainbiketour „schwarz 9“ zurück. Alternativ direkt über Maisried zum Ausgangspunkt („weiß auf rot 3“ und „weiß auf rot 4“).

TIPP FÜR RADTOUREN

Mountainbiketour „schwarz 9“ (Böbracher Tour)

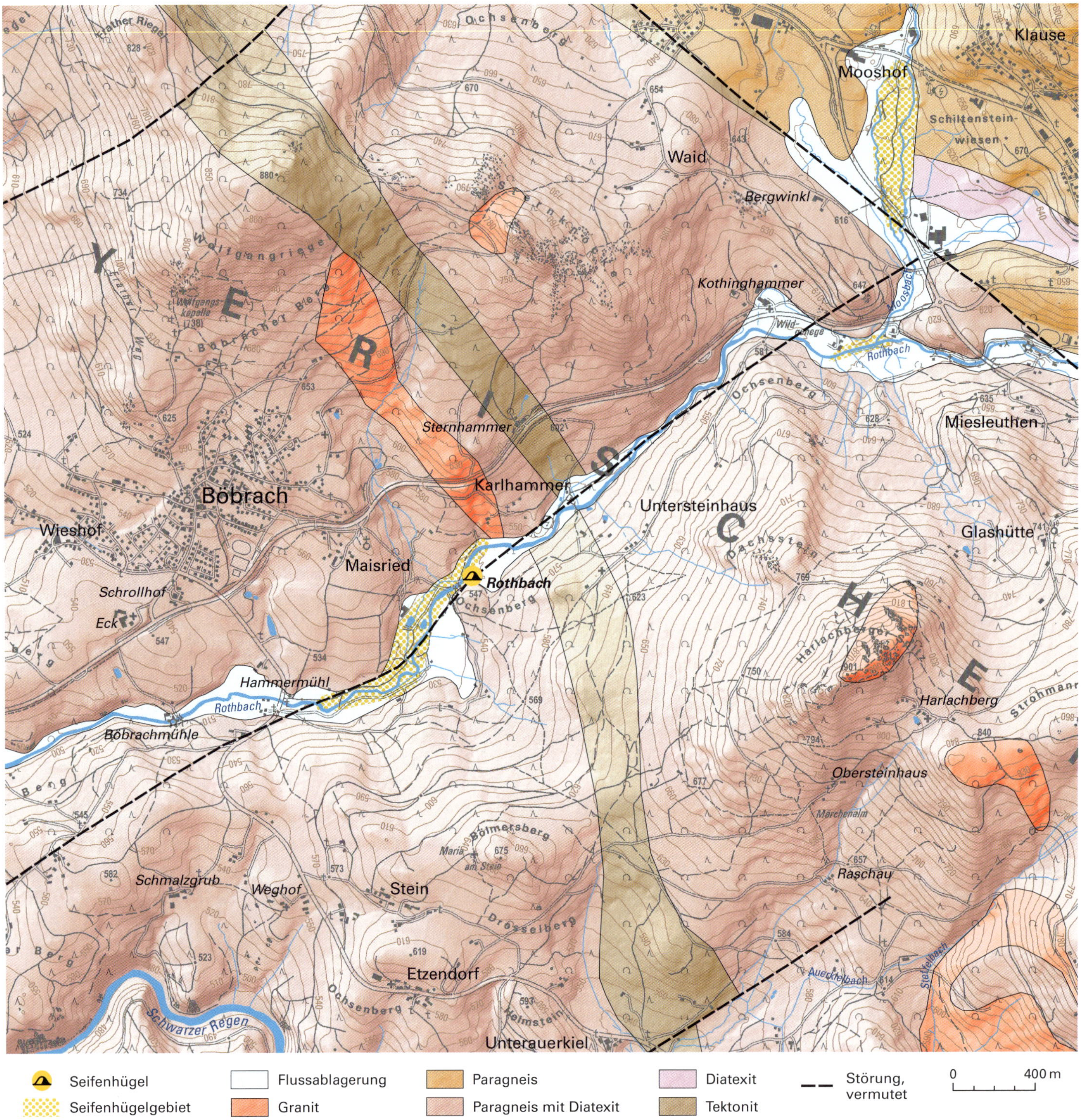

Geologische Karte der Umgebung. Die Gebiete des ehemaligen Goldabbaus liegen in Cordierit-Sillimanit-Gneisen. Die primäre Vererzung dürfte mit der Rundinger Scherzone in Zusammenhang stehen: Bewegungen an der Scherzone erzeugten Klüfte, in die erzhaltige Lösungen eindringen und auskristallisieren konnten. Das ursprünglich in den benachbarten Gneisen enthaltene Gold wurde vermutlich dabei mobilisiert und in der Scherzone angereichert.

Gold nachweisen konnte, hatten in der Vergangenheit Bergleute Abbauspuren hinterlassen.

Die Abbaugebiete liegen in den bereits erwähnten Cordierit-Sillimanit-Gneisen des Moldanubikums, vor allem aber bachabwärts von Bereichen, in denen Sulfidvererzungen vorkommen. Es ist gut vorstellbar, dass die primäre Vererzung mit der Rundinger Scherzone, einer wichtigen von Nordwest nach Südost verlaufenden Störungszone im Bayerischen Wald, zusammenhängt. Tektonische Bewegungen an der Scherzone erzeugten Klüfte, in die erzhaltige Lösungen samt ihrem geringen, aber fast allgegenwärtigen Goldgehalt eindringen und auskristallisieren konnten.

Das im ursprünglichen Gestein nur mit einem Gehalt von weit unter einem Gramm je Tonne vorkommende Gold wurde bei der Verwitterung freigesetzt. Während das leichtere Verwitterungsmaterial der Gneise zerrieben und weggeschwemmt wurde, reicherte sich das schwere Edelmetall im verbleibenden Grus an. Bei diesem als eluviale Anreicherung bezeichneten Vorgang wird das Gold kaum abgerundet oder geplättet. Solche eluvialen Seifen gibt es nahe dem vier Kilometer nördlich gelegenen Unterried (Lehrberger 1996), während die gute Rundung der Goldkörner in den alluvialen Seifen bei Maisried das Ergebnis eines längeren Transports ist.

Intern zeigen die Goldkörner häufig eine schwammartige Struktur mit zahlreichen Hohlräumen. Dieses Erscheinungsbild ist für das Gold des Bayerischen Waldes typisch. In manchen Goldkörnern sind die Hohlräume aber nicht vollständig leer, sondern zum Teil noch mit gediegenem Bismut gefüllt. In den hochgradig metamorph überprägten Goldvererzungen der Böhmischen Masse sind solche „Goldkornschwämme" häufig zu beobachten → *Seite 10*.

Die in Bachseifen bei Bodenmais gefundenen Goldnuggets haben typischerweise die Form eines löchrigen Goldschwamms. Anschliff eines Goldkorns mit gediegen Gold (gelb) und gediegen Bismut (grau); Bildbreite: circa 0,6 Millimeter

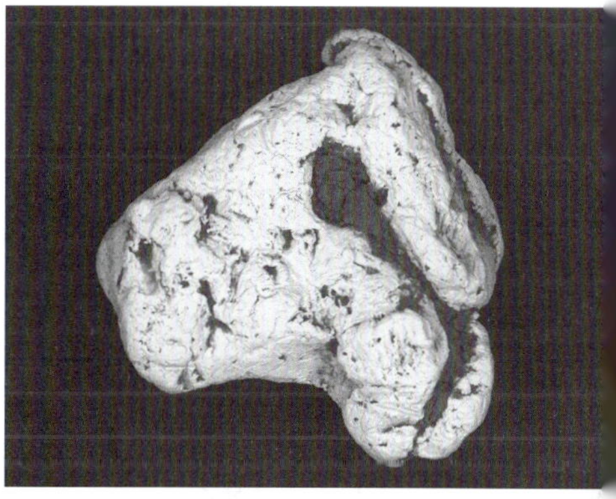

Am Moosbach, einem Nebenbach des Rothbachs, befindet sich beim Mooshof ein weiteres Seifenhügelfeld. Die Rasterelektronenmikroskop-Aufnahme eines dort gefundenen Goldkorns zeigt die gut gerundeten Ecken und Kanten, die durch den Bachtransports des Goldes entstehen. Der Durchmesser dieses alluvialen Goldkorns beträgt circa 0,25 Millimeter.

GOLDMENGE

Zur Goldausbeute aus den Seifenlagerstätten um Bodenmais sind bisher keine schriftlichen Belege aufgefunden worden, sodass man auf grobe Schätzungen angewiesen ist. Die Fläche der Grübenfelder entlang des Rothbachs beträgt etwa zehn Hektar. Wenn wie üblich der Untergrund bis zu zwei Meter tief umgegraben wurde, fielen etwa 200.000 Kubikmeter, also etwa 320.000 Tonnen, durchsuchtes Gesteinsmaterial an. Bei einem durchschnittlichen Goldgehalt von zwei Gramm pro Tonne Gestein konnten dabei wohl etwa 550 Kilogramm Gold gefunden worden sein. Bezieht man nun noch die Erträge aus den Goldseifen am Moosbach und am Mühlenbach bei Unterried in die Abschätzung mit ein, dürften die Bachsedimente im Raum Bodenmais um die zwei Tonnen Gold geliefert haben.

BERGBAUGESCHICHTE

Wie die Analyse von Goldmünzen der Boier, eines keltischen Stammes, zeigt, wurde möglicherweise bereits im 3. und 2. Jahrhundert vor Christus Gold aus den im Böhmerwald entspringenden tschechischen Flüssen Otava und Moldau gewonnen. In Böhmen hatten die Boier ihr Hauptsiedlungsgebiet. Es ist anzunehmen, dass die Kelten nicht nur im eigentlichen Böhmerwald, sondern auch im Bayerischen und Oberpfälzer Wald, in einem Gebiet, das keltisch „Gabreta" hieß, nach Gold suchten. Dafür gibt es jedoch keine sicheren Belege.

Die erste verlässliche Quelle, die den Goldabbau in der Gegend um das heutige Bodenmais erwähnt, ist das Herzogsurbar, gewissermaßen das Güter- und Steuerbuch des wittelsbachischen Herzogtums Bayern, aus dem Jahre 1312: *„item das Goltwerch ze Pebra* [Böbrach], *ze Pabenmaizz* [Bodenmais] *und vor andern waelden, da gab man eteswen ein markh goldes; wie es nu die amptläut bestiften, so sol man nach fragen"* (Winkler 1991). Diesem Eintrag wurde später noch die Anmerkung *„incultum"* hinzugefügt, was „außer Betrieb" heißt und auf die

Stilllegung des Goldabbaus hindeuten könnte (Schmidt 1957).

Erst 400 Jahre danach gibt es wieder einen überlieferten Bericht über die Goldgewinnung. Der Bergwerkspraktikant Franz Maria Arnold schrieb 1780, dass in den 1477 dem Bayreuther Bürger Konrad Roth erteilten Bergfreiheitsbriefen auch die Bewilligung für das Goldwaschen vorkam. Arnold nahm an, dass *„die am Rießbache sowohl, als andern Gebirgswässern der Bodenmaiser Refier häufig an Tag liegende alte Seiffenhügel glaublich in selber Zeit, nämlich um das Ende des 15ten Jahrhunderts entstanden seyn. Nachahmungsgeist war vermuthlich die Triebfeder hiezu, indem dortmals unsere allernächsten Nachbarn um Bergreichenstein, Schüttenhofen, Pisek* [durch Goldwäscher entstandene Städte] *aus den Seiffenwerken der Moldau, und der Ottawa sehr grosse Reichthümer zogen"* (Haller 1999).

Westlich oberhalb des Grübenfeldes am Rothbach, am sogenannten „Bergkircherl" bei Maisried, wurden einige Stollen angelegt, in denen 1761 ein *„heimlicher Goldscheider aus Wien"* tätig gewesen sein soll (Haller 1972, 2000). Vermutlich handelte es sich aber bei dem ominösen Goldscheider um einen Betrüger. Er verließ den Ort bald wieder, ohne dass er nachweislich Gold gefunden hatte.

DIE MÜNZEN DER BOIER

Schüsselförmige Münzen der Kelten, sogenannte Regenbogenschüsselchen, mit einem Durchmesser von 16 Millimetern und einem Gewicht von bis zu acht Gramm.

Ab dem 5. Jahrhundert vor Christus beherrschten die Kelten weite Teile Mitteleuropas. Diese „keltoi", von denen Herodot um 450 vor Christus erstmals berichtete, waren sowohl als gegnerische Krieger gefürchtet als auch als Söldner und Handelspartner der Griechen und Römer geschätzt. Das führte dazu, dass auch bei den Kelten Münzen als Zahlungsmittel anstelle des bisher üblichen Tauschhandels Einzug hielten. Und so begannen die Kelten zu Beginn des 3. Jahrhunderts vor Christus, eigene Münzen zu prägen.

Die Boier siedelten etwa ab dem 4. Jahrhundert vor Christus im Gebiet des heutigen Böhmerwalds. Ursprünglich lebte dieser keltische Stamm im Raum zwischen Rhein, Main und Neckar. Von dort wanderte ein Teil der Boier während der keltischen Südwanderung um 400 vor Christus ins Gebiet des heutigen Norditaliens ab, während der Rest in Böhmen eine neue Heimat fand. Das Gold aus den Flüssen Otava und Moldau ermöglichte es den Boiern, eigene Goldmünzen zu prägen. Diese sind schüsselförmig gewölbt und meist mit Motiven verziert, weisen aber keine münztypischen Beschriftungen auf. Um die Zeitenwende verschwanden mit den Boiern auch ihre Münzen. Erst Jahrhunderte später tauchten die Münzen wieder auf: Bauersleute stießen bei der Feldarbeit auf die vom Regen freigespülten und sauber glänzenden Goldmünzen. Sie galten als Geschenke des Himmels und es entstand der Volksglaube, dass sie vom Regenbogen herabgetropft seien → *Seite 9*.

Silberberg in Bodenmais

Mit einer Höhe von 955 Metern gehört der Silberberg nicht zu den höchsten Bergen des Bayerischen Waldes, doch dank seiner zwei Gipfel ist er einer der markantesten. Wie von einer Bischofshaube – so sein zweiter Name – bekrönt, ist er schon von Weitem sichtbar. In seinen Tiefen verbarg sich einst der größte Erzkörper des Bayerischen Waldes, dessen Eisen, Silber und Sulfide jahrhundertelang abgebaut wurden. Auch nach Gold wurde im Silberberg wiederholt gesucht, aber wohl immer erfolglos. Das ehemalige Bergwerk ist heute eine Touristenattraktion und zählt zu den 100 schönsten Geotopen Bayerns.

Blick aus der Zeche „Gottes Gabe" am Silberberg in Richtung Bodenmais. Der Aufnahmestandpunkt befindet sich in einem durch Feuersetzen beim Erzabbau entstandenen Hohlraum.

DAS GEOTOP

Der kahle Gipfel des Silberbergs bietet einen herrlichen Ausblick nach Westen auf Bodenmais und auf die sanften, überwiegend aus Gneis aufgebauten Bergrücken des Bayerischen Waldes. Auch wenn der Bergbau am Silberberg seit 1952 Geschichte ist, halten eindrucksvolle Führungen durch die Stollen und gewaltigen Hohlräume des Altbergbaus im Schaubergwerk „Barbarastollen" die Erinnerung daran wach → *Tipp Seite 101*. Mit über 80 verschiedenen im Rahmen des Bergbaus nachgewiesenen Mineralen ist der Silberberg ein wahres Eldorado der Mineralogie.

Vermutlich waren es Goldsucher, die das Silber fanden, das dem Berg seinen Namen

Oben: Vom Gipfel aus kann man einen herrlichen Ausblick nach Westen auf Bodenmais und die sanften, überwiegend aus Gneis aufgebauten Bergrücken des Bayerischen Waldes genießen.

Unten: Das Besucherbergwerk „Barbarastollen" bietet einen faszinierenden Einblick in die Welt des Bergbaus aus einer anderen Zeit.

Oben rechts: Historische Abbildung von Carl Wilhelm von Gümbel (1868): „Zeche Gottes Gabe (Oberste Teufe) am Silberberg Bodenmais"

gab. Nachdem sie auf der Spur des Goldes den Bachläufen in die Berge um Bodenmais gefolgt waren, fanden sie an dieser Stelle nicht das begehrte Edelmetall, sondern nur das weniger edle Silber.

Mit der Grube „des allmechtigen Gottes Gab" wurde der Silberberg 1463 erstmals urkundlich erwähnt. Abgebaut wurde damals vor allem das Mineral Bleiglanz, das bis zu einem Prozent Silber enthielt. Nachdem die Edelmetallgewinnung unrentabel geworden war, konzentrierte man sich ab 1530 auf Eisensulfide. Aus diesen wurden Vitriol und Polierrot hergestellt.

Vitriole, kristallwasserhaltige Schwefelsalze verschiedener Metalle, waren damals ein gesuchtes Produkt zum Gerben von Leder und Färben von Textilien. Zur Herstellung von Vitriolöl, also von hoch konzentrierter Schwefelsäure, befand sich östlich des Silberberges die erste chemische Fabrik Bayerns (Lehrberger - Haller - Schink 2006). Polierrot, ein rotes Eisenoxidpulver, fand zunächst als Mauerfarbe, ab 1750 auch zum Spiegelschleifen Verwendung. Später entwickelte sich die Herstellung von Polierrot zur tragenden Säule des Bergbaus, da Bodenmais bis zum Ersten Weltkrieg das europaweite Monopol besaß. Nach über 500 Jahre andauernder Abbauzeit erlosch im Jahre 1952 die Erzgewinnung am Silberberg. Doch was hat das alles nun mit dem Gold des Bayerischen Waldes zu tun?

STANDORT Landkreis Regen, Gemeinde Bodenmais

KOORDINATEN N 49° 03,533′ E 013° 07,333′

LAGERSTÄTTENTYP Sulfiderzlagerstätte (mit silberhaltigem Bleiglanz)

ABBAUPERIODEN vermutlich ab dem 15. Jahrhundert, Ende 1952

GOLDHERKUNFT In hydrothermalen Silberlagerstätten, wie der Lagerstätte am Silberberg, ist üblicherweise auch mit Gold zu rechnen. Dieses scheint auch hier vorhanden zu sein, jedoch in Mengen von weniger als einem Gramm pro Tonne Gestein und zudem verborgen in anderen Mineralen. Freigold konnte bisher nur in den Bächen der Umgebung nachgewiesen werden.

GOLDMENGE Es besteht keine Kenntnis darüber, ob im Silberberg jemals Gold gefunden wurde; die Goldfunde in Verwitterungsbildungen der Umgebung sprechen aber für geringe Goldgehalte.

SONSTIGES Landschaftsschutzgebiet und Bestandteil einer FFH-Fläche

Der Doppelgipfel des Silberbergs erinnert an eine Bischofshaube. Der kärgliche Bewuchs ist eine Folge der Verwitterung der schwefelhaltigen Erze.

NAVI Talstation Silberberg-Seilbahn, 94249 Bodenmais

WEGBESCHAFFENHEIT mittlerer Schwierigkeitsgrad, steil

WEGBESCHREIBUNG Ausgehend von der Talstation der Seilbahn (Buslinie 7145 und Parkplatz) mit dem Sessellift entweder zur Bergstation (empfehlenswerter Abstecher auf den Silberberggipfel) und von dort zum ehemaligen Bergwerk (→ „Besucherbergwerk“) oder mit dem Sessellift zur Mittelstation und von dort ohne nennenswerten Höhenunterschied zum Besucherbergwerk.
Alternativ vom Parkplatz aus auf Wanderweg „Nordic-Walking-Trail weiß auf schwarz 2“ (→ „Barbarastollen“) zum Geotop.

TIPP Besucherbergwerk Silberberg
www.silberberg-online.de

BESUCHERBERGWERK SILBERBERG

Das Besucherbergwerk bietet einen faszinierenden Einblick in die Untertagewelt im Silberberg. Gewappnet mit Helm und Kittel, erlebt man bei einer Führung im 600 Meter langen „Barbarastollen“ den Bergbau aus einer anderen Zeit. Der Stollen führt tief ins Innere des Silberbergs bis zu einem gewaltigen Hohlraum, dem Großen Barbaraverhau. Auf dem Weg durch die Untertagewelt erfährt man viel über Einsatz und Funktion der Bergbaumaschinen und der Förderschächte.

Historisches Besucherbergwerk Bodenmais, Silberberg 28, 94249 Bodenmais, Telefon: 09924 304

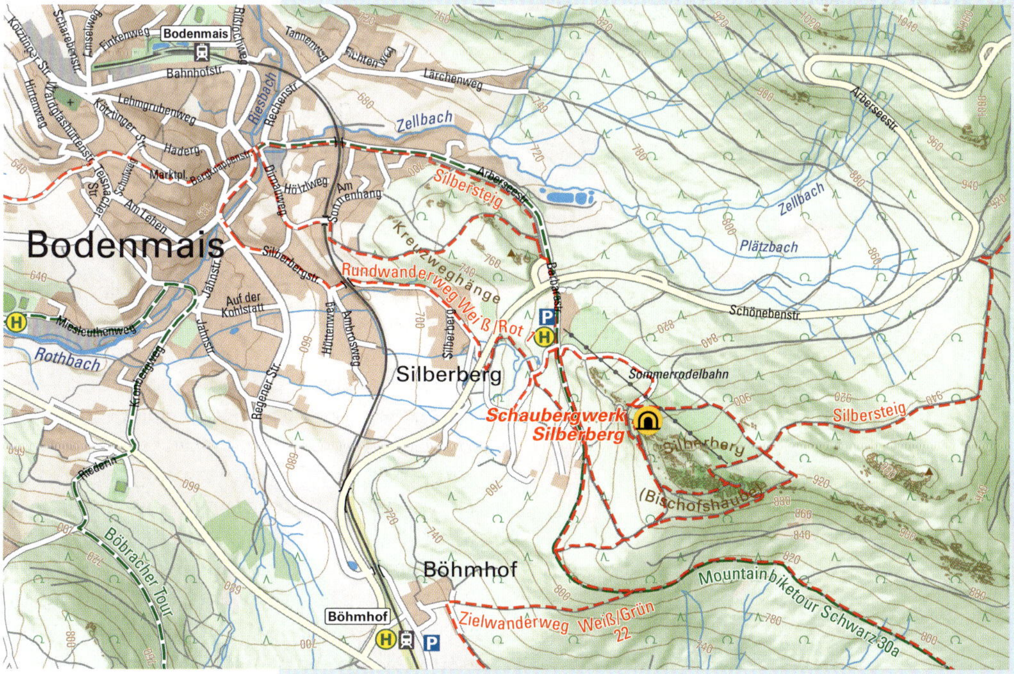

EINE HEISSE SPUR?

Die Gesteine des Silberbergs entstanden aus sandig-tonigen Meeresablagerungen und Erzschlämmen, die vor 450 Millionen Jahren gebildet wurden. Diese Sedimentgesteine kamen später bei einer Gebirgsbildung sozusagen „unter die Räder“ und wurden tief unter die Erdoberfläche versenkt. Durch die dort herrschende Hitze und den hohen Druck wurden sie in Gneise und Erzkörper umgewandelt. Diese Metamorphose endete vor etwa 320 Millionen Jahren.

Die Ausgangsmaterialien für die Gesteine des späteren Silberbergs waren typische Meeresablagerungen, in denen üblicherweise kein abbauwürdiges Silber vorkommt. In diesem Fall trafen aber zwei besondere Umstände zusammen: Aus Öffnungen am damaligen Meeresgrund traten heiße Wässer aus, in denen Eisen, Zink, Blei und Silber gelöst waren. Beim Kontakt mit dem kühlen Meerwasser wurden aus diesen hydrothermalen Lösungen die darin enthaltenen Metalle als Erzschlämme ausgefällt und bald darauf von Sand und Ton überdeckt. Im Verlauf einer Gebirgsbildung entstanden daraus die Erzkörper. Diese waren – zum Leidwesen der Bergleute – keine langen Gänge oder großflächigen Schichten, sondern zerstückelte, meist nur zwei bis sechs Meter kleine Erzlinsen, die perlschnurartig im Gneis aneinandergereiht zu finden sind.

Die erzbringenden hydrothermalen Lösungen waren vulkanischen Ursprungs. In derartigen heißen Wässern ist neben Silber häufig auch Gold enthalten – und somit auch in den aus ihnen entstandenen Erzkörpern.

Bis heute ist es nicht gelungen, im Bodenmaiser Erzkörper sichtbares Gold nachzuweisen. Es dürfte wohl in Erzmineralen, am wahrscheinlichsten in den Eisenerzen, eingeschlossen sein und hat sich bisher der Entdeckung entzogen. So berichten nur die zahlreichen Goldfunde, zum Teil auch mit den charakteristischen schwammartigen Resten des Gold-Bismut-Minerals Maldonit (Hartmann & Lehrberger 2002), in den Bachsanden unterhalb des Berges vom Gold im Silberberg. Es sollte ihn also geben, den „Schatz im Silberberg“; die Frage ist nur, wo.

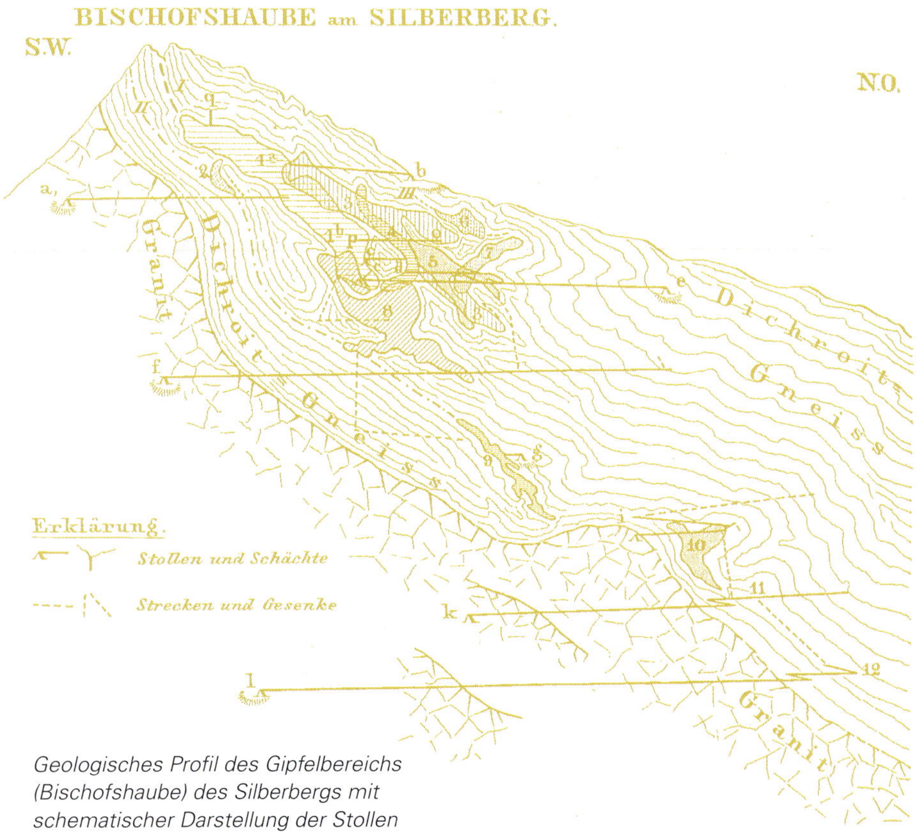

Geologisches Profil des Gipfelbereichs (Bischofshaube) des Silberbergs mit schematischer Darstellung der Stollen und Schächte (aus von Gümbel 1868)

AUF DER SUCHE NACH GOLD

Nach Reinhard Haller, dem Verfasser zahlreicher Bücher über die Bergbaugeschichte von Bodenmais, wurden über die Jahrhunderte hinweg vielfältige Anstrengungen unternommen, um aus den Erzen des Silberberges Gold zu gewinnen. Mathias von Flurl, der die ersten systematischen geologischen Untersuchungen in Bayern durchführte, schrieb 1792 über die Erzvorkommen von Bodenmais: *„Die bodenmaisischen Kiese selbst mußten damals für nichts geringer, als für gold- und silberhaltige Erze angesehen seyn worden.“* Ob aber die schon in den Bergwerksverleihungen von 1463 und 1477 verankerten Rechte auf Goldsuche jemals wahrgenommen wurden, ist nicht bekannt. Zumindest hat 1532 ein Hanns Goldtscheider sein Haus in Bodenmais verkauft. Hat er dies getan, da er durch Gold zu Wohlstand gekommen war und weggezogen ist? Oder hat er es getan, da es kein Gold – und damit keine Arbeit für einen Goldscheider – gab? Darüber kann man nur spekulieren.

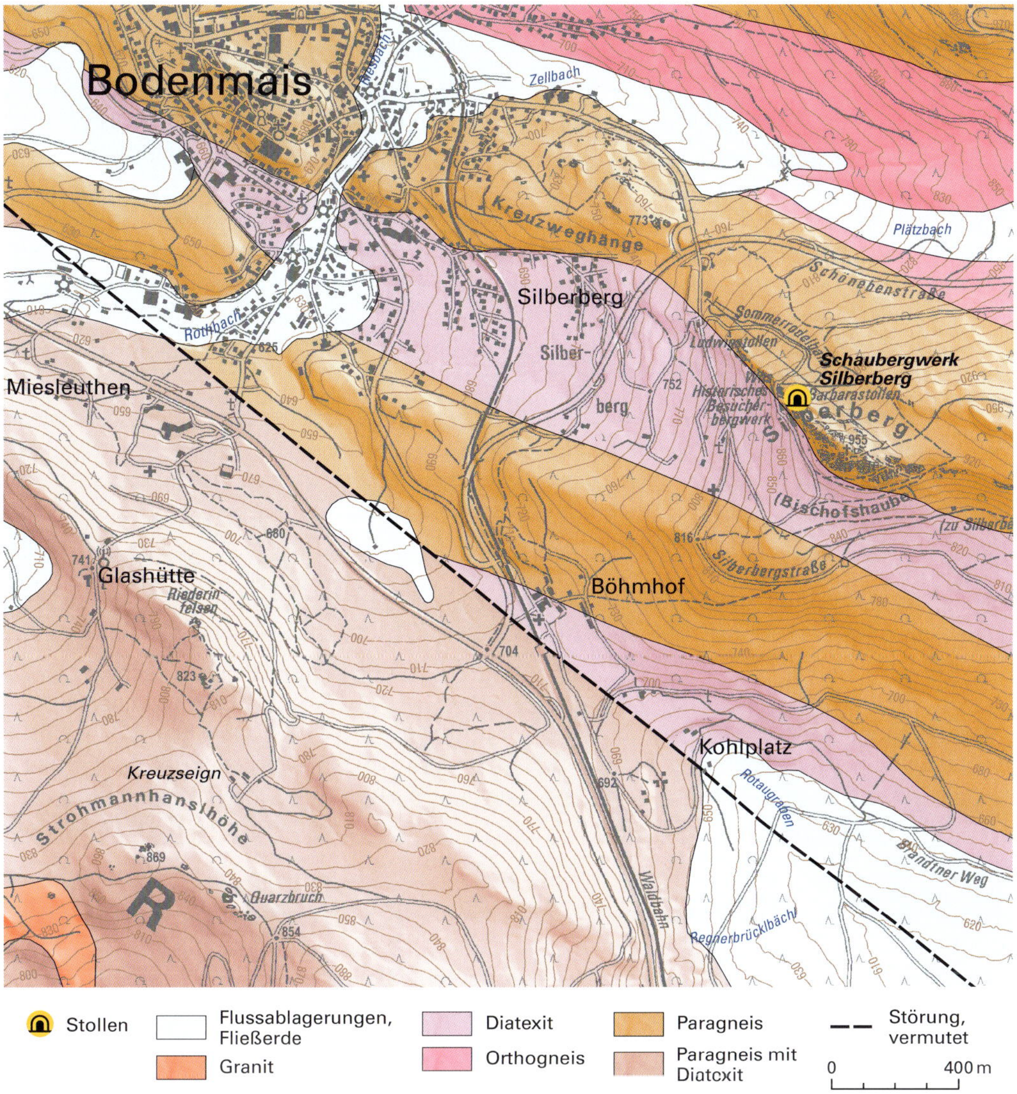

Geologische Karte des Silberbergs und seiner Umgebung; im Gegensatz zu den Bächen der Umgebung wurde im Silberberg bisher kein Gold gefunden.

Aus den Berichten von Bergbeamten ergeben sich auch für das 18. und 19. Jahrhundert Hinweise auf sporadische Anläufe zur Goldgewinnung (Lehrberger et al. 2000). Dass der Erfolg ausblieb, ist in diesem Fall belegt: Sowohl in München als auch im sächsischen Freiberg gab es Versuche, das Erz von Bodenmais aufzubereiten, um das darin verborgene Gold zu gewinnen. Der Goldgehalt lag weit unter einem Gramm pro Tonne Gestein, was schon damals nicht rentabel war.

Allerhand andere Erze

Vom Rotkot bei Zwiesel über den Silberberg bei Bodenmais bis nach Unterried sind Erzvorkommen des Bodenmaiser Typs bekannt. Ein weiteres Vorkommen dieses Lagerstättentyps liegt bei Lam. Sowohl der Ort Lam als auch der Lamer Winkel waren über 500 Jahre vom Bergbau geprägt. So wurden in der „Johanneszeche" Schwefel-Eisen-Erze, ähnlich denen von Bodenmais, abgebaut und im Wesentlichen zur Herstellung von Vitriol genutzt. Als Ganglagerstätte mit silberhaltigem Bleiglanz, Zinkblende und später auch Flussspat erlangte die „Fürstenzeche" eine gewisse Bedeutung. Auch in diesen Erzen ist vermutlich eine winzige Menge an Gold verborgen. Es sind aber weder historische Goldabbauversuche bekannt, noch wurden diese Vererzungen bisher genauer geologisch-lagerstättenkundlich untersucht.

HEUER LANGT'S MIR WIEDER!

In vielen der Sagen zum Gold bei Bodenmais geht es fast ausschließlich um den damals größten Goldabbau der Gegend, das heutige Grübenfeld beim Mooshof und die Bergflanken nördlich davon. Die von Generation zu Generation mündlich überlieferten Geschichten hat der Heimatkundler und Bergbauhistoriker Reinhard Haller, ein gebürtiger „Bomoesser", nach den Erzählungen älterer Einheimischer aus Bodenmais und den umliegenden Dörfern aus dem Dialekt ins Hochdeutsche übertragen und in einem Buch zusammengestellt (Haller 1993).

Auffällig ist, dass diese Sagen vor allem von böhmischen Goldsuchern erzählen, die in den Sommermonaten über die Grenze nach Bayern zum Goldwaschen kamen. So auch in der Sage vom Moosbauern und seinem Hirten.

„Wenn man von Bodenmais der Straße entlang nach Kötzting wandert, überschreitet man kurz nach Bodenmais einen kleinen Wasserlauf, Moosbachl genannt. Mit diesem Bachl hat es nach Erzählung der Alten eine besondere Bewandtnis. Vor etwa 100 Jahren sahen die Hirten, die in den Sommermonaten das Vieh ihrer Bauern weideten, in den umliegenden Bergen regelmäßig einmal im Jahre ein kleines untersetztes Männlein mit grauem Vollbart, einen Rucksack auf dem Buckel und einen derben Hakelstecken in der Hand, die Hänge durchwandern. Das Männlein war sehr wortkarg. Niemals gab es den Hirten Antwort auf ihre Fragen, woher und wohin.

Auffallend war, daß der Alte, wenn er kam, den Rucksack stets leer, und wenn er ging, ihn stets voll hatte. Dabei schien die Last, die der Graubärtige zu tragen hatte, sehr schwer zu sein. Das einzige, was der Böhm – für einen solchen hielten ihn die Hirten – auf neugierige Fragen zu sagen hatte, waren die vier Worte: ‚Heuer langt's mir wieder!' Verständlich, daß sich das Interesse für den geheimnisvollen Fremden sowohl der Hirten wie auch der Leute von Mooshof, von Ober- und Unterlohwies, als Bewohner der nächstgelegenen Orte am Moosbachl, von Jahr zu Jahr steigert. Nie aber gelang es jemandem, die Alten bei seiner Tätigkeit des Füllens seines Rucksackes zu beobachten. So verging ein Jahr nach dem anderen. Der Alte kam und ging und auf die Frage der Hirten hatte er stets nur die Antwort:

‚Heuer langt's mir wieder.'

Nun hatte der Moosbauer einmal einen Hirten, der krank war und seinem weidenden Vieh nur mit Mühe folgen konnte. Dieser Hirte, es war Hochsommer, zündete alltäglich seinen Tieren um die Mittagszeit ein Feuer an, bedeckte dasselbe mit grünen Rasenstücken, damit der daraus entstehende Rauch das Vieh vor den lästigen, blutsaugenden Bremsen schütze. Dieser Hirte sah nun, was bis zu dem Tage all die vorhergehenden Jahre niemand gesehen hatte: Unweit des Rastplatzes seiner Tiere, in der Nähe des Moosbachls, unter Tannen und Fichten, grub der geheimnisvolle Alte mit einer kleinen Hacke in den Boden und legte mit den Händen goldglänzende Gesteine in seinen Rucksack. Das dauerte keine Stunde. Mit Moos und Tannenzweigen deckte der Graubärtige, nachdem er den Sack gefüllt hatte, die in den Boden gegrabenen Löcher zu, schwang die Last auf seinen Rücken und entfernte sich, ein Vermögen mitnehmend, geräuschlos, wie er gekommen war. Der Hirte wußte nun, was der Böhm in seinem Rucksack hatte. Voller Freude berichtete er seinem Dienstherrn, dem Moosbauern, was er gesehen habe. Der Bauer war über die langgesuchte, doch nie entdeckte Goldader, die auf seinem Besitztum lag, und über den unermesslichen Reichtum, der ihm über Nacht in seinen Schoß gefallen war, so außer sich, ließ, statt Gott zu danken und den Armen zu spenden, ein Festgelage veranstalten, zu dem nur die großen Bauern und Herren der näheren und ferneren Umgebung geladen waren. Das Gelage dauerte acht Tage und kostete den Bauern schweres Geld. Um den armen kranken Hirten aber kümmerte sich niemand. Während auf dem Hofe die Trompeten schmetterten, die Gäste des Bauern volle acht Tage tanzten und aßen und tranken, was ihr Herz begehrte, hatte der Hirte nur das Stückchen Brot zum Verzehren, das ihm der Dienstherr täglich mitgab auf die Weide, einerlei, ob der Hirte satt wurde oder ob er hungerte.

Als der Bauer sich anschickte, die Goldader vom Moosbachl auszubeuten, war sie verschwunden. Dutzende von Bergleuten aus dem nahen Bodenmais, die wochenlang darnach suchten, konnten sie nicht finden, sie blieb verschwunden. Und auch das graue Männlein aus Böhmen wurde von dieser Zeit an nie mehr gesehen."

Der Ruf des Waldes

Während Bodenmais heute mit seinem Ruf als „der Familienurlaubsort" Touristen anzieht, waren es zu früheren Zeiten die Erze im Silberberg, die Menschen in den noch unbekannten Bayerischen Wald lockten. Entdeckt wurden diese Erze wahrscheinlich schon sehr bald, nachdem die Klöster im Donautal begonnen hatten, den Bayerischen Wald zu erschließen. In einer Urkunde des Klosters Metten von 853 wird der Bayerische Wald noch als *„eremus Nortwald"* (menschenleerer Nordwald) bezeichnet. Um ihn zu besiedeln, vergaben die adeligen Landesherren großzügig Land an die Klöster. Diese, wie das im Donautal gelegene Benediktinerkloster Niederaltaich oder das Kloster Niedernburg in Passau, wurden zu entscheidenden Trägern der frühen Kolonisierung des Waldes. Es siedelten sich sogar Bergleute aus Tirol an. Eine Erinnerung an diese Einwanderung lebt im häufigen Familiennamen „Haller" (aus der Stadt Hall im Inntal kommend) fort.

Etwa 13 Hektar groß ist das Seifenhügelareal beim Mooshof, das sich etwa 700 Meter lang von der Kötztinger Straße im Norden zur Staatsstraße 2132 im Süden erstreckt.

Da sich besonders viele Sagen um das Gold beim alten Bergbauort Bodenmais ranken, liegt es nahe, dass sich die ersten Siedler im ausgehenden Mittelalter nicht nur für das Silber, Blei und Eisen am Silberberg interessierten, sondern auch für mögliche Goldgehalte im Silberberg.

WÜNSCH DIR WAS!

Aber nicht nur in Sagen ergreift die Gier nach Gold Besitz von Menschen und bestimmt ihr gesamtes Denken und Handeln, sondern auch in Geschichten, die das Leben schreibt.

Obwohl die Ausgangslage für Goldfunde im Lamer Winkel wenig Erfolg versprechend war, verfiel der Einödbauer Michael Krieger vom Auhof am Hohen Bogen 1926 dem Goldfieber. Mit Unterstützung eines befreundeten Wünschelrutengängers, den er wohl bei seiner Tätigkeit als Brunnengräber kennengelernt hatte, begann er, in seiner Heimat nach Gold zu suchen (Obermüller 2013).

Der Wünschelrutengänger hatte 1926 im Arracher Gemeindegebiet eine Stelle ausgemacht, an der Gold zu finden sein sollte. Und so stellte Krieger im März dieses Jahres beim Bergamt einen Antrag auf Mutung eines Gebietes ein. Das Bergamt überprüfte den Antrag, dort Gold abbauen zu dürfen, mittels einer etwa 15 Kilogramm schweren Erzprobe, die auf Gold ausgewaschen wurde. Offensichtlich waren die Goldgehalte aber so gering, dass der Abbau in der sogenannten „Krieger-Grube" nicht weiter vorangetrieben wurde. Durch diesen Rückschlag war aber Kriegers Gier nach Gold nicht erloschen.

Bereits wenig später versuchte er sein Glück im Lamer Ortsbereich an der Bergkircherlhöhe am Nordwesthang des Ossers. Dem Wünschelrutengänger zufolge wartete in 16 Meter Tiefe eine „Goldader" darauf, gefunden zu werden. Aber auch in dem mit großer Energie abgeteuften Schacht war kein Gold zu finden. Selbst dadurch ließ sich Krieger nicht entmutigen. Zusammen mit seinem Sohn begann er 1932, nur etwa 50 Meter unterhalb des alten Schachtes einen weiteren Schacht bis auf mehr als zehn Meter abzuteufen. Allerdings hatte er in seinem Eifer keine Rücksicht darauf genommen, dass das Gebiet von Lam bereits durch den Bergbau der „Johanneszeche" und der „Fürstenzeche" bergrechtlich belegt war. So kam es zur Anzeige wegen illegalen Bergbaus und noch 1932 wurden die glücklosen Bergbauversuche des Michael Krieger eingestellt.

Rutengänger als Sucher von Erz- und Wasseradern sind seit Langem bekannt. Selbst in Zeiten exakter Untersuchungsmethoden finden sie in der Bevölkerung auch heute noch Anhänger. Darstellung von Bergleuten und Erzsuchern mit Wünschelrute in Agricolas „De re metallica" von 1556.

12 Grübenfeld in der Rannenau bei Zwiesel

Vieles spricht dafür, dass sich die heutige Glasstadt Zwiesel aus einem Goldsucherlager entwickelt hat. Mitten in der Stadt lag ein ausgedehntes Goldwaschfeld, dessen Halden Ende des 19. Jahrhunderts eingeebnet wurden. Im näheren Umkreis von Zwiesel sind noch heute sehr gut erhaltene Grübenfelder aus der Zeit der Goldsucher zu entdecken.

An der Deffernikstraße, etwa 200 Meter nordöstlich vom Wanderparkplatz „Weiße Brücke", befindet sich ein Grillplatz. Er liegt an einer der größten Hohlformen, die durch den Goldabbau entstanden sind.

DAS GEOTOP

Einer der wichtigsten Orte im Bayerischen Wald ist die Stadt Zwiesel, nicht zuletzt, weil sie an der Straße nach Bayerisch Eisenstein und damit an einem der Wege nach Böhmen liegt. Der Wahlspruch der Stadt „Fein Glas, gut Holz sind Zwiesels Stolz" lässt allerdings nicht erahnen, dass der Ursprung der heutigen Glasstadt wohl in einer Goldwäschersiedlung zu suchen ist.

Zwiesel liegt am Zusammenfluss von Kleinem und Großem Regen. Für die Goldsucher, die dem Schwarzen Regen – wie der Fluss nach dem Zusammenfluss heißt – flussaufwärts auf der Suche nach den primären Goldquellen folgten, stellte sich dies als Gabelung, also als „Zwiesel", der goldhöffigen Wasserläufe dar. In solchen Fällen untersuchte (probierte) man den Goldgehalt in beiden Zuflüssen und entschied dann, in welcher Richtung man weiter flussaufwärts gehen sollte. In Zwiesel sind beide Zuflüsse Gold führend, sodass sich die Wege der Goldsucher hier verzweigten. Dies könnte die Ursache dafür gewesen sein, hier eine Siedlung zu errichten.

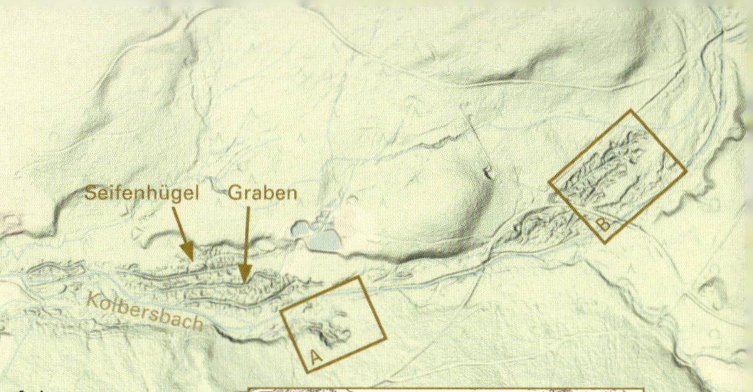

STANDORT	Landkreis Regen, Gemeinde Lindberg
KOORDINATEN	N 49°03,301′ E 013°17,437′
LAGERSTÄTTENTYP	alluviales Seifengold
ABBAUPERIODEN	14. bis 15. Jahrhundert
GOLDHERKUNFT	Das ursprüngliche Gold tritt wahrscheinlich primär fein verteilt in den Cordierit-Sillimanit-Gneisen auf. Da die Gneise tiefgründig verwittert sind, konnte das dabei herausgewitterte Gold über Bäche und Flüsse talwärts transportiert und angereichert werden.
GOLDMENGE	rund 4,3 Tonnen
SONSTIGES	Grillplatz mit öffentlicher Toilette. Die Grübenfelder sind als Bodendenkmal geschützt.

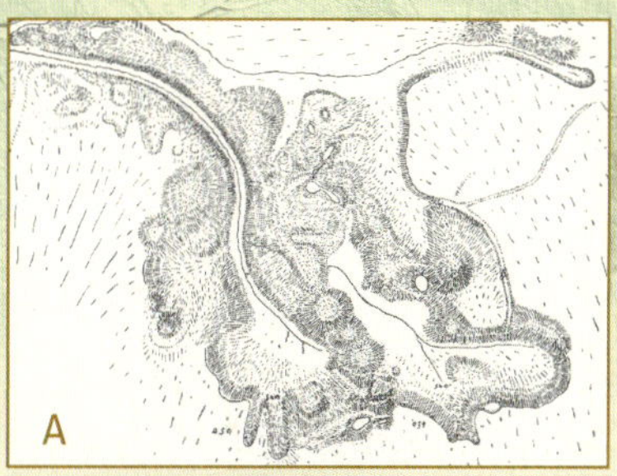

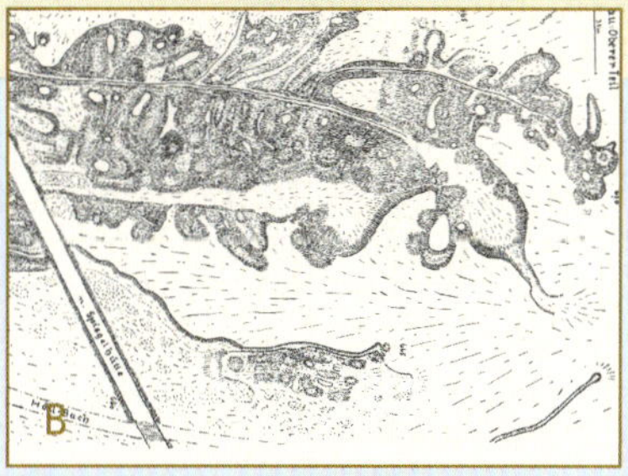

Das Grübenfeld in der Rannenau zeigt sehr gut erhaltene Abbauspuren und ist touristisch von der Nationalparkverwaltung erschlossen. Bemerkenswert ist die Beobachtungsgabe von Georg Priehäußer, der die Abbauspuren in den 1930er-Jahren ohne die heutigen Möglichkeiten der satellitengestützten Erfassungsmethoden in Zeichnungen dokumentierte (Priehäußer 1938). Diese sind nahezu identisch mit den modernen Geländemodellen.

NAVI	Parkplatz „Weiße Brücke“ an der Abzweigung der Deffernikstraße von der Spiegelhüttenstraße, 94227 Lindberg
WEGBESCHAFFENHEIT	leicht begehbarer Wanderweg; breiter geschotterter Fahrweg
WEGBESCHREIBUNG	Vom Parkplatz „Weiße Brücke“ auf den breiten Fahrweg der Deffernikstraße (Wanderwegmarkierung „Nationalpark Bayerischer Wald, schwarz auf weiß, Silberblatt“ bzw. „schwarz auf gelb, Forelle“). Rechter Hand im Wald bereits sehr bald das Gelände des Grübenfeldes. Nach etwa 200 m (bei der Informationstafel) rechts ab zum Grillplatz im Grübenfeld mit Wasserrinne und Seifenhügeln.
TIPP FÜR RADTOUREN	Der Radwanderweg 15408 „Naturpark Bayerischer Wald/Landkreis Regen, Wegenetz des Naturparks“ führt am Geotop vorbei.
TIPP	Waldmuseum Zwiesel, → Seite 112 Stadtpark Zwiesel → Seite 112

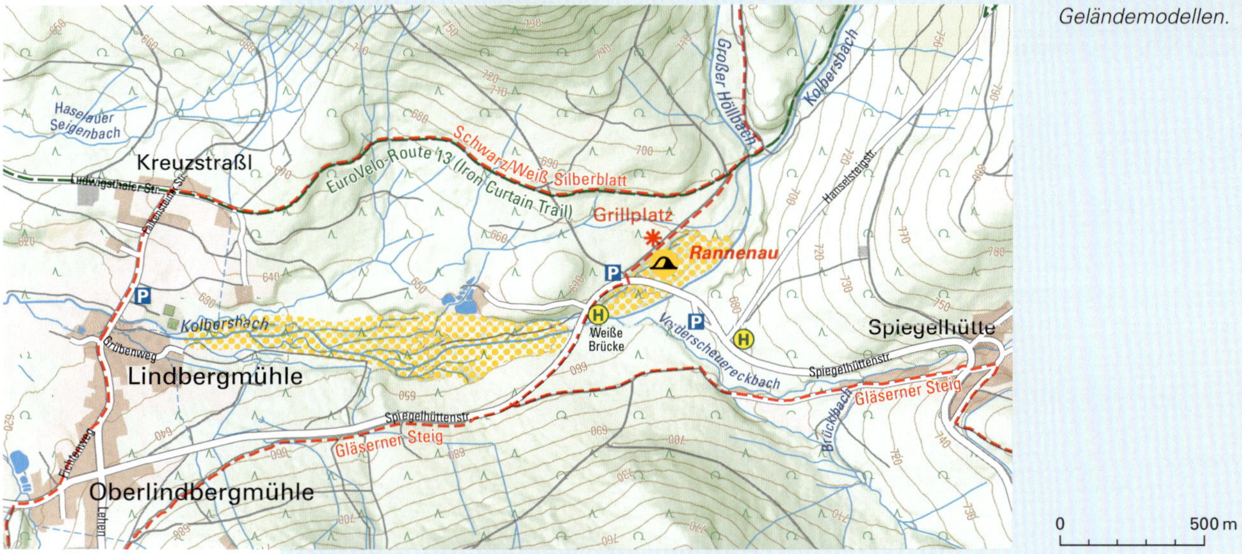

Links: Karte des heutigen Stadtparks von Zwiesel aus dem 19. Jahrhundert mit den Grüben und Grübenwiesen

Rechts: Das Grübenfeld in der Rannenau liegt im Nationalpark Bayerischer Wald. Eine Informationstafel erläutert die Goldgewinnung.

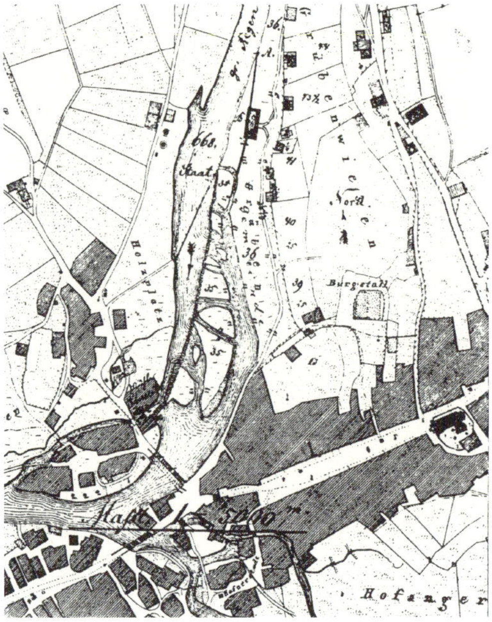

Grillen inmitten der Grüben

Rund um Zwiesel sind noch zahlreiche Goldabbauspuren erhalten. Von diesen hat das Grübenfeld in der Rannenau am Kolbersbach (Großer Höllbach) die am besten erhaltenen Seifenhügel. Bis zu einer Tiefe von fünf Metern haben hier die Goldwäscher den goldhaltigen Flussschotter abgegraben und gewaschen.

Vom Wanderparkplatz „Weiße Brücke" aus ist das im Nationalpark Bayerischer Wald liegende Grübenfeld leicht zu erreichen. Das alte Abbaugebiet beginnt bereits unmittelbar neben dem Parkplatz. Nach etwa 200 Metern auf der Deffernikstraße kommt man zu einer Informationstafel mit kurzen Erläuterungen zur Goldgewinnung in der Rannenau. In einer der größten Hohlformen, die der Goldabbau hier hinterlassen hat, liegt ein von der Nationalparkverwaltung eingerichteter Grillplatz, auf dem man sich beim Zubereiten von mitgebrachtem Grillgut so fühlen kann wie seinerzeit die Goldwäscher in ihrem Lager tief im ostbayerischen Urwald.

GOLDHERKUNFT

Durch Geländeerkundung, Auswertung von digitalen Geländemodellen und Literaturrecherche wurden im Gebiet zwischen Zwiesel und Bayerisch Eisenstein in den letzten Jahrzehnten mehr als 20 Grübenfelder identifiziert. Sie liegen fast alle nordöstlich von Zwiesel an den Abhängen des überwiegend aus einem Cordierit-Sillimanit-Gneis aufgebauten Falkensteinmassivs → *Geotop Nr. 8*.

Das Berggold tritt wahrscheinlich fein verteilt im Cordierit-Sillimanit-Gneis auf. Da dieser tiefgründig verwittert ist, konnten die freigelegten Goldkörnchen über Bäche und Flüsse talwärts transportiert und angereichert

Links: Filigranes Goldkorn aus dem eluvialen Goldvorkommen bei Schwellhäusl (REM-Aufnahme, Bildbreite: 0,28 Millimeter). Das Korn verrät durch seine zackig-feingliedrige Form, dass es nicht weit transportiert wurde. Die Probe deutet daher auf ein sehr nahe gelegenes primäres Goldvorkommen hin.

Rechts: Die starke Rundung und die glatten Kornoberflächen des Goldes aus dem Regenschotter sind bei sehr starker Vergrößerung gut zu erkennen (Goldkorn aus Schottern im Gewerbegebiet Fürhaupten/Zwiesel, REM-Aufnahme, Bildbreite: 0,5 Millimeter).

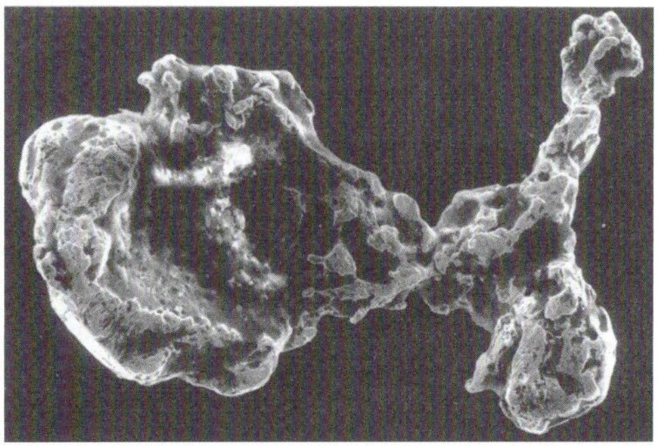

werden. Das lässt sich heute anhand der Form des gefundenen Goldes nachvollziehen: Ganz in der Nähe der primären Vererzung sind Goldkörner noch eckig und filigran, je weiter die Körner aber bachabwärts geschwemmt werden, desto runder werden sie. Wenn also ein Goldkorn zackig-feingliedrige Formen zeigt, dann kann es nicht über eine größere Distanz transportiert worden sein. Bei solchen Körnern dürfte das ursprüngliche Goldvorkommen deshalb in nächster Nähe des jeweiligen Fundortes liegen.

Viele der abgerundeten Goldkörner ähneln unter dem Mikroskop einem Schwamm. Die Ursache dafür ist, dass die Körner ursprünglich aus einer Verwachsung von Gold und Bismut bestanden. Das weniger verwitterungsbeständige Bismut wurde im Laufe der Zeit aus den Körnern herausgelöst, sodass heute nur noch ein „Goldschwamm" übrig ist → *Seite 10*.

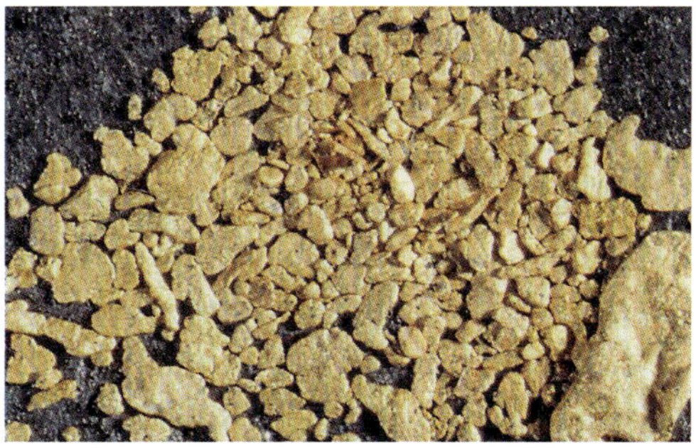

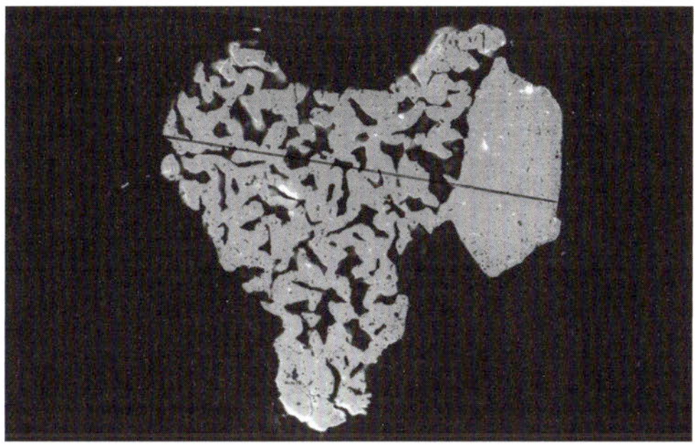

Oben: Das aus dem Großen Regen bei Zwiesel gewaschene Seifengold zeigt durch seine Plättung und Rundung deutliche Spuren des Flusstransports (Sammlung Gustl Steyer).

Mitte: Goldkorn (aus dem Kolbersbach) mit schwammartigem Aussehen. Das poröse Gefüge entsteht durch die Entmischung des Gold-Bismut-Minerals Maldonit zu gediegenem Gold, das erhalten bleibt, und gediegenem Bismut, das im Laufe der Zeit herausgelöst wird.

Unten: Geologische Karte: Das Gold um Zwiesel stammt aus dem Falkensteinmassiv, das aus einem Cordierit-Sillimanit-Gneis aufgebaut ist. Dieser Gneis ist stark verwittert, sodass der sandige Grus an den Berghängen nach unten rutschen konnte und in die Flüsse gelangte.

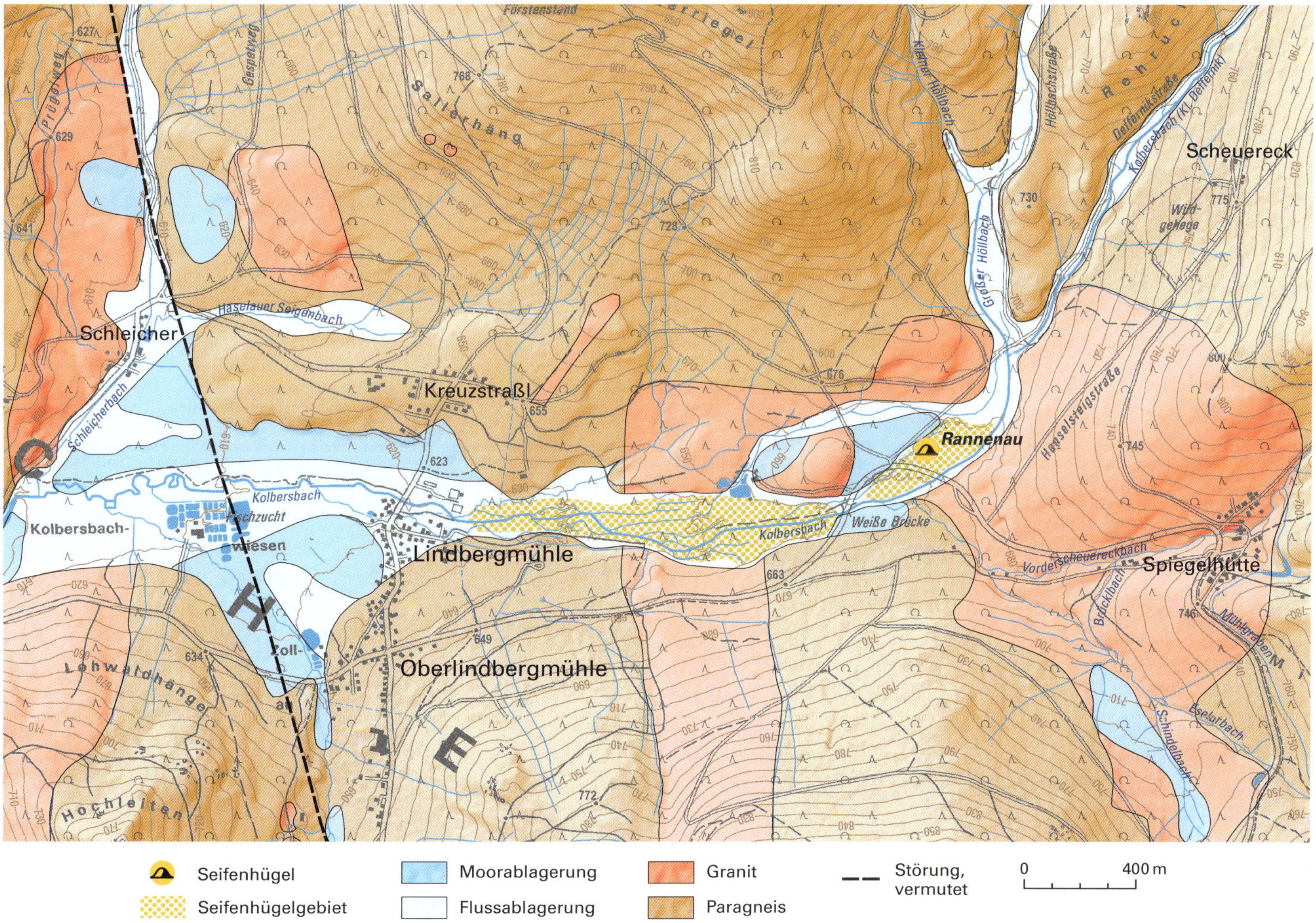

Georg Priehäußer war einer der Pioniere der geomorphologischen Erforschung des Bayerischen Waldes.

GEORG PRIEHÄUSSER – DER GEOPIONIER VOM BAYERISCHEN WALD

„Die im Raum Zwiesel verbreiteten eigentümlichen Geländeformen sind Toteislöcher und somit Spuren der Eiszeit." So lautete zusammengefasst der Erklärungsversuch des Lehrers und Forstbeamten Georg Priehäußer (1892–1974) für die Grübenfelder des Bayerischen Waldes. Dem naturkundlich sehr interessierten Priehäußer fielen entlang verschiedener Bäche im Hinteren Bayerischen Wald seltsame Hügel und abflusslose Senken auf.

Da diese Formen auffällig häufig an Bächen zu finden waren, die von den höheren Bergen wie Falkenstein oder Rachel herunterkamen, war Priehäußer der Meinung, dass sie aus der Eiszeit stammten. Auch wenn er es für wahrscheinlich hielt, dass in diesen Bereichen einst Goldsucher am Werk gewesen waren, schloss er die Entstehung dieser Hügel und Senken durch menschliche Tätigkeit doch kategorisch aus. Vielmehr waren seiner Ansicht nach in den Moränenablagerungen eingeschlossene kleine Eiskörper, sogenanntes Toteis, nach und nach geschmolzen. Das überdeckende Erdmaterial sei dabei eingesackt und habe Mulden gebildet, ähnlich den Seen in den Toteislöchern des Voralpengebiets.

Diese Deutung der „Gruben" im Wald erschien auch deshalb plausibel, weil es am Arber und am Rachel in Form von Moränenresten tatsächlich Zeugen einer eiszeitlichen Vergletscherung im Bayerischen Wald gibt. Durch lagerstättenkundliche Untersuchungen in den späteren Jahren konnten jedoch sämtliche Geländeformen, die Priehäußer als eiszeitlich interpretiert hatte, als Spuren der ehemaligen Goldgewinnung identifiziert werden (Kopp 1974, Martinek & Lehrberger 1996). So wurde zum Beispiel in Proben aus diesen Ablagerungen stets Gold nachgewiesen.

Priehäußers Leistung in der geowissenschaftlichen Erforschung des Bayerischen Waldes steht trotz dieser Fehlinterpretation außer Zweifel. Der ihm für seine Studien verliehene Ehrendoktortitel der Universität Erlangen würdigte seine langjährigen Arbeiten. Gute Beispiele für seine außergewöhnliche Beobachtungsgabe und die akribische zeichnerische Umsetzung dieser Beobachtungen sind seine Abbildungen der „Toteisbildungen" in den Forstabteilungen Rannenau und Gschwend (Priehäußer 1938). Nahezu jede Grube und jeder Hügel seiner Skizzen aus den 1930er-Jahren lässt sich in den modernen Geländemodellen wiederfinden, die auf der Basis von luftgestützten Laservermessungen 80 Jahre später möglich wurden → *Seite 107*.

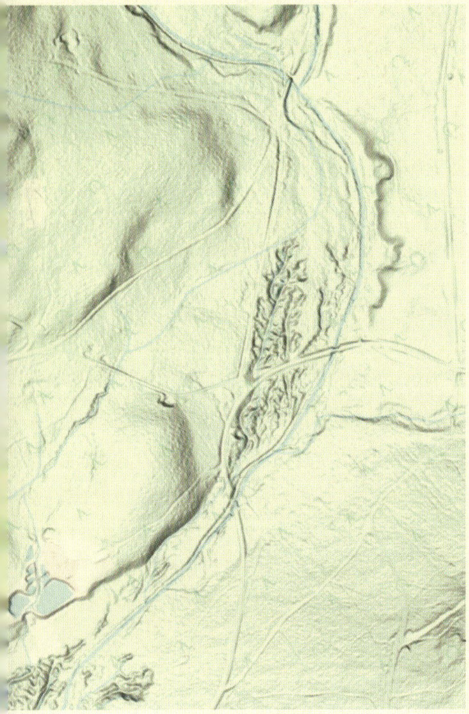

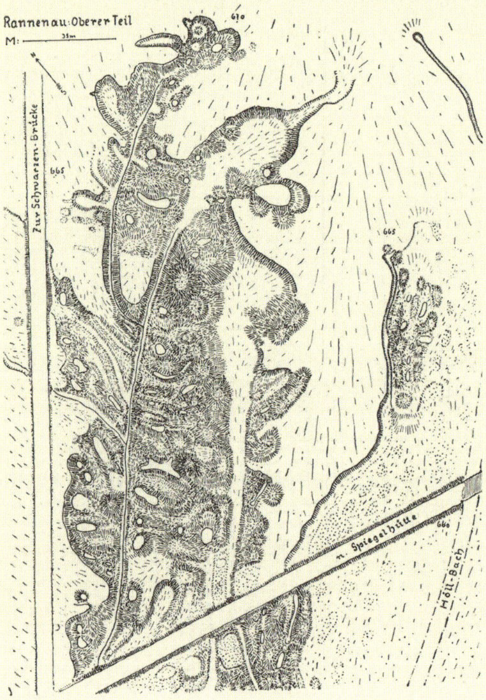

Fig. 2

DIE GAUNERGESCHICHTE VON DER „GOLDWIESE"

Zu Beginn des 20. Jahrhunderts wurde ein höchst fragwürdiges Kapitel der Goldgeschichte in der Nähe von Zwiesel aufgeschlagen: Wie man den Bergamtsakten im Bayerischen Hauptstaatsarchiv entnehmen kann, wurde dem Kaufmann und Ingenieur Heinrich Schmitz aus München 1911 das Bergrecht auf eine nach dem bayerischen Prinzregenten benannte „Luitpoldzeche" in einem Gebiet bei Lindbergmühle verliehen (Winkler 1996). Daraufhin wurde in einem Areal, das heute noch „Goldwiese" genannt wird, ein etwa 2,5 Meter tiefer, mit Hölzern ausgezimmerter Schacht gegraben. Bei einer Besichtigung durch das Bergamt am 8. August 1911 wurde eine Großprobe von 1,1 Tonnen Sand und Kies genommen.

Diese Probe wurde anschließend mit einer Waschrinne vorgewaschen und schließlich mit der Goldwaschpfanne stark konzentriert. Das Konzentrat nahmen die Bergbeamten mit nach München, um den Goldgehalt zu bestimmen. In die Bergamtsakten trugen sie später ein, dass *„die Wägung der ausgewaschenen Goldprobe im chem. Laboratorium der geognostischen Abteilung ergab: 1,83 g Gold ... Die übrige Gold-Fundprobe ist ... an die Sammlung der geol. Landesuntersuchung beim Oberbergamt übergeben worden (ca. 1½ g schwer) ... Die Differenz zu 1,83 g ist ... zur chemischen Untersuchung verbraucht worden."*

Die Goldprobe ist bis heute in der Gesteinssammlung des Bayerischen Landesamtes für Umwelt (LfU) erhalten. Im Licht heutiger Kenntnisse über die Goldvorkommen in Bayern und Böhmen weist sie erstaunliche Merkmale auf: Erstens ist die Korngröße des Goldes mit zwei bis fünf Millimetern für Bayern wie auch Böhmen untypisch. Zweitens liegt der Silbergehalt der Körner mit circa 18 Prozent deutlich höher als bei zahlreichen anderen Proben aus diesem Gebiet. Und drittens sind die darin enthaltenen Nuggets im Vergleich zu den sonstigen Goldkörnern im Kolbersbach deutlich stärker gerundet.

Nachdem an der korrekten Probennahme durch die Beamten des Oberbergamtes nicht zu zweifeln ist, drängt sich der Verdacht auf, dass der Bergrechtsinhaber Schmitz die Beamten durch Zugabe ortsfremder Goldkörner täuschte. Zweifel an der Schmitz'schen Seriosität und den von ihm angestoßenen Aktivitäten fördert auch der Umstand, dass er kurz nach der Verleihung des Bergrechts spurlos verschwand, sodass 1922 das Bergrecht wieder aufgehoben wurde.

Im Jahr 1932 wurde durch den Bergwerksbetrieb in Bodenmais hier nochmals ein drei Meter tiefer Schacht abgeteuft, wobei die Goldgehalte untersucht wurden. Die wenigen dabei gefundenen Goldkörner wiesen jedoch auch nur die „normale" Korngröße von ein bis zwei Millimetern auf (Seyfert 1978). Das ist ein zusätzliches Argument dafür, dass Schmitz die Goldgehalte im Gestein seiner Luitpoldzeche etwas „aufgehübscht" hatte.

2015 weckte ein Bericht in der „Passauer Neuen Presse" Erinnerungen an die Geschichte um Schmitz: Ein Hobbygoldsucher habe ein Nugget von fast 20 Gramm Gewicht in einem der Bäche um den Großen Falkenstein gefunden. Das Erscheinungsdatum des Presseartikels macht allerdings stutzig. Es war der 1.4.2015, also der „Erste April".

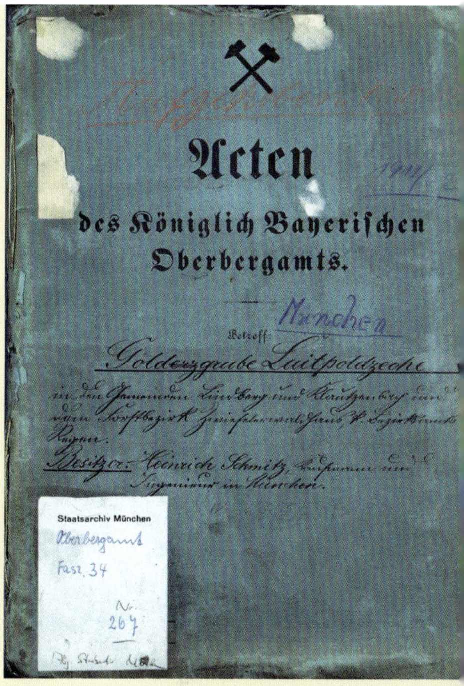

Aktendeckel der Unterlagen zur „Luitpoldzeche" im Bayerischen Hauptstaatsarchiv

Zweifelhafte Goldprobe von der „Luitpoldzeche" am Kolbersbach bei Lindbergmühle aus dem Jahr 1911

GOLDMENGE

Rund um den Großen Falkenstein sind bisher Grübenfelder mit einer Gesamtfläche von rund 80 Hektar bekannt. Dies entspricht etwa 112 Fußballfeldern! Davon ausgehend, dass die Goldwäscher Sand und Schotter durchschnittlich bis in eine Tiefe von zwei Metern abgegraben haben, ergibt sich die stattliche Menge von 1,6 Millionen Kubikmeter (circa 2,5 Millionen Tonnen) Sand und Kies, die in diesem Gebiet auf der Suche nach Gold durchwühlt worden ist.

Bei solchen Größenordnungen kommen einem die Bilder vom amerikanischen Goldrausch mit Tausenden von Männern auf der

Jagd nach dem Supernugget in den Sinn. Aber gemach, gemach: Ein Goldwäscher schaffte es üblicherweise, im Jahr 500 Kubikmeter Sand und Kies durchzuwaschen. Wenn man von einer 50 Jahre dauernden Goldsuche ausgeht, waren für diese gewaltigen Erdbewegungen gerade einmal 70 Goldgräber nötig. Einen durchschnittlichen Goldgehalt von zwei Gramm je Tonne Gestein vorausgesetzt, bedeutet dies, dass grob gemittelt rund 4,3 Tonnen Gold in einem Abbauzeitraum von 50 Jahren gewaschen wurden.

BERGBAUGESCHICHTE

Schriftliche Aufzeichnungen über den Zwieseler Goldabbau sind nicht bekannt. Der lang vergessene Goldbergbau spiegelt sich aber heute noch in den alten Flurnamen wider. So liefern die „Goldquelle" am Falkenstein und die „Grüben" am Kolbersbach (auch „Goldbergbach") sowie im Stadtpark von Zwiesel, aber auch die „Wolfsgruben" am Deffernikbach Hinweise auf die frühere Bergbautätigkeit. Oft werden diese durch die Existenz von Grübenfeldern an diesen Orten bestätigt.

Das Waldmuseum Zwiesel hat seinen Sitz in einem ehemaligen Schulgebäude oberhalb der weithin sichtbaren Kirche St. Nikolaus.

TIPP: WALDMUSEUM ZWIESEL

Das Waldmuseum Zwiesel ist in der ehemaligen Mädchenschule am Kirchplatz in Zwiesel untergebracht. Es zeigt auf 1.200 Quadratmetern eine moderne Ausstellung vor allem zu den Themen „Wald, Heimat und Glas".

Eine kleine Ausstellung widmet sich auch der Goldgewinnung im Raum Zwiesel. Neben Karten und Plänen der ehemaligen Goldabbaustellen ist auch eine nach Originalgrafiken aus dem 16. Jahrhundert rekonstruierte hölzerne Goldwaschrinne zu sehen. Besonderen Raum nimmt das Leben und Werk von Georg Priehäußer als wichtigem Zwieseler Natur- und Heimatforscher ein → *Seite 110*.

Waldmuseum Zwiesel, 94227 Zwiesel, Kirchplatz 3

Tel.: 09922 503706
waldmuseum.zwiesel.de

Das Waldmuseum ist täglich außer dienstags von 10 bis 16 Uhr geöffnet.

Im Areal der ehemaligen Grüben hat der Zwieseler Verschönerungsverein den heutigen Stadtpark angelegt.

TIPP: STADTPARK ZWIESEL

Franz Akstaller, ein eifriger Heimatforscher, schrieb 1870: *„Dieser Ort verdankt seine Entstehung den Goldwäschern, die sich einst da mit Goldsandreinigen beschäftigten und einige Hütten bauten. Noch jetzt gibt es kleine Sandhügel, welche als Ueberbleibsel von Goldwäschen erscheinen."*

Nach dem Lageplan aus dem Stadtarchiv Zwiesel war das Grübenfeld noch Ende des 19. Jahrhunderts 5.000 Quadratmeter groß. Dann wurde es vom Verschönerungsverein eingeebnet und zu einer grünen Oase umgewandelt, dem Stadtpark mit stattlichen Bäumen, Abenteuerspielplatz und Wassertretbecken für Kneipp-Freunde. Heute birgt der Park mit Teilen des 2003 angelegten Zwieseler Skulpturenwegs keinen Goldschatz mehr, sondern einen Kulturschatz.

Das Stadtparkareal wird noch heute als „Grüben" bezeichnet. Bis 1946 stand am Rande der „Grüben" sogar noch das „Goldwäscherhaus". Ein später errichtetes Gasthaus trägt bis heute den Namen „Zum Goldwäscher in den Grüben".

Grübenfeld am Rachelseebach 13

Der tiefschwarze, von Urwald umsäumte Rachelsee am Fuße des Großen Rachels fasziniert seit Jahrhunderten seine Besucherinnen und Besucher. Im See regt sich kaum Leben; aber der daraus hervorquellende Seebach führt Gold mit sich – der Grund für das größte Grübenfeld des Bayerischen Waldes.

Östlich der Grübenbrücke findet man im lichten Buchenmischwald zahllose trichterförmige Gruben. Diese Trichtergruben lassen vermuten, dass in diesem Abbaugebiet nicht nur die Oberfläche auf der Suche nach dem Gold umgegraben wurde, sondern auch in kleinen schachtartigen Gruben in der Tiefe nach Gold gesucht wurde.

DAS GEOTOP

Am südlichen Abhang des Rachelmassivs befinden sich ausgedehnte Spuren des ehemaligen Goldbergbaus. Unzählige trichterförmige Gruben wurden erst vor wenigen Jahrzehnten als Abbauspuren von Goldgräbern identifiziert. Sie liegen in einer Höhe zwischen 780 und 815 Metern in der großen Talweitung direkt am Südfuß des Rachelmassivs im Bereich der beiden Forstabteilungen „Grüben" und „Grübenau" (Bauberger 1977; Hauner 1980).

Fast alle Abbauspuren liegen am linken Ufer des Rachelseebachs in einem rund 1.000 Meter langen und durchschnittlich 200 Meter breiten Abbaufeld bis zur Einmündung des Hinteren Schachtenbachs. Das rechte Ufer des Rachelseebachs wird nur von einem schmalen Streifen mit Grüben und Halden begleitet. Mit einer erhaltenen Fläche von 20 Hektar ist das Abbaugebiet „Grüben" das größte zusammenhängende Goldabbaufeld des Bayerischen Waldes.

Als abbautechnische Besonderheit fällt vor allem im zentralen Bereich östlich der Grübenbrücke auf, dass es sich hier bei den Abbauspuren um sehr viele einzelne, rundliche

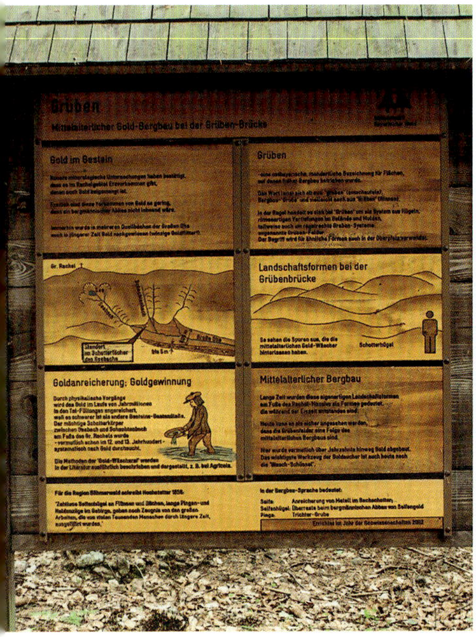

Oben: Das ausgedehnte Abbaugebiet in der Waldabteilung „Grüben" wird durch eine Informationstafel erläutert.

Rechts: Für die Holztrift wurde der Rachelseebach begradigt und das Wasser hinter „Schwellen" gesammelt. So konnten die Brennholzscheite in einem Schwall zur Glasmanufaktur Riedlhütte geflößt werden.

Vertiefungen handelt und weniger um unregelmäßige Gräben mit begleitenden Haldenzügen. Dies deutet darauf hin, dass hier möglicherweise in Form eines sogenannten Duckelbergbaus, also durch die Anlage einzelner kleiner Schächte, nach Gold gesucht wurde.

Südlich des Zusammenflusses von Rachelseebach und Hinterem Schachtenbach zur Großen Ohe in Höhe der Wetterstation am Taferlruck ziehen sich in der Rehau und im Filzwald zwei weitere Grübenfelder den Bachlauf entlang. Diese liegen aber innerhalb der engeren Schutzzone des Nationalparks und sind daher nicht zugänglich.

GOLDHERKUNFT

Woher das Gold entlang des Rachelseebachs und der Großen Ohe stammt, ist bis heute nicht bekannt. Da aber in der Gipfelregion des Rachelmassivs Cordierit-Sillimanit-Gneise auftreten, könnten diese die Goldquelle sein. Denn auch bei den Geotopen am „Güttingloch" → *Geotop Nr. 8* und in der Rannenau → *Geotop Nr. 12* stammt das Gold aus Cordierit-Sillimanit-Gneisen. Diese Gesteine sind in der Tertiärzeit tiefgründig verwittert und zerbröselt. Während der Eiszeiten hat der Rachelgletscher den mürben Schutt weiter zerkleinert und talwärts transportiert. Waren im Gneis, wie anzunehmen ist, kleine Goldkörner enthalten, so wurden sie dabei aus ihrer Ummantelung befreit und durch den Rachelseebach als Seifengold abgelagert.

GOLDMENGE

Die Gesamtfläche der bekannten Goldabbaufelder am Rachel beträgt etwa 38 Hektar. Ausgehend von der Annahme, dass die Goldwäscher Sand und Schotter durchschnittlich bis in eine Tiefe von zwei Metern abgegraben haben, wurden hier stattliche 760.000 Kubikmeter Gestein auf der Suche nach Gold durchwühlt. Vorausgesetzt, dass eine kräftige Person im Jahr 500 Kubikmeter Sand und Kies schaufeln, sieben und waschen kann, hätte diese dafür mehr als 1.500 Jahre gebraucht! Aber natürlich war nicht nur ein einzelner Goldsucher mutterseelenallein auf der Suche nach dem gelb glänzenden Material in

STANDORT	Landkreis Freyung-Grafenau, Gemeinde St. Oswald-Riedlhütte
KOORDINATEN	N 48° 56,959′ E 013° 24,603
LAGERSTÄTTENTYP	alluviales Seifengold
ABBAUPERIODEN	14. bis 15. Jahrhundert
GOLDHERKUNFT	Das Gold stammt aus den Cordierit-Sillimanit-Gneisen des Rachelmassivs, in denen auch geringmächtige Sulfidvererzungen vorkommen. In der Tertiärzeit war dieser Gneis tiefgründig verwittert. Der Verwitterungsschutt wurde in den Eiszeiten durch den Rachelgletscher talwärts transportiert und zerkleinert. Anschließend wurde er durch den Rachelseebach nochmals umgelagert. Das freigewitterte Gold reicherte sich im Bereich der heutigen Grübenfelder zu Seifenlagerstätten an.
GOLDMENGE	circa 2 Tonnen
SONSTIGES	Bodendenkmal

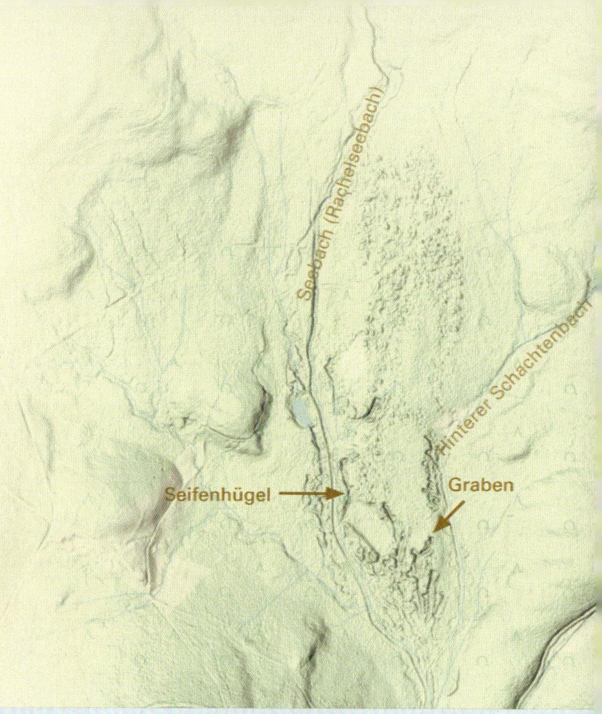

Östlich von Spiegelau liegt am Fuße des Rachels das ausgedehnte ehemalige Goldabbaugebiet zwischen dem Rachelseebach und dem Hinteren Schachtenbach.

NAVI	Racheldiensthütte, Sankt Oswald-Riedlhütte
WEGBESCHAFFENHEIT	niedriger Schwierigkeitsgrad

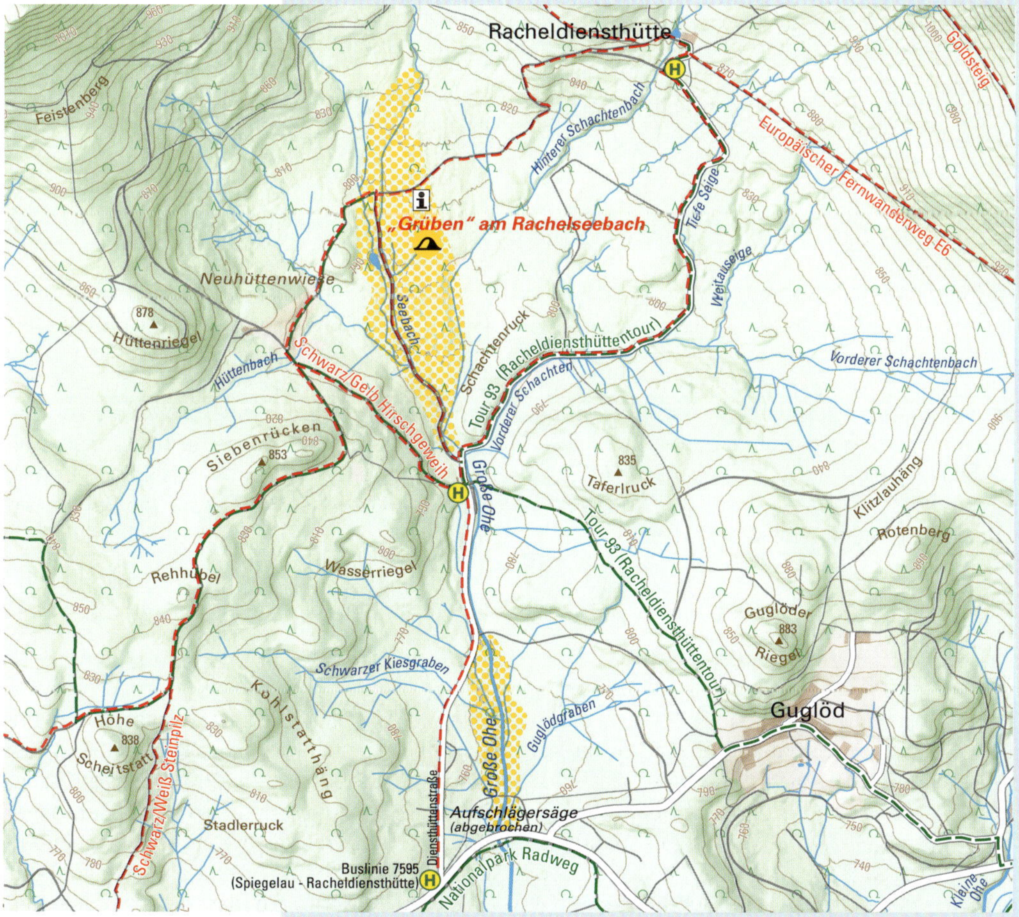

WEGBESCHREIBUNG

Parkplatz „Aufschlägersäge" am Beginn der Diensthüttenstraße (1.800 m bis zum Taferlruck, alternativ per Linienbus). Wanderweg zur Grübenbrücke („schwarz auf gelb, Hirschgeweih") entlang des linken Seebachufers nach Norden. Bereits nach wenigen Metern links neben dem Weg erste Waschhalden, ebenso am anderen Seebachufer. Nach etwa 1.300 m an der Grübenbrücke nach Osten (rechts) über den Seebach. Nach weiteren 200 m im nördlichen Bereich des großen Abbaugebietes Erläuterungstafel zum ehemaligen Goldabbau.

0 500 m

Seifenhügel und ehemalige Wassergräben säumen über weite Strecken den Weg vom Taferlruck bis zur Grübenbrücke.

den Urwäldern des Bayerischen Waldes unterwegs. So reichten bereits durchschnittlich 30 Goldwäscher über einen Zeitraum von 50 Jahren aus, um diese großen Flächen gründlich nach Gold zu durchsuchen und die Grübenfelder zu schaffen.

Das umgegrabene Volumen von 760.000 Kubikmetern entspricht dabei etwa 1,2 Millionen Tonnen Gestein. Bei einer Annahme von circa zwei Gramm Gold je Tonne Gestein sind in diesem Gebiet auf diese Weise wohl rund zwei Tonnen Gold erschürft worden.

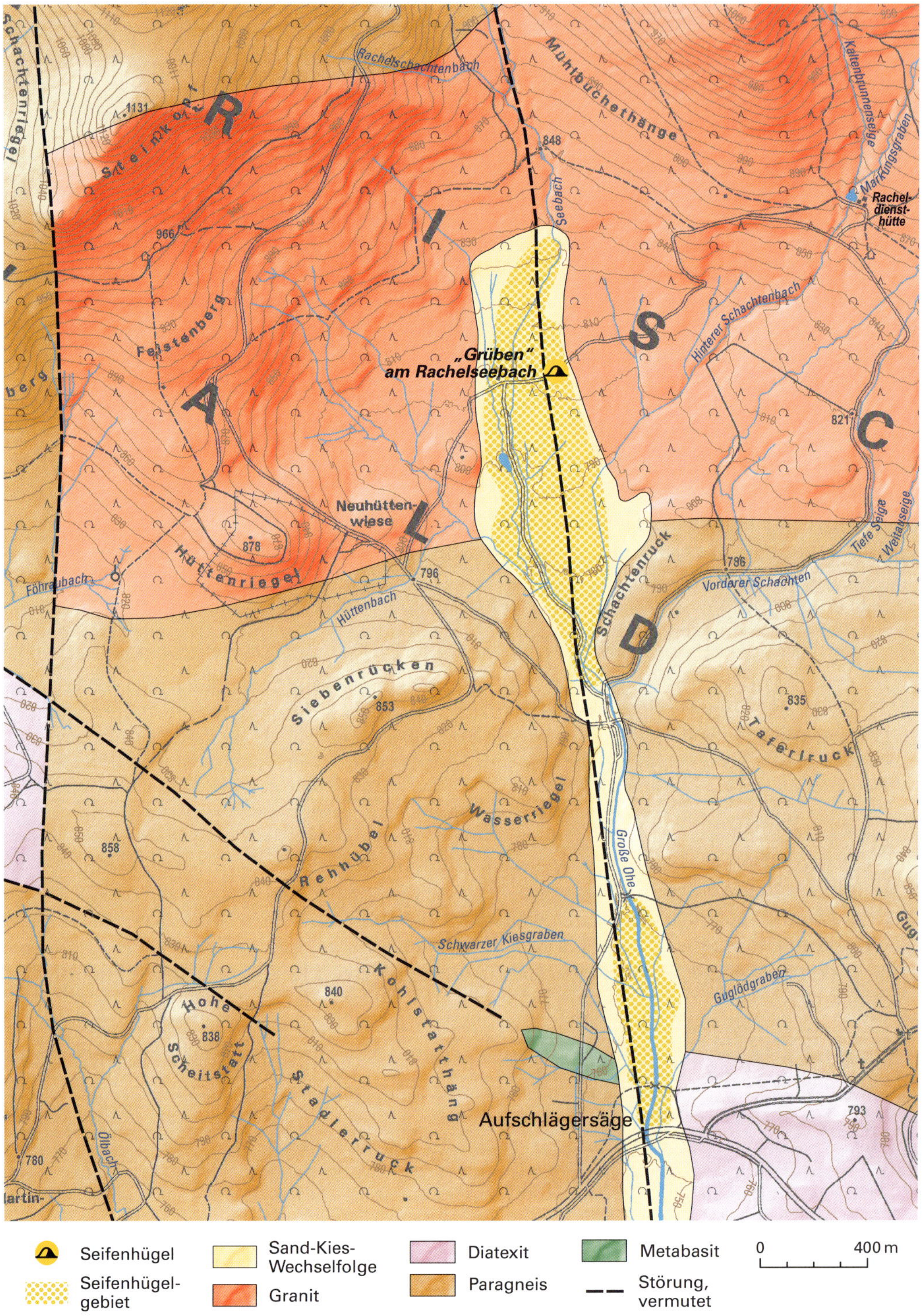

Geologische Situation und Abbauspuren der Goldgewinnung am Rachel und seinem südlichen Vorland

BERGBAUGESCHICHTE

Da archivalische Belege weitgehend fehlen, ist eine zeitliche Festlegung der Seifengoldgewinnung im Hinteren Bayerischen Wald relativ schwierig. Der Zeitraum lässt sich aber in etwa auf das Ende des 14. Jahrhunderts und den Anfang des 15. Jahrhunderts eingrenzen.

Das Rachelgebiet gehörte zwischen 1375 und 1438 zum Herrschaftsgebiet der geschäftstüchtigen Landgrafen von Bärnstein/Grafenau, die auch das Bergregal, also die Abbaurechte auf Bodenschätze, innehatten. Bis zu den Hussitenkriegen (1419–1436) bestanden daher wirtschaftlich günstige Voraussetzungen für die Goldwäscherei im Rachelvorland, das durch Saumpfade für damalige Verhältnisse gut erschlossen war. So waren es vermutlich auch Goldwäscher, die sich Ende des 14. bis Anfang des 15. Jahrhunderts als Erste im südlichen Rachelvorland ansiedelten. Denn die Errichtung von Glashüttengütern erfolgte mit der Gründung der Riedlhütte um 1450 erst deutlich später.

Möglicher Wohnort der Goldwäscher könnte die später vom Glashüttenstandort Guglöd genutzte Rodungsinsel „Vorderer Schachten" gewesen sein (Reiner et al. 1996). Denn bei einer Entfernung von nur ein bis zwei Kilometern zu den drei Goldseifenarealen „Grüben", „Rehau" und „Filzwald" ist sie dafür ideal gelegen.

Im Zusammenhang mit der Ansiedlung der Glashütten in diesem Gebiet ist es sehr wahrscheinlich, dass die Lockergesteine der Grübenfelder auch auf darin enthaltene Quarzbrocken, den Rohstoff für Glas, durchgearbeitet wurden. Die von den Goldwäschern aufgeschütteten Halden der Seifenhügel mit ihrem abgesiebten Grobmaterial waren sicherlich eine nahezu ideale Rohstoffquelle für die Glasmacher (Seyfert 1981). So arbeitete um 1739 nachweislich ein Georg Plötz drei Jahre lang im Auftrag des Glasmeisters der Riedlhütte das alte Grübenfeld auf der Suche nach Quarzgeröllen durch. Dabei veränderte er nicht nur das Erscheinungsbild des Grübenfeldes, indem er ehemalige Wasserrinnen mit lockerem Hügelmaterial zuschüttete (Bauberger 1977), sondern er fand auch noch Goldkörner im Sand der alten Halden.

Knapp 1,4 Kilometer ostnordöstlich der „Grüben" liegt die Racheldiensthütte. Das idyllisch an einem Stauweiher gelegene Anwesen lädt zur entspannten Rast ein, auch wenn der Hüttenbetrieb wegen Renovierungsarbeiten zurzeit ruht (Stand Mai 2017).

TIPP: UNTERWEGS AUF DEN SPUREN DER GOLDWÄSCHER

Jedes Jahr im Sommer wird die Vergangenheit auf dem Goldwaschplatz bei Sankt Oswald-Riedlhütte am Flüsschen Große Ohe wieder lebendig: Umgeben von historischen Seifenhügeln werden Groß und Klein unter Anleitung zu Goldwäscherinnen und Goldwäschern ausgebildet. Die Waschschüssel kann man sich ausleihen, das Glück muss man selbst mitbringen.

Der historischen Vorbildern nachempfundene Goldwaschplatz ist ein Teil des 17 Kilometer langen Themenwanderweges „Besiedelungsgeschichte", der in interessanter Weise auf Deutsch und Tschechisch über die Entstehung der Nationalparkgemeinde Sankt Oswald-Riedlhütte informiert. Von Mai bis Oktober ist der Platz Ziel der geführten Wanderung „Auf den Spuren der Goldwäscher". Nach der etwa zwei Stunden dauernden Führung erhalten die Teilnehmerinnen und Teilnehmer ein Goldwäscherdiplom.

Anmeldung und weitere Informationen unter
Tel. 0700 00776655 oder 08553 6083
www.sankt-oswald-riedlhuette.com/tourismus/goldwaschen.html

Ein besonderes Erlebnis für die ganze Familie ist die geführte Wanderung zum Goldwaschplatz bei Riedlhütte. Neben Wissenswertem zum Goldabbau vermittelt dieser Ausflug auch ganz besondere Einblicke in die Welt der Goldwäscher. Auch wenn man selbst kein Glück beim Goldwaschen haben sollte, erhält man am Ende der Führung ein Goldwäscherdiplom.

14 Grübenfeld bei Eppendorf nahe Tittling

Der bekannteste und wichtigste Bodenschatz aus dem Raum Tittling ist sicher der Tittlinger Granit. Es gibt aber auch Verbindungen zum Gold: In den Schottern östlich des Ortes wurde das bisher größte Nugget ganz Bayerns gefunden.

Das im Wald gelegene Grübenfeld östlich von Tittling bei Eppendorf ist teilweise sehr gut erhalten.

DAS GEOTOP

In einem kleinen Waldstück nördlich der Ortschaft Eppendorf liegt ein bedeutendes ehemaliges Bergbaugebiet. Das im Wald gelegene Grübenfeld ist auf einer Fläche von etwa 300 mal 150 Metern teilweise sehr gut erhalten. Die Seifenhügel erreichen eine Höhe von bis zu fünf Metern. Auf diesem Gebiet wurde vermutlich bis zum Dreißigjährigen Krieg das dort vorkommende sandige Material in Waschvorrichtungen gewaschen, also die schweren Goldkörnchen wurden vom Sand getrennt. Der überschüssige Sand ließ die Seifenhügel entstehen. Für das Waschen wurde hier nicht der nahe Langwiesenbach, sondern das hoch stehende Grundwasser verwendet.

Damit das historische Goldvorkommen in Teilen der Gemeinde Witzmannsberg und des Marktes Tittling nicht in Vergessenheit gerät, haben die Kommunen im Jahr 2000 einen zwölf Kilometer langen Goldwanderweg ausgewiesen. Von der Schrottenbaummühle an der Ilz ausgehend, führt der Weg zu den Seifenhügeln im Eppendorfer Wald.

STANDORT	Landkreis Passau, Gemeinde Witzmannsberg, Eppendorf
KOORDINATEN	N 48° 43,888′ E 013° 24,858′
LAGERSTÄTTENTYP	alluviales Seifengold in Paläoseife
ABBAUPERIODEN	Ende vermutlich vor dem 17. Jahrhundert
GOLDHERKUNFT	Das Gold kommt in tertiärzeitlichen Schottern der Ur-Ilz vor. Herkunftsgebiet kann das Gebiet um den Rachel im Hinteren Bayerischen Wald sein. Dort existiert Gold in Cordierit-Sillimanit-Gneisen.
GOLDMENGE	nicht ermittelbar
SONSTIGES	Bodendenkmal

Nördlich von Eppendorf sind im Wald westlich der Teiche der Kläranlage die alten Goldabbauspuren im digitalen Geländemodell deutlich zu sehen.

NAVI	94104 Rappenhof
WEGBESCHAFFENHEIT	niedriger Schwierigkeitsgrad
WEGBESCHREIBUNG	Von Rappenhof die Straße Richtung Tittling, nach dem Ort die Brücke über den Rappenhofer Bach, dann nach links 250 m entlang des Feldwegs. Geradeaus in den Wald und nach etwa 220 m zum Geotop mit der Beschilderung des Goldwanderwegs „Seifenhügel" und „historische Goldwaschstätte".
TIPP FÜR WANDERUNGEN	Ein etwa 12 km langer Rundwanderweg führt zu den historischen Goldvorkommen in Teilen der Gemeinde Witzmannsberg und des Marktes Tittling. Von der Schrottenbaummühle ausgehend, führt der Weg zu den „Seifenhügeln" im Eppendorfer Wald.
TIPP	Hundinger Goldgräberfest → Seite 122
INFOS UND KARTEN	www.tittling.de/index.php/tourismus-freizeit/wandern/goldwanderweg

Die historischen Seifenhügel bei Eppendorf sind in den Goldwanderweg eingebunden.

GOLDHERKUNFT

Bei einer Prospektion der ehemaligen Firma Preussag AG in den 1980er-Jahren wurde in der Umgebung von Tittling in zahlreichen Bächen Freigold nachgewiesen (Koch et al. 1997). Das Gold wurde genau in jenem Gebiet gefunden, in dem im Tertiär durch die urzeitliche Ilz Sande und Schotter abgelagert wurden. Die Ilz floss in den Zeiten des Tertiärs anders als heute. Ihr altes Flussbett schlängelte sich von Kothingrub nach Eppendorf und hinterließ in der Tertiärzeit sandige Ablagerungen, die ursprünglich aus den höheren Lagen des bayerisch-böhmischen Grenzgebirgskammes stammten. Dort kommt in den Cordierit-Sillimanit-Gneisen Gold vor *→ Geotope Nr. 8 und Nr. 13*. Auch ein seltenes Begleitmineral im Schwermineralkonzentrat, nämlich das Calcium-Wolfram-Erz Scheelit, weist auf die Herkunft aus dem Böhmerwald hin. Scheelit kommt beispielsweise bei der tschechischen Stadt Kašperské Hory (Bergreichenstein) als Gold-Scheelit-Vererzung vor. Es handelt sich somit, wie an anderen Stellen im Grundgebirge, um eine Paläoseife.

Typisch für das Eppendorfer Gold ist, dass in den tertiären Schottern sowohl sehr kleine als auch ungewöhnlich große Goldkörner vorkommen. Dem Sammler Gustl Steyer ist es hier gelungen, das bisher größte Nugget Bayerns zu finden. Es hat einen Durchmesser von über einem Zentimeter.

Goldnugget auf Goldsand. In den Goldanreicherungen im tertiären Schotter kommen sowohl sehr kleine als auch ungewöhnlich große Goldkörner vor.

In den Schottern östlich von Tittling hat der Sammler Gustl Steyer das mit einem Durchmesser von über einem Zentimeter bisher größte Nugget in Bayern gefunden.

GOLDMENGE

Eine fundierte Schätzung der im Raum Tittling gewonnenen Menge Gold ist aufgrund fehlender Quellen nicht möglich.

BERGBAUGESCHICHTE

Über die Geschichte der Goldgewinnung im Raum Tittling weiß man nur wenig, da keine schriftlichen Überlieferungen bekannt sind. Es ist anzunehmen, dass hier schon vor dem Dreißigjährigen Krieg, also im 16. Jahrhundert und früher, nach Gold gesucht wurde.

DER ERSTE GOLDDUKATEN AUS GOLD DES BAYERISCHEN WALDES

Als der Goldsammler Gustl Steyer aus Wendelstein genügend Gold aus dem Bayerischen Wald gewaschen hatte, kam er auf die Idee, nach dem Vorbild anderer Goldwäscher einen Dukaten aus dem eigenen Waschgold herzustellen.

Den Entwurf für die Prägung fertigte Steyer selbst an. Die Rückseite der Medaille zeigt zwei Goldwäscher am Großen Regen vor den bewaldeten Bergrücken nördlich von Zwiesel im Bayerischen Wald. Von dem Dukaten existieren lediglich drei Exemplare. Sie bestehen jeweils zu einem Drittel aus Gold aus dem Großen Regen bei Zwiesel und zu zwei Dritteln aus einem ehemaligen Kiesabbau bei Tittling.

Ein echter Golddukaten aus dem Bayerischen Wald. Die Medaille wurde aus selbst gewaschenem Gold aus dem Raum Tittling und aus dem Regen bei Zwiesel von Sammler Gustl Steyer geprägt.

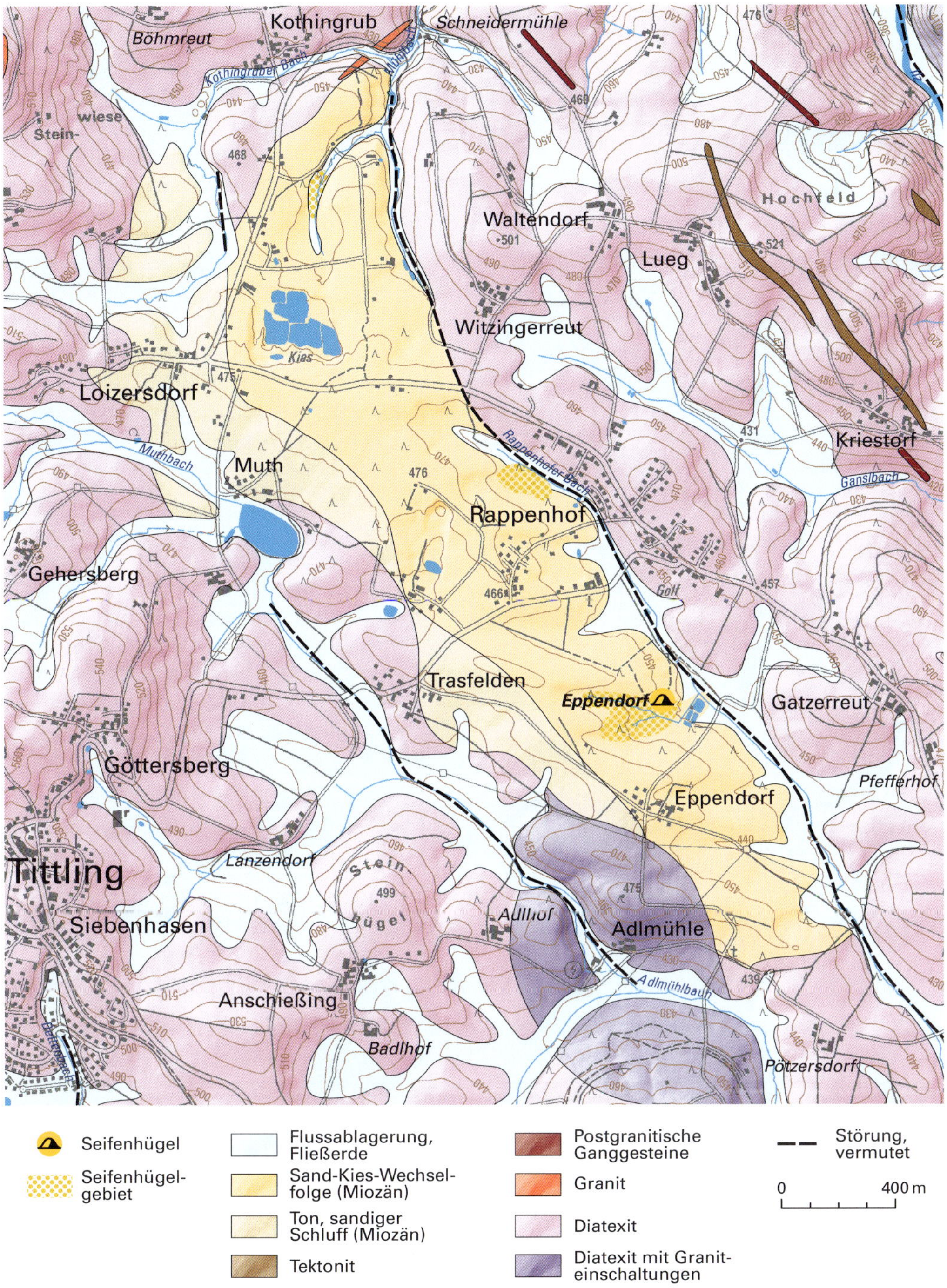

Geologische Karte des Gebietes östlich von Tittling mit den Tertiärsedimenten (gelb) bei Eppendorf und den Goldabbauspuren.

In der etwa 19 Kilometer nordwestlich von Tittling entfernten Ortschaft Hunding begegnet man dem Gold an vielen Stellen: Es gibt dort die „Goldbergstraße" und das Gasthaus „Zum Goldberg". Die lokal bekannte „Mountain-String-Band" hat sich zu dem Song „Hunding, unser Goldgräberdorf" inspirieren lassen. Und alle zwei Jahre verwandelt sich die Gemeinde Ende August für einige Tage zum Mekka für Goldgräber, Cowboys und Freizeitreiter. Das Fest soll an die eigene Bergbaugeschichte erinnern, die sogar im Hundinger Gemeindewappen mit den Bergbausymbolen Schlägel und Eisen verewigt ist. Merkwürdig ist: In Hunding gibt und gab es nie Gold!

Groß und Klein können beim Goldwaschen ihr Glück versuchen.

HUNDING – DAS GOLDGRÄBERDORF OHNE GOLD

Goldene Zeiten sollten in Hunding anbrechen, als den Investoren Gustav von Moisy aus Berlin und Ernst Wunibald von Voithenberg aus Passau 1882 die Bergbaurechte in einem großen Gebiet des Lallinger Winkels verliehen wurden. Der Nationalökonom Moisy und der Ingenieur von Voithenberg erwarben damit das Recht, in der Umgebung von Hunding Blei, Zink und Silbererze abzubauen. Sie setzten große Hoffnung auf den alten Blei- und Silberbergbau, den über hundert Jahre vorher Bayerns oberster Geologe Mathias von Flurl 1787 ausführlich beschrieben hatte. Flurls Stollenplan gilt als die bislang einzige Dokumentation des Bergwerkes von Hunding.

GLÜCKSRITTER OHNE GLÜCK

Die beiden Glücksritter hatten vor ihrem Investment weder geologische Erkundungen gemacht noch einen Geologen hinzugezogen. Sie spekulierten offensichtlich auf ein Berggoldvorkommen, denn die Verleihungsurkunde des Bergwerkseigentums „Gottessegen" vom 20. Dezember 1882 war nur für Berggold ausgestellt, nicht einmal zusätzlich für Seifengold (Schröck & Weber 2015).

Die Ernüchterung kam postwendend: Wie das königliche Bezirksamt dem Oberbergamt berichtete, lieferte die „Augenscheinnahme" in Hunding keinerlei Hinweise auf Gold. Die geochemischen Analysen, die anschließend am königlichen Hauptmünzamt in München, im sächsischen Freiberg und an der Preußischen Staatsmünze in Auftrag gegeben wurden, blieben ohne nennenswerten Nachweis.

Zur Abbautätigkeit kam es nicht, wie Archivunterlagen zeigen: 1897 wurde die Firma „Niederbayerische Gold- und Silberfundlager" aufgefordert, den seit neun Jahren stillliegenden Bergbaubetrieb wieder aufzunehmen, anderenfalls würden die Bergrechte verfallen. 1898 wurden die Zechen schließlich versteigert.

Oben: Grünbleierz aus dem Bergwerk Hunding (Bildbreite: circa 2 Zentimeter)

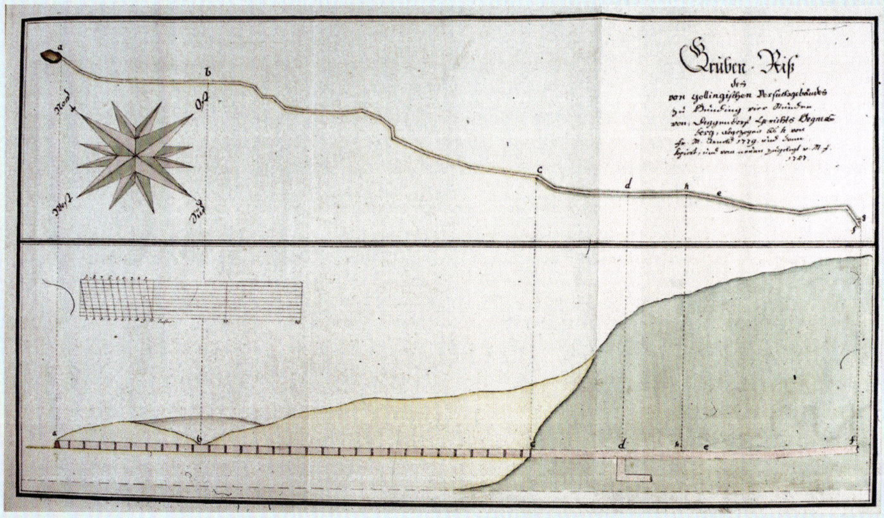

Rechts: Grubenplan des Blei- und Silberbergwerkes von Hunding aus einem Bericht von Mathias von Flurl im Jahr 1787

Trichtergruben und Grübenfeld bei Eisenbernreut

15

Das Goldvorkommen bei Eisenbernreut ist in doppelter Hinsicht etwas Besonderes: Erst 1996 hat man die Abbauspuren am Eisenbernreuter Bach überhaupt entdeckt. Wie sich dann herausstellte, kommt das dortige Gold nicht – wie meist der Fall – von weit her, sondern direkt aus dem Gestein im Untergrund.

Seifenhügel im östlichen Teil des Waldes entlang des Eisenbernreuter Bachs

DAS GEOTOP

Im Sommer 1996 gelang den Hobbygeologen Paul Freund, Elmar Hartl und Anton Lenz eine kleine Sensation. Sie stießen in einem Waldgebiet nordwestlich von Eisenbernreut auf bis zu vier Meter tiefe Gruben, die sie sofort richtig deuteten: als Relikte des ehemaligen Goldabbaus. Ihre Annahme wurde durch geologisch-lagerstättenkundliche Arbeiten an der Technischen Universität München bestätigt (Koch et al. 1997; Koch 1998).

Das Grübenfeld im Wald hat eine Grundfläche von ungefähr 500 mal 300 Metern und erstreckt sich bis ans westliche Ufer des Eisenbernreuter Bachs. Es wird von Seifenhügeln gesäumt. Die Abbauspuren sind sehr gut erhalten. Auch auf der Wiese am östlichen Ufer des Eisenbernreuter Bachs gab es wohl früher einen Goldabbau. Diesen Schluss lässt jedenfalls der unruhige, wellige Untergrund des Geländes zu.

Die Trichtergruben haben einen Durchmesser von zwei bis zehn Metern und sind bis zu vier Meter tief. Der typische Wall um die Gruben herum, der eigentlich durch das

Östlich des Eisenbernreuter Bachs wurden die Seifenhügel durch landwirtschaftliche Nutzung eingeebnet (linke Bildhälfte, schneebedeckte Wiese).

Ausgraben entsteht, fehlt. Wahrscheinlich ist das ausgehobene Material zum Auswaschen an den Bachlauf transportiert worden. Die Gruben reichen heute häufig bis zum Wasserspiegel im Talboden. Die darin entstandenen Sümpfe verhindern die Bestimmung der ursprünglichen Tiefe. Richtung Norden gehen die Trichtergrubenfelder in eine ebene Sumpflandschaft über, die auf das Abbauen goldhaltigen Gesteins zurückgeht. Sedimentproben aus diesem Bereich bestätigten die Goldvorkommen.

Im Nordteil des Grübenfeldes, etwas westlich des Zusammenflusses von Niederperlesreuter und Eisenbernreuter Bach, gibt es zahlreiche kleine „Trockentäler" im Waldboden. Wahrscheinlich handelt es sich dabei um ehemalige Wasserkanäle für das Goldwaschen. Im Westteil des Waldstücks finden sich nur vereinzelt Trichtergruben. Hierbei handelt es sich wahrscheinlich um Überbleibsel bergmännischer Prospektionsarbeiten, die nicht zum gewünschten Erfolg – dem Fund von Gold – geführt hatten.

TIPP: EXKURSION ZUM GOLDWASCHEN

„Steinreich im Bayerischen Wald" – auf den Spuren der Goldwäscher

Unter diesem Titel kann man bei der Tourismus-Informationsstelle der Gemeinde Perlesreut einen erlebnisreichen Ausflug für die ganze Familie buchen. An jedem Montag im Juli und August findet eine kleine Expedition zum Goldwaschen an den Eisenbernreuter Bach und zu den Spuren des historischen Goldbergbaus statt.

An dem kleinen Bächlein am Waldrand wird mit den Waschschüsseln nach Gold gesucht. Auf den Sandbänken im Bach sitzend kann man das feinkörnige Gold neben Granat und dunklem Ilmenit im Sand finden. Die Teilnehmerinnen und Teilnehmer der Tour bekommen ein Goldwäscherzertifikat.

Der Goldwaschplatz am Eisenbernreuter Bach liegt idyllisch und jeder Teilnehmer kann beim Goldwaschen sein Glück versuchen.

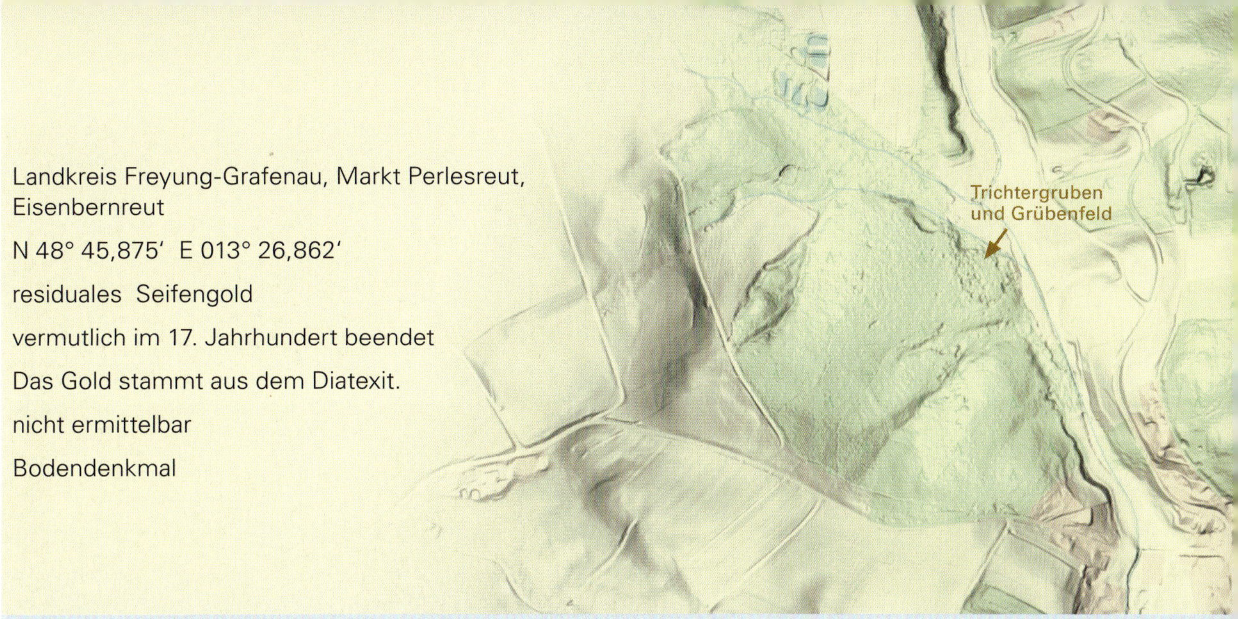

STANDORT	Landkreis Freyung-Grafenau, Markt Perlesreut, Eisenbernreut
KOORDINATEN	N 48° 45,875′ E 013° 26,862′
LAGERSTÄTTENTYP	residuales Seifengold
ABBAUPERIODEN	vermutlich im 17. Jahrhundert beendet
GOLDHERKUNFT	Das Gold stammt aus dem Diatexit.
GOLDMENGE	nicht ermittelbar
SONSTIGES	Bodendenkmal

Im digitalen Geländemodell sind die Goldabbauspuren im Wald nordwestlich von Eisenbernreut deutlich zu erkennen.

NAVI	94157 Eisenbernreut
WEGBESCHAFFENHEIT	niedriger bis mittlerer Schwierigkeitsgrad
WEGBESCHREIBUNG	Von Eisenbernreut die Straße nach Westen Richtung Hirtreut und etwa 500 m nach dem Ortsende rechts auf den befestigten Feldweg zum Waldrand. Am Waldrand nach rechts, nach etwa 10 m links in den Wald auf einen nicht ausgebauten Waldweg. Danach weiter auf diesem Weg hangabwärts noch ungefähr 400 m zum Geotop mit den Goldabbauspuren.
TIPP	Exkursion zum Goldwaschen → *Seite 124*
INFORMATIONEN	Tourist-Information Perlesreut (Tel.: 08555/9619-10) www.perlesreut.de/freizeit-tourismus/aktivitaeten/goldwaschen.html

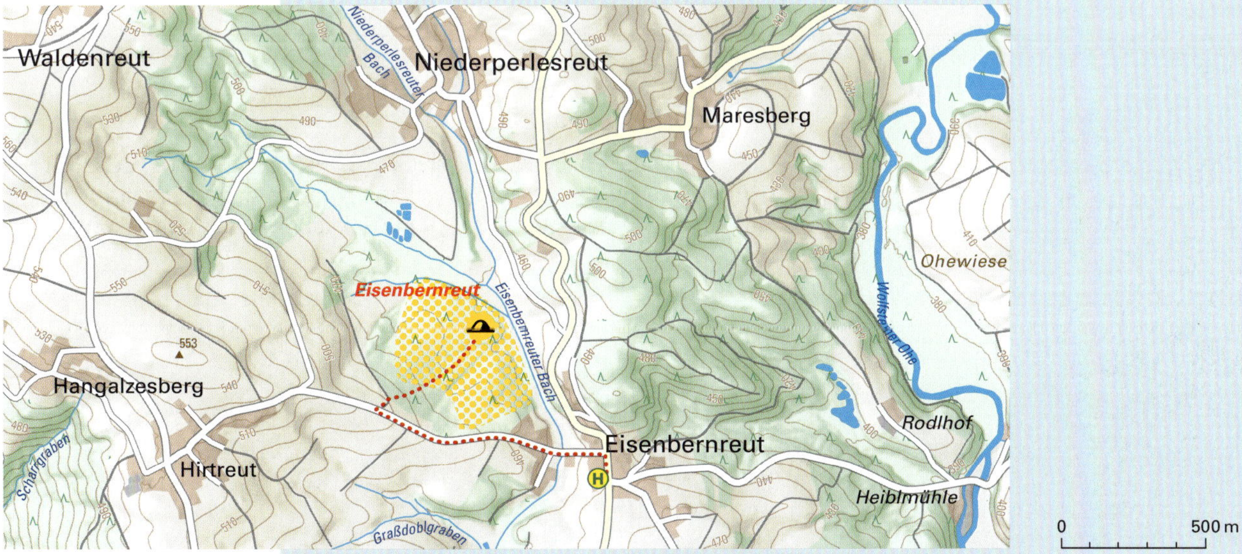

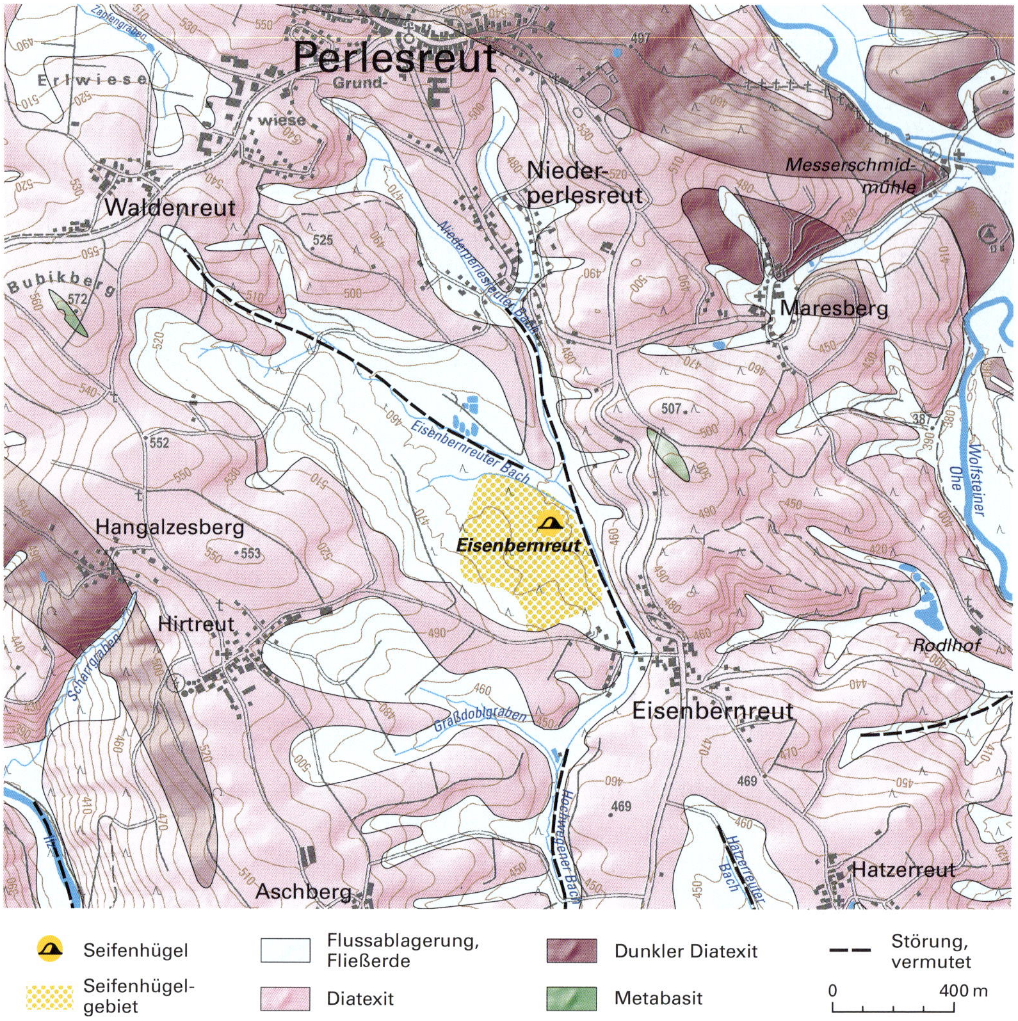

Geologische Karte des Gebietes zwischen Perlesreut und Eisenbernreut mit der Lage der Abbauspuren (Trichtergruben und Grübenfeld) westlich des Eisenbernreuter Bachs

GOLDHERKUNFT

Das Gold von Eisenbernreut kommt in Gesteinen des Moldanubikums vor, die als Diatexite bezeichnet werden. Allerdings ist der Gesteinsaufbau im Untergrund kaum zu entschlüsseln, weil es keine Festgesteine an der Oberfläche und auch keine Steinbrüche in der Gegend gibt. Alles ist tiefgründig verwittert und zu Sand zerfallen.

Aus der geologischen Karte wird jedoch ersichtlich, dass in der weiteren Umgebung die Gesteine unter dieser Verwitterungszone helle Diatexite sind. Die Abbauspuren zeichnen im westlichen Bereich eine rund 30 Meter breite und in Nordnordwest-Richtung verlaufende Struktur nach. Vermutlich spiegelt sich hier eine Vererzungszone mit Gold im Diatexit wider, entlang derer die Goldschürfer fündig wurden.

Die bei Eisenbernreut gefundenen Goldkörner sind ganz eckig und zeigen sogar noch glatte Kristallflächen, von Abrundung gibt es keine Spur. Dies ist ein klares Indiz dafür, dass die Körner praktisch nicht transportiert worden sind, sondern aus der Verwitterungszone unmittelbar oberhalb der ursprünglichen Vererzung stammen. Es handelt sich also um residuales Seifengold. Das Goldvorkommen bei Eisenbernreut ist eines der wenigen von residualem Seifengold in Bayern.

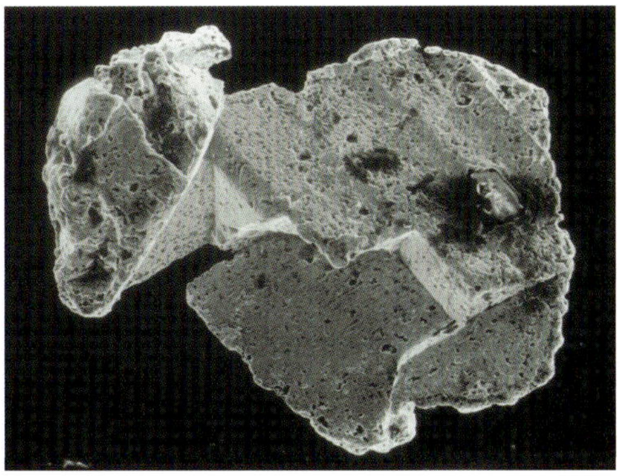

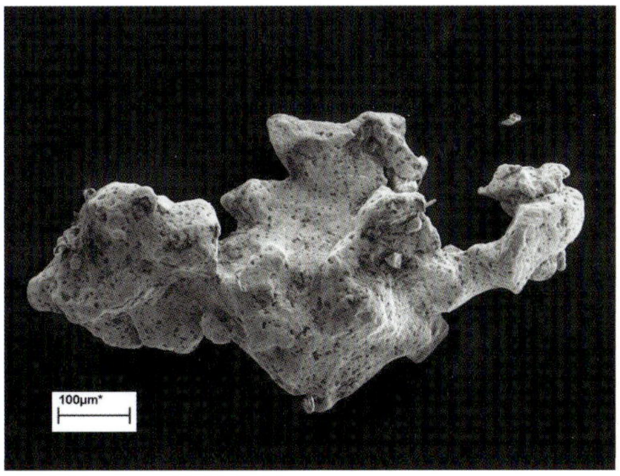

Links: Geometrisch klar geformter Goldkristall mit scharfen Kanten ohne jegliche Abrundung. Dies weist darauf hin, dass die Körner so gut wie nicht transportiert wurden. (Bildbreite: circa 0,6 Millimeter)

Rechts: Goldkorn mit filigranen Fortsätzen und insgesamt kantigen Formen. Keinerlei Abrundung ist zu erkennen. Auffallend ist auch die poröse Oberfläche. (Bildbreite: circa 0,6 Millimeter)

BERGBAUGESCHICHTE

Zum Goldbergbau bei Eisenbernreut gibt es bisher keine archivalischen Unterlagen, sodass die Datierung nicht sicher erfolgen kann. Es ist anzunehmen, dass die Goldgewinnung im Mittelalter ihren Höhepunkt hatte und spätestens in der Zeit des Dreißigjährigen Krieges zum Stillstand kam. Denn der jahrzehntelange Krieg hatte die ansässige Bevölkerung extrem dezimiert.

Während schriftliche Aufzeichnungen zum Bergbau fehlen, findet sich im Urkataster aus der Mitte des 19. Jahrhunderts ein Flurname, der von einer goldenen Vergangenheit zeugt. Exakt im Bereich der 1996 entdeckten Abbauspuren steht der Flurname „Golbert". Diese Bezeichnung geht auf den Dialektausdruck „Goibér" zurück, der nichts anderes als „Goldberg" bedeutet.

Möglicherweise hatte ein Beamter, der den Dialekt nicht beherrschte, die Karte beschriftet und das Wort dabei nicht korrekt aufgeschrieben. Oft stammten die Geometer aus der bayerischen Pfalz am Rhein und kannten solche Regionalismen nicht. Nach Auskunft einer älteren Bewohnerin von Eisenbernreut wird das sich südlich an die Seifenhügel anschließende Tal auch „Waschtal" genannt.

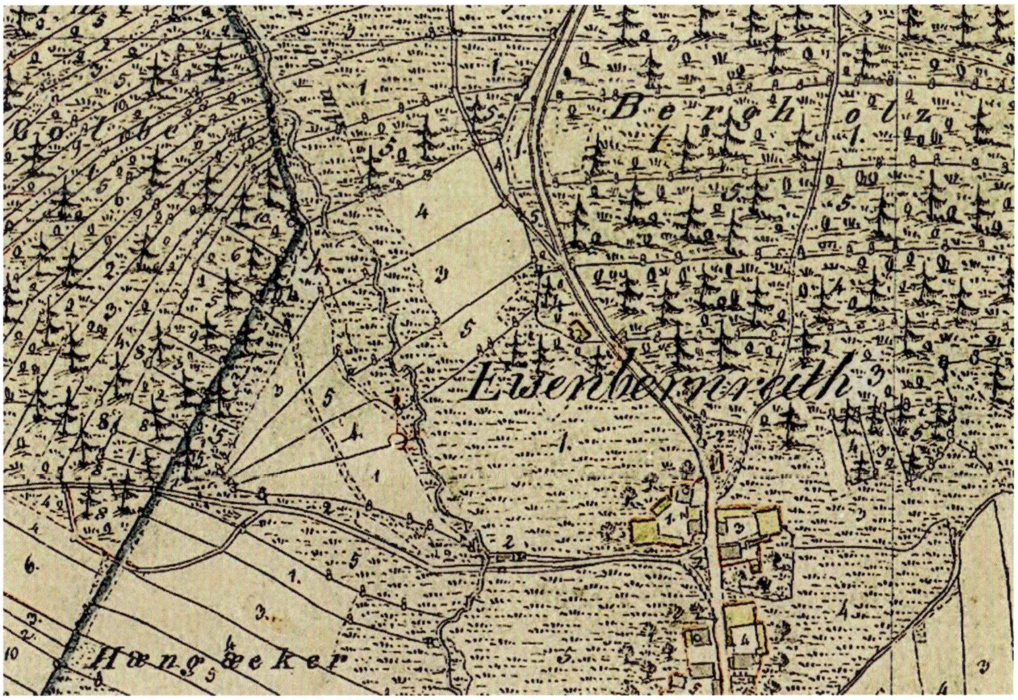

Historische Karte des Gebietes nordwestlich von Eisenbernreut; exakt die Gegend, in der die Goldabbauspuren liegen, wird darin als „Golbert" bezeichnet, was sich vom Dialektausdruck „Goibér" ableitet und „Goldberg" bedeutet.

16 Grübenfeld an der Kalten Moldau bei Haidmühle

Die Moldau wird von zwei Quellflüssen gespeist. Einer davon ist die Kalte Moldau, die bei Haidmühle ihren Ursprung nimmt. „Kalt" heißt sie nicht, weil sie kälter ist als die anderen Bäche der Gegend. Vielmehr haben die mit der Erstellung der ersten Karten betrauten Landvermesser für sie schwer verständliche Dialektbegriffe willkürlich übertragen. Und da in ihren Ohren „goidne" (goldene) Moldau so klang wie „koide" (kalte) Moldau, verlor die Kalte Moldau ihren goldenen Glanz.

Auf den ersten beiden Flusskilometern reiht sich am Südufer der Kalten Moldau Seifenhügel an Seifenhügel.

DAS GEOTOP

Das Goldvorkommen der Kalten Moldau bei Haidmühle liegt im Unterschied zu allen anderen Seifenwerken im Bayerischen Wald nicht an einem Bachlauf im Einzugsgebiet der Donau, sondern jenseits der europäischen Hauptwasserscheide im Einzugsgebiet der Elbe. Die Kalte Moldau exportiert sozusagen bayerisches Gold nach Tschechien. Ihre Quellbäche Weberaubach, Rothbach und Goldgrubenbach entspringen am Osthang des 1.166 Meter hohen Bergs Haidel.

Kalte oder goldene Moldau – eine Frage des Dialekts

Auf den ersten Blick verwundert der Namensbestandteil „Kalte" etwas, denn alle Flüsse in den Höhen der Grenzregion von

STANDORT	Landkreis Freyung-Grafenau, Gemeinde Haidmühle
KOORDINATEN	N 48° 49,188′ E 013° 44,899′
LAGERSTÄTTENTYP	alluviales Seifengold
ABBAUPERIODEN	Vermutlich 9. bis 16. Jahrhundert; die Hauptaktivitäten dürften im 9. und 10. Jahrhundert stattgefunden haben.
GOLDHERKUNFT	Primäre Goldanreicherungen im Gestein wurden bisher nicht gefunden. Es deutet aber viel darauf hin, dass das Seifengold aus Cordierit-Sillimanit-Gneisen der Umgebung stammt.
GOLDMENGE	knapp 3 Tonnen
SONSTIGES	Bodendenkmal

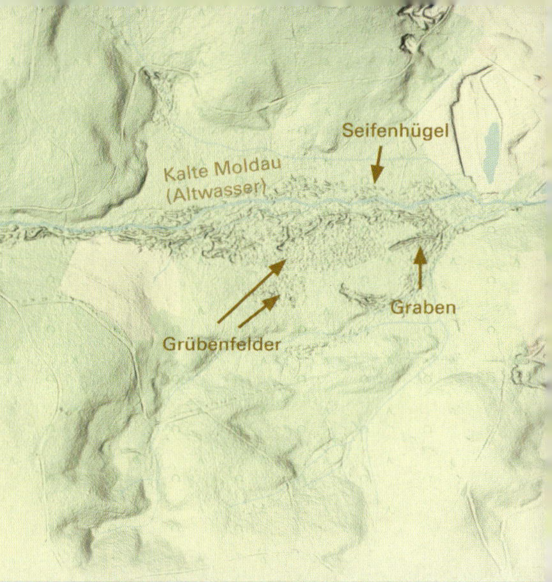

Digitales Geländemodell des großflächigen Abbaugebietes entlang der Kalten Moldau bei Haidmühle

NAVI	Ludwigsreut, 94145 Haidmühle
WEGBESCHAFFENHEIT	niedriger Schwierigkeitsgrad
WEGBESCHREIBUNG	Von Ludwigsreut auf der Straße nach Westen (➜„Ursprung der Kalten Moldau") bis zum Wanderparkplatz (Rettungstreffpunkt FRG-1024) am Waldrand. Unmittelbar nach dem Parkplatz rechts auf den breiten Fahrweg (nicht ausgeschildert!), nach etwa 400 m rechts hohe, parallel angeordnete Halden im Wald. Nach weiteren 450 m rechts einen unbefestigten Waldweg hinein in den östlichen Bereich des ausgedehnten Geotops.
TIPP FÜR WANDERUNGEN	Ab dem Wanderparkplatz „Fahrweg" (➜„Ursprung der Kalten Moldau") eine Strecke abseits der Goldabbauspuren. Nach 2,2 km im kleinen Tal des Rothbachs wieder Seifenhügel. An Kreuzung nach der Brücke rechts zum Markierungsstein für den Ursprung der Kalten Moldau. Auf demselben Weg zurück oder über Unter-Theresienreut in einem großen Bogen (ca. 8,5 km) zum Ausgangspunkt.

TIPP

Goldener Steig → *Seite 134*

TIPP FÜR RADTOUREN

Die Grübenfelder an der Kalten Moldau eignen sich für eine kleine Radtour. Die Strecke folgt zum großen Teil dem Radwanderweg „Naturpark Bayerischer Wald, Tour 58".

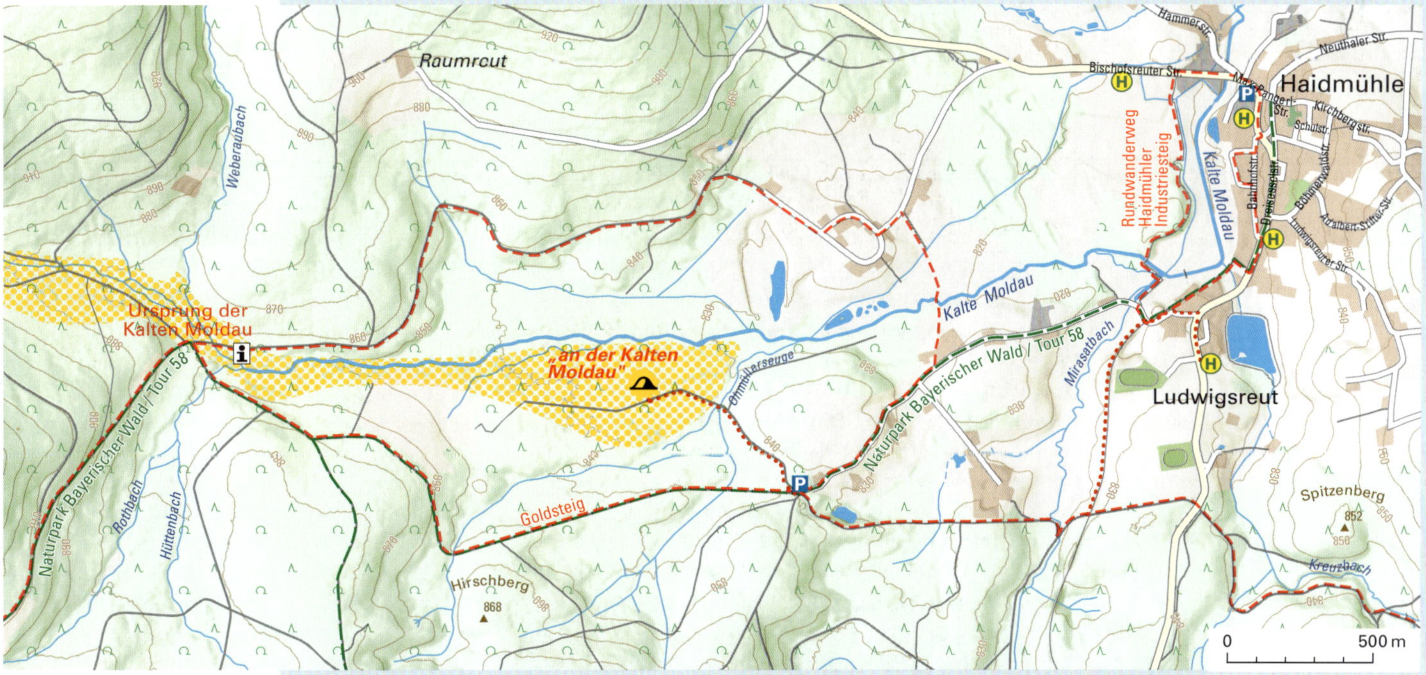

Oben: Ein Stein markiert die Stelle nahe Haidmühle, an der sich Weberaubach, Rothbach und Goldgrubenbach zur Kalten Moldau vereinigen.

Rechts: Im ausgedehnten Grübenfeld südlich der Kalten Moldau sind die von den Goldgräbern angelegten Gräben stellenweise auch heute noch wasserdurchflossen.

Bayerischem Wald und Böhmerwald führen kaltes Wasser. Da aber im Dialekt des Bayerischen Waldes die Begriffe für „kalte" und „goldene" sehr ähnlich klingen, wurde wohl bei der Erstellung der ersten topografischen Karten im 19. Jahrhundert beim Übertragen in die Schriftform aus der „Goldenen Moldau" die „Kalte Moldau". Mit dem ursprünglichen Namen ging auch die letzte Erinnerung an eine Goldgewinnung an der „Goldenen Moldau" verloren – bis die beiden Hobbygeologen Elmar Hartl und Georg Wimmer diese in den letzten Jahrzehnten wieder weckten.

Sie haben die Hügel und Gräben bei Haidmühle richtigerweise als Abbauspuren interpretiert, intensiv untersucht und systematisch beprobt und analysiert. Das sehr große Grübenfeld erstreckt sich entlang des Tals von Goldgrubenbach und Kalter Moldau – von den Waldabteilungen Kiesau im Westen über Marderau bis Grüben im Osten. Der Flurname Kiesau deutet darauf hin, dass dort möglicherweise gleichzeitig mit oder nach dem Goldabbau auch Quarz als Rohstoff für die Glasproduktion gewonnen wurde.

Bereits wenige 100 Meter vom Wanderparkplatz westlich von Ludwigsreut finden sich im kleinen Tal der Ohmüllerseuge die ersten Seifenhügel. Nördlich des Weges, zur Kalten Moldau hin, reiht sich dann Seifenhügel an Seifenhügel. Nur mit Muskelkraft und Schaufeln aufgehäuft, erreichen diese Halden Höhen von bis zu fünf Metern. Entlang mehrerer zum Teil mehr als 100 Meter langer Gräben ziehen sich diese Haldenzüge über zwei Kilometer nach Westen. Davon zugänglich sind jedoch nur wenige 100 Meter, da das Gelände westwärts immer wegloser wird. Um sich dennoch die Ausdehnung dieses Abbaufeldes zu erschließen, bietet es sich an, ab dem Wanderparkplatz dem Wanderweg mit der „Goldsteig"-Markierung bis zum Ursprung der Kalten Moldau zu folgen → *Seite 129 und 134*.

GOLDHERKUNFT

Die Grübenfelder wurden, im Sinne der Interpretation von Georg Priehäußer, lange Zeit für Eiszeitrelikte gehalten → *Seite 110*. So werden sie auch in der geologischen Karte aus dem Jahr 1988 noch als Moränengebiet dargestellt. Erst durch die erwähnten Untersuchungen von Hartl et al. (1997) konnte dieser Irrtum aufgeklärt werden.

Die Seifengoldkörner vom Oberlauf der Kalten Moldau sind nur wenig gerundet und weisen in einzelnen Fällen sogar noch Kristallflächen auf. Ihr Transportweg muss daher kurz gewesen sein – der Herkunftsort dieses Goldes ist also in relativer Nähe zu suchen. Ein genauer Blick auf die geologische Karte zeigt, dass das Gold auch in diesem Fall aus dem Cordierit-Sillimanit-Gneis stammen könnte. Im Gegensatz zum Rachelgebiet → *Geotop Nr. 13* oder zum Großen Falkenstein → *Geotop Nr. 12* ist der Gneis hier jedoch in einer breiten Übergangszone sehr stark von einem Granit, dem Haidmühler Granit, durchsetzt oder schwimmt in Form von großen Schollen darin.

Wie es für Goldkörner des Bayerischen Waldes typisch ist, weisen auch diejenigen von der Kalten Moldau die schwammartige Struktur auf, die bei der Entmischung des Gold-Bismut-Minerals Maldonit entsteht → Geotope Nr. 10 und Nr. 12 und Seite 10.

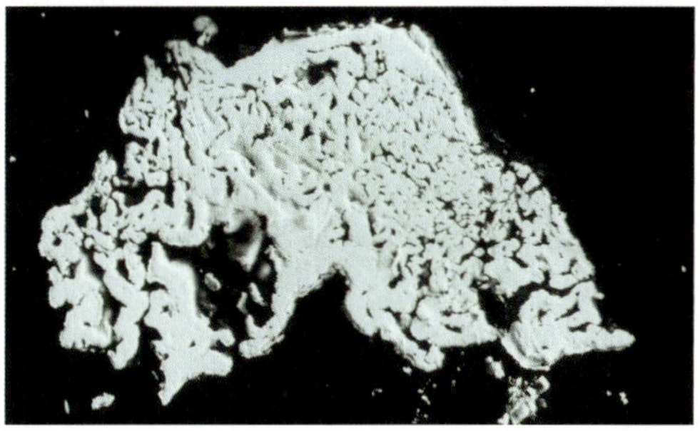

Links: In unmittelbarer Nähe des ehemaligen Goldabbaus waren in späteren Jahren sogenannte Waldglashütten in Betrieb.

Mitte: Schwammartig-poröses Goldkorn aus der Kalten Moldau bei Haidmühle. Polierter Erzanschliff, REM-Aufnahme, Bildbreite: 0,5 Millimeter. Die dunklen Bereiche sind Hohlräume, die ursprünglich mit Bismut gefüllt waren.

Unten: Geologische Karte der Umgebung. Die Seifengoldkörner vom Oberlauf der Kalten Moldau sind nur wenig gerundet. Dies deutet auf einen kurzen Transportweg hin. Das Gold stammt vermutlich aus dem Cordierit-Sillimanit-Gneis (braun) sowie der Granit-Gneis-Übergangszone (rot).

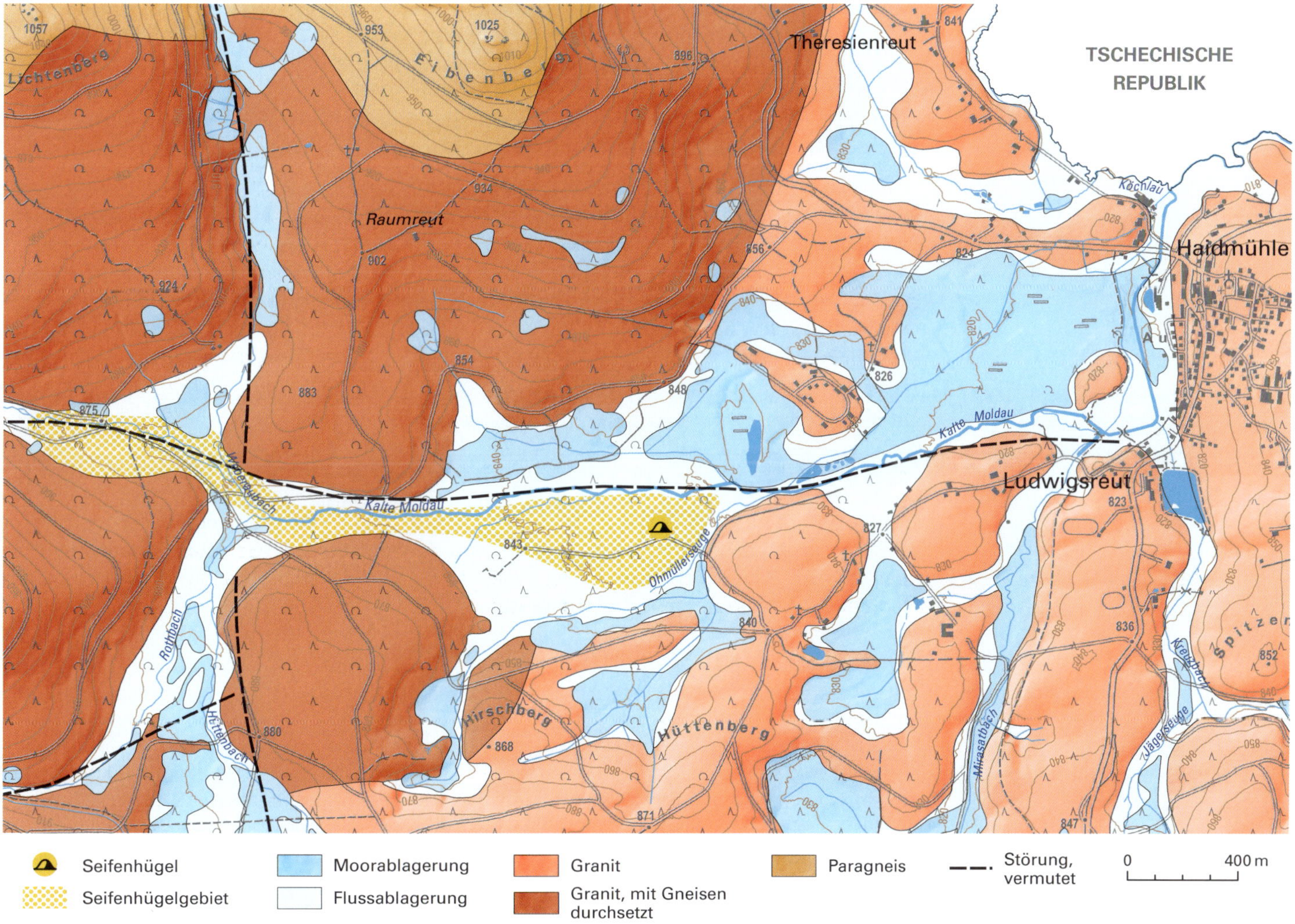

GOLDMENGE

Die Grübenfelder entlang der Kalten Moldau haben zusammen eine Fläche von etwa 55 Hektar. Wenn man auch bei diesem Abbau davon ausgeht, dass die Goldwäscher die Bachablagerungen bis in eine Tiefe von zwei Metern abgegraben haben, wurden hier etwa 1,1 Millionen Kubikmeter, das entspricht etwa 1,7 Millionen Tonnen, Sand, Kies und Geröll auf der Suche nach Gold in anstrengender Handarbeit umgeschaufelt.

Auch wenn die großen, tauben Gerölle mit Durchmessern von zehn Zentimetern und mehr von den Goldsuchern gleich auf die Halde geworfen wurden, so blieben doch noch beeindruckende Mengen an feinerem Material übrig, die auf der Suche nach Gold durchgewaschen werden mussten. Bei einem Grobanteil von etwa 15 Prozent waren das immer noch mehr als 1,4 Millionen Tonnen. Eine ähnliche Größenordnung bei den groben Geröllen ist bei allen Grübenfeldern anzunehmen, die an den Oberläufen der Bäche und Flüsse liegen.

Wenn man auch bei den Seifen an der Kalten Moldau annimmt, dass der Goldgehalt der durchgewaschenen Sande und Kiese bei zwei Gramm je Tonne lag, betrug die Goldausbeute hier knapp drei Tonnen.

GOLD IM BÖHMERWALD

Das Zentrum des Goldbergbaus im Böhmerwald lag in Kašperské Hory (Bergreichenstein). Der Stadt wurde vom böhmischen König der Status einer „Königlich freien Bergstadt" mit entsprechenden Privilegien für ihre Bürger verliehen. Im Wappen der Stadt ist die Burg Kašperk mit Schlägel und Eisen dargestellt. Die Hauptphase des Bergbaus lag im 13. und 14. Jahrhundert unter der Herrschaft von König Johann von Luxemburg (Schreiber 1930). Zu jener Zeit sollen etwa 300 Erzmühlen an den Bächen und Flüssen der Umgebung von Kašperské Hory in Betrieb gewesen sein, um das goldhaltige Erz zu zerkleinern.

Der Bergbau wurde sowohl in der Stadt Kašperské Hory als auch am Suchý vrch (Dürrnberg) und am Lišči vrch (Füchselberg) betrieben. Zahlreiche Trichtergruben, Pingen, kleine Schächte und Stollen zeugen bis heute davon. In den 1980er-Jahren wurde südöstlich von Kašperské Hory der etwa 650 Meter langen Stollen „Naděje" in den Suchý vrch (Dürrnberg) getrieben, um die aus Bohrungen bekannten Vererzungen bergmännisch zu untersuchen.

Das Gold von Kašperské Hory ist primär in Gneisen vorhanden (Morávek et al. 1992). Das Gold aus den Bergen des Böhmerwaldes wird von dort über die Bäche in die größeren Flüsse wie Vydra und Otava transportiert. Dort wurde das Gold spätestens seit dem Mittelalter bis zur Wende des 19. zum 20. Jahrhundert gewaschen.

Ein weiterer Seifenwaschplatz, das Goldseifengebiet von Horská Kvilda (Innergefild), befindet sich etwa zehn Kilometer südlich der Stadt Kašperské Hory und ist nur fünf Kilometer von der bayerischen Grenze entfernt. Es handelt sich dabei auf einer Höhe von 1.200 Metern um die höchstgelegenen Goldseifen des Böhmerwaldes. Die Abbauspuren stammen vermutlich aus dem 15. Jahrhundert. Sie sind ein Musterbeispiel für den Seifenbergbau in den Höhenregionen des Böhmerwaldes. Das gut sichtbare, kaum bewachsene Grübenfeld wurde archäologisch untersucht und als nationales Bodendenkmal ausgewiesen.

Oben: Denkmalgeschütztes Seifenhügelfeld auf freier Fläche bei Horská Kvilda im Böhmerwald. Dieses Grübenfeld ist das höchstgelegene in ganz Böhmen.

Unten: Goldwäscher an der Otava bei Sušice (Schüttenhofen) um die Wende des 19. zum 20. Jahrhundert (aus Prinz 1985)

BERGBAUGESCHICHTE

Der nordöstlich der deutsch-tschechischen Grenze liegende Böhmerwald ist seit alters als goldreiches Gebiet bekannt und hat eine entsprechend lange Bergbautradition. Man kann wohl davon ausgehen, dass böhmische Goldsucher auf der Suche nach Gold auch den Bayerischen Wald durchstreiften und viele der dortigen Goldvorkommen entdeckten.

In den „Monumenta Boica", einer bedeutenden Quellensammlung zur bayerischen Geschichte in 54 Bänden, wird in Band 28, erschienen 1829, eine Urkunde zitiert, die ins Frühmittelalter zurückreicht: *„Kaiser Arnulf verlieh den Goldschmieden der Stadt Passau das Recht, in diesen Gewässern mit Erlaubnis des Bischofs Goldwäscherei, gleich den kaiserlichen Goldwäschern, zu treiben"* (aus dem Lateinischen, von Müller 1919). Man würde nun davon ausgehen, dass eine Urkunde, in der Kaiser Arnulf den Goldschmieden das Recht zur Goldwäscherei verleiht, zu seinen Lebzeiten, also im 9. Jahrhundert, ausgestellt und unterzeichnet worden ist. Aber wie man heute weiß, stammt die Urkunde vom Ende des 10. Jahrhunderts und ist eine Fälschung (Monumenta Germaniae Historica 1940). Als Drahtzieher hinter diesem Betrug kann der Bischof von Passau vermutet werden, der seinen Einflussbereich ausdehnen wollte. Die ihm dafür wichtigen Rechte, wie das auf die Goldgewinnung der Goldschmiede, finden sich in dem Schriftstück aufgeführt. So seltsam es auch erscheinen mag, diese Fälschung ist damit der früheste schriftliche Originalbeleg für einen Goldabbau bei Haidmühle.

Den ältesten belastbaren schriftlichen Beleg für den Goldabbau in diesem Gebiet fand 1995 der Kreisarchivpfleger des Landkreises Freyung-Grafenau, Paul Praxl. Nach einem Dokument aus dem Bayerischen Hauptstaatsarchiv München (Hochstift Passau L 1613, Fol. 109') erhielt im Jahr 1513 ein Pfarrer aus Tiefenbach ein neues Bergwerksrecht für den Goldabbau.

Ein weiterer Hinweis auf Goldwäscherei bei Haidmühle stammt aus dem Jahre 1593. In den Akten der Wolfsteiner Grenz-Abgehungen aus dem Bayerischen Hauptstaatsarchiv München heißt es: *„Es entspringt auch, auß gar vielen der orten – so was von Mittag gegen Septemtris fließenden Wasserquellen – zwen fluß (oder Wasser), der erst: obbenannts Altwasser, der ander, das Rottwasser, die, vnd nachdem sy zu flüssen werden, lauffen sy bej ainer halben viertl meil wegs gleich nebeneinander (so vor vilen Jaren bederseits – wie aus viel vnzelbarlichen vorhandenen Grueben auszuweisen Goldt – gewaschen vnd als Goldt gen Passaw gefüerdt sein soll) von Occident in Orient flüessen"* (Praxl 1968).

Diese Urkunde belegt, dass der Goldabbau im Quellgebiet der Kalten Moldau zumindest 1593 bereits seit vielen Jahren vorbei war. Erhalten haben sich aber über die Jahrhunderte hinweg die alten Gewässer- und Flurnamen. So findet sich auf einer Karte des Hochstiftes und Bistums Passau (gezeichnet von Joseph Haas im Jahre 1719) der Name Goldgrabenbächl für einen der Quellbäche der Kalten Moldau. Weiterhin steht auf einer Landkarte von 1840 die Bezeichnung Goldgrübel just an der Stelle, wo heute die Seifenhügel der Kalten Moldau bei Haidmühle zu finden sind.

Auf einer Karte des Hochstiftes und Bistums Passau von Joseph Haas aus dem Jahre 1719 findet man erstmals den Namen Goldgrabenbächl als Bezeichnung für einen der drei Quellbäche der Kalten Moldau.

MONUMENTORUM BOICORUM
COLLECTIO NOVA.
EDIDIT
ACADEMIA SCIENTIARUM BOICA.
VOLUMEN I. PARS I.
MONACHII.
Typis Mich. Lindauer, Typographi aulici.
MDCCCXXIX.

Titel eines Bandes der „Monumentorum Boicorum Collectio Nova", einer Quellensammlung zur bayerischen Geschichte. In Band 28 der „Monumenta Boica" gibt es einen ersten Hinweis auf die Goldgewinnung im Bereich Haidmühle.

Von Passau aus wurde das Salz durch Säumer und ihre Lastpferde durch den Bayerischen Wald in die böhmischen Städte Prachatitz, Winterberg und Bergreichenstein gebracht.

Auf einer steinernen Brücke über den Harlandsbach verlässt der Prachatitzer Steig bayerisches Gebiet.

Mit einer Länge von 660 Kilometern ist der Goldsteig der längste zertifizierte Qualitätswanderweg Deutschlands.

DER GOLDENE STEIG – DIE SALZHANDELSROUTE VON BAYERN NACH BÖHMEN

Über den Berg Haidel, an dessen Osthang die Quellbäche der Kalten Moldau entspringen, führte im Mittelalter der Prachatitzer Steig, einer der drei sogenannten Goldenen Steige, von Passau in Richtung Prachatitz in Böhmen. Man könnte also meinen, die historische Bezeichnung des Weges rührt von den Goldvorkommen her.

Das glauben auch Kudrnáč & Michálek (1993) belegen zu können: *„Der Name wurde von Goldseifen und Goldminen abgeleitet, die entlang der ganzen Trasse lagen. Dies wurde jetzt mit Hilfe der archäologischen Untersuchungen, des Studiums der schriftlichen Berichte und der geologisch-mineralogischen Befunde bestätigt."*

Dem widersprach allerdings Praxl 1994. Ihm zufolge handelt es sich bei dieser Namensgebung „zweifellos um eine spontane Kanzleibildung", die erstmals 1524 auftaucht. Die älteste bisher gefundene Urkunde mit dem tschechischen Namen für den Goldenen Steig „Zlatá stezka" stammt von 1578. Und es ist schwer vorstellbar, dass die Goldsuchaktivitäten aus dem 9. und 10. Jahrhundert namensgebend für eine Handelsroute gewesen sein sollen, die erstmals im 16. Jahrhundert erwähnt wird. Naheliegender ist, dass der „Goldene Steig" seinen Namen dem Salz, dem „weißen Gold" zu verdanken hat. Auf der Fernhandelsroute wurde vor allem Salz transportiert, das den Kaufleuten den Lebensunterhalt vergoldete.

Salz war im Mittelalter das wichtigste Mittel, um Fleisch und Fisch haltbar zu machen. Da Böhmen zwar viele Goldlagerstätten, aber keine Salzvorkommen hatte, musste das wertvolle Mineral aus den Salzlagerstätten in den Berchtesgadener und Salzburger Alpen eingeführt werden. Das Salz wurde zunächst auf Schiffen die Salzach und den Inn abwärts nach Passau transportiert und über den Goldenen Steig nach Böhmen gebracht.

Die Bedeutung dieses Handelswegs erlosch schlagartig, nachdem die Habsburger 1706 die Einfuhr jeglichen Salzes aus dem Herrschaftsgebiet der Wittelsbacher und der Salzburger Erzbischöfe verboten hatten. Und seit diesem Handelskrieg leben die Goldenen Steige nur noch in der Erinnerung fort, wie im Museum Goldener Steig in Waldkirchen.

Museum Goldener Steig
Büchl 22, 94065 Waldkirchen
www.bayerischer-wald.de/Media/Attraktionen/Museum-Goldener-Steig

DER GOLDSTEIG – EIN FERNWANDERWEG VON MARKTREDWITZ NACH PASSAU

Nicht zu verwechseln mit dem Goldenen Steig ist der Goldsteig. Er führt von Marktredwitz im Fichtelgebirge auf zwei Trassen durch den Oberpfälzer Wald und den Bayerischen Wald bis in die Drei-Flüsse-Stadt Passau. Auch wenn der Goldsteig also in eine ganz andere Richtung führt als die einstigen Goldenen Steige, verläuft dennoch ein kleiner Teil der Strecke – und zwar der Abschnitt von Grainet über den Haidel – genau auf dem ehemaligen Prachatitzer Steig.

Ehemalige Goldwäsche an der Isar bei Niederaichbach

17

Ende des 18. Jahrhunderts grübelte der Geologe Mathias von Flurl über ein Phänomen, das viele der Gold führenden Flüsse des bayerischen Voralpenlandes betraf: Obwohl die wertvolle Fracht der Flüsse aus den österreichischen Zentralalpen stammte, fand man am Fuß der Berge nie viel Gold. Das Goldwaschen lohnte sich erst dort, wo die Flüsse bereits eine größere Strecke zurückgelegt hatten.

Eine Landzunge an der Isar war früher eine Insel. Abbauspuren der Goldgewinnung sind nicht mehr erkennbar.

DAS GEOTOP

Die Isar ist ein Zufluss der Donau, der im Karwendelgebirge entspringt. Nach seinem Lauf über München erreicht der südbayerische Voralpenfluss die ehemalige Herzogstadt Landshut. Weitere 15 Kilometer stromabwärts gelangt er nach Niederaichbach. Vor zwei Jahrhunderten war die Isar dort noch ein reißender Wildfluss. Heute sind die Ufer bei Niederaichbach künstlich begradigt und der beliebte Isarradweg führt direkt an der Gemeinde vorbei.

Einst lag dort das Zentrum der Goldwäscherei an der Isar. Die Relikte der frühen Goldgewinnung sind heute jedoch nicht mehr erkennbar. Trotzdem ist das Ufer der Isar bei Niederaichbach für Interessierte, die auf den Spuren des bayerischen Goldes (rad)wandern wollen, einen Besuch wert.

Unterhalb des Kellerbergs östlich von Niederaichbach lässt sich die damalige Goldwäscherlandschaft nur noch erahnen. Dort ist in der begradigten und eingedeichten Isar

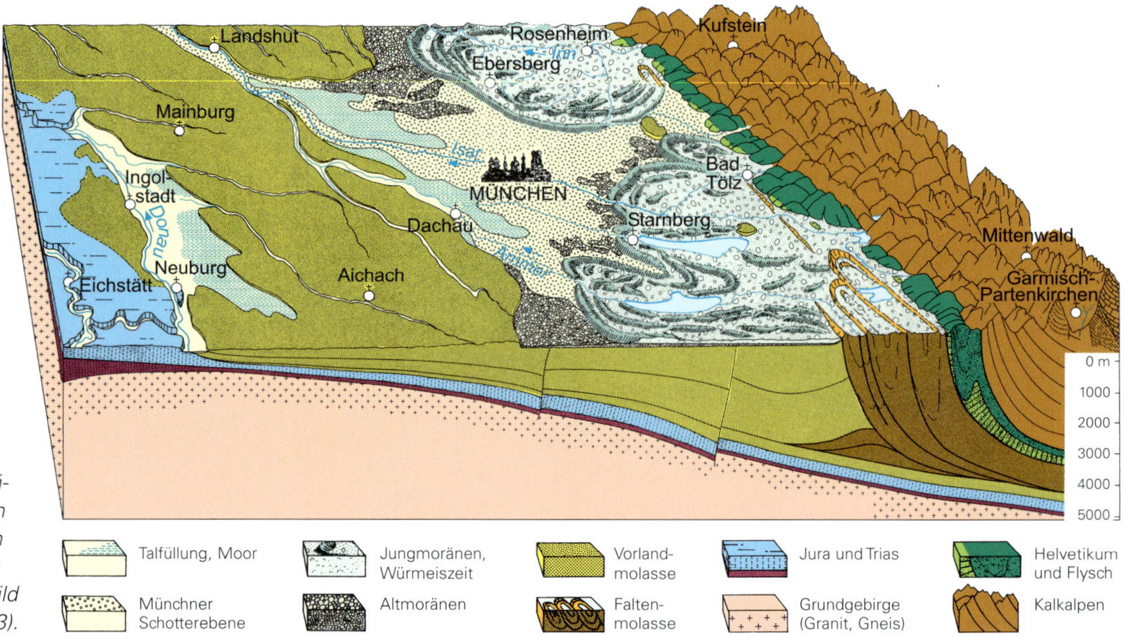

Die Flüsse durchströmen, wenn sie aus den Kalkalpen kommen, erst hinter München die goldhaltigen Ablagerungen der Molasse. Davor sind diese von einem Mantel aus Eiszeitablagerung abgeschottet. Das erklärt, warum die Flussgoldwäscher erst so weit weg von den Bergen nennenswerte Mengen an Gold fanden, obwohl dieses aus den Alpen stammt (Blockbild verändert nach Wellnhofer 1983).

eine Landzunge erhalten geblieben. Ein Vergleich mit historischen Karten zeigt, dass es sich hier um das Relikt einer Insel mitten in der Isar handelt. Vermutlich wurden deren – damals noch kiesige – Uferbereiche vor mehr als 100 Jahren noch von Goldsuchern nach dem begehrten „Gelb" durchwaschen.

Goldern – der Name ist Programm

Einen weiteren Hinweis auf die „goldenen Zeiten" an der Isar gibt die Ansiedlung Goldern, die auf einer Anhöhe rechts der Isar liegt und zum Gemeindebereich von Niederaichbach gehört. Sie wird bereits 916 unter dem Namen „Golldaron" erwähnt. Nicht nur der Ortsname, auch das alte Wappen der ehemals selbstständigen Gemeinde Hüttenkofen-Goldern wies auf die damals ansässigen Goldwäscher hin. Es zeigte einen goldfarbenen Fluss – eine Darstellung der Gold führenden Isar (Reiter 2017).

Vor ihrer Begradigung verwandelte die Isar die Talauen alljährlich zur Schneeschmelze in eine großflächige Flusslandschaft mit Tümpeln, zahlreichen Rinnen und immer wieder wechselnden Haupt- und Nebenarmen, wie alte Vermessungskarten zeigen. Die Menschen besiedelten deshalb nur die erhöhten Flussufer. Von dort aus gingen sie nach Ende des Hochwassers ins Tal zum Goldwaschen. Sie entnahmen auf den Kiesbänken, die eine Fläche von mehreren Hundert Quadratmetern bei einer Dicke von bis zu einem halben Meter erreichten, mit einer Schaufel Proben, um den Gehalt an Goldflinserln zu prüfen. Dabei bevorzugten sie die Gleithänge und die flussabwärts gerichteten Rundungen der Sandbänke, denn dort lagerte sich alljährlich die goldhaltige Sedimentfracht der Isar ab (Reiter 2017).

Die vermutlich schon vor dem 10. Jahrhundert bis ins 19. Jahrhundert genutzten Hauptwaschgebiete lagen an der unteren Isar, zwischen Moosburg und Plattling. Besonders ergiebig waren wohl die Bereiche um Moosburg und der Abschnitt von Niederaichbach bis Loiching (Reiter 2017).

Historischer Flusslauf der Isar bei Goldern im 19. Jahrhundert vor der Flussbegradigung und Uferverbauung

STANDORT	Landkreis Landshut, Gemeinde Niederaichbach
KOORDINATEN	N 48° 36,759′ E 012° 20,634′
LAGERSTÄTTENTYP	alluviales Seifengold
ABBAUPERIODEN	vermutlich schon vor dem 10. und dann bis ins 19. Jahrhundert
GOLDHERKUNFT	Das Gold stammt aus den Molasseablagerungen und untergeordnet aus eiszeitlichen Ablagerungen. Die ursprüngliche Quelle sind aber die Goldvorkommen in den Zentralalpen.
GOLDMENGE	nicht ermittelbar

NAVI	Isarstraße 3, 84100 Niederaichbach
WEGBESCHAFFENHEIT	breiter Weg entlang der Isar, steil hinauf nach Hüttenkofen
WEGBESCHREIBUNG	Von Niederaichbach auf dem Rundwanderweg N3 – Isarleite – entlang der Isar. Nach 2 km Abstecher auf die frühere Insel. Wieder zurück und nach dem Kellerberg den Weg hinauf nach Hüttenkofen und weiter in das alte Goldwäscherdorf Goldern. Über Bergham, Thalham und Reichersdorf zurück nach Niederviehbach zum Ausgangspunkt. 13 km, 3,5 Std., 200 Höhenmeter
TIPPS	Goldwaschen im Landshuter Bauzunfthaus und Brotzeit im Goldwäscherhaus → *Seite 143*

Von den zahlreichen Sand- und Kiesbänken der Isar des 19. Jahrhunderts ist heute in dem eingedeichten und aufgestauten Fluss nur noch eine Landzunge verblieben. Goldwäscher würden sich hier inzwischen schwer tun, denn anstatt dass Sand und Kies umgelagert werden, wird Lehm abgelagert.

TIPP FÜR RADTOUREN

Die Tour startet man am besten in Niederaichbach und fährt über die Orte, wo ehemals Goldwäscher ansässig waren (Goldern, Niederviehbach, Süßbach) bis nach Loiching. Von hier geht es auf dem Isarradweg zum Ausgangspunkt zurück.
Länge: 22 km
Steigung: 230 Höhenmeter

GOLDHERKUNFT

Mathias von Flurl → *Seite 21* entdeckte 1792, dass in den Flüssen des Voralpenlandes wie Iller, Lech, Isar und Amper immer erst in einer weiten Entfernung vom Alpenrand nennenswerte Goldmengen auftraten. Das brachte ihn ins Grübeln: Wenn das Gold ursprünglich aus den österreichischen Zentralalpen stammte, warum fand man am Fuß der Berge nie viel davon? Die bayerischen Voralpenflüsse entspringen alle in den Kalkalpen. Das Gold, das sie mit sich führen, stammt aus den Ablagerungen der an die Kalkalpen angrenzenden Molasse. Die in diesem Sand- und Kiesgestein eingeschlossenen Goldkörner waren schon vor 20 Millionen Jahren aus den österreichischen Zentralalpen über zahlreiche Flüsse ins heutige Bayern gelangt. Die ursprüngliche Goldquelle ist also das Tauerngold.

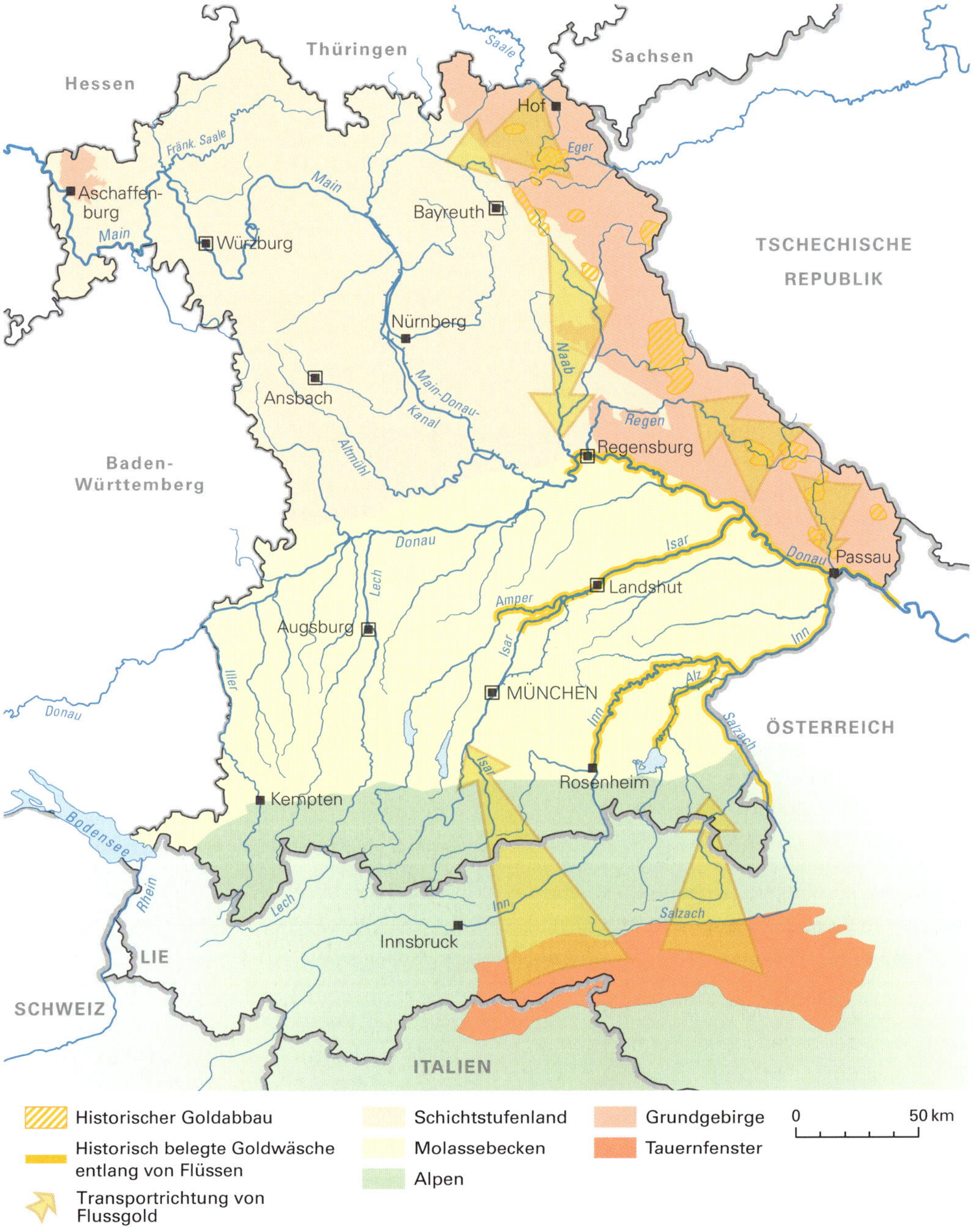

Bayern-Flussgold – eine Nord-Süd-Geschichte. Das Donaugold besteht aus sehr kleinen, flachen Plättchen. Dies erscheint plausibel, denn die Gold führenden Voralpenflüsse Isar und Inn sind bereits lange unterwegs gewesen, bevor sie in die Donau münden, sodass nur noch vereinzelt größere Goldpartikel in die Donau gelangen. Zudem bringen auch die von Norden kommenden Flüsse Naab und Regen Gold aus dem Fichtelgebirge, dem Oberpfälzer und dem Bayerischen Wald mit.

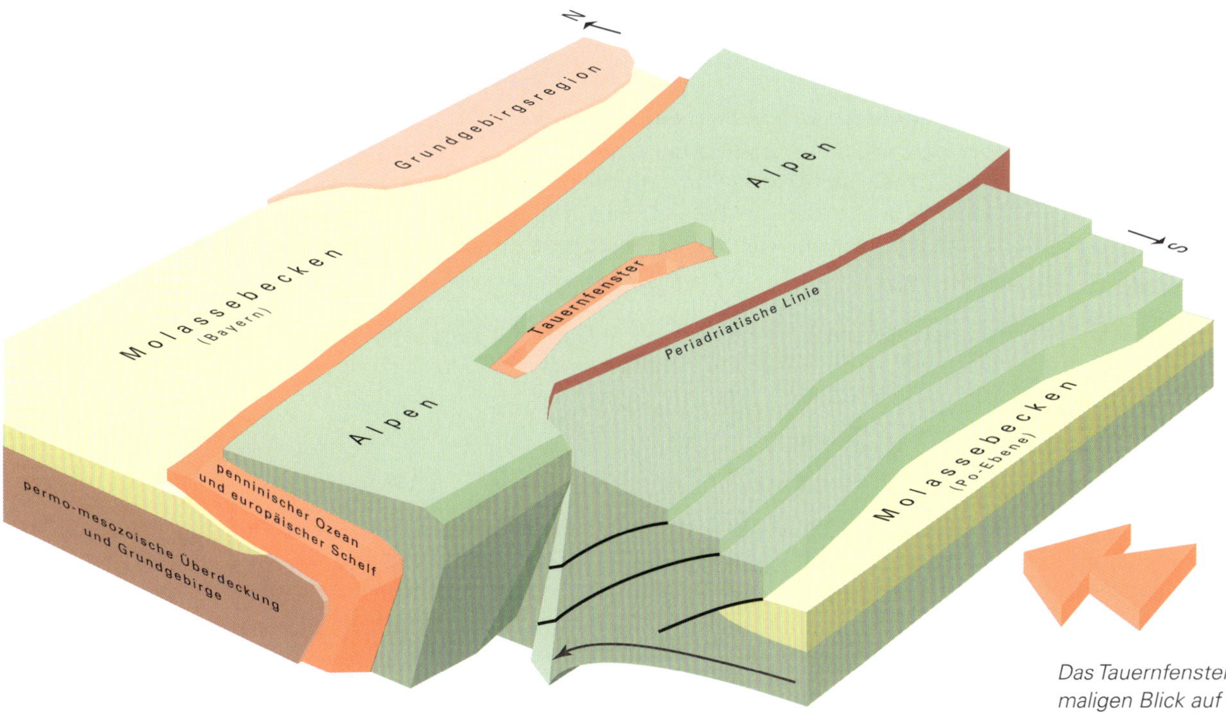

Das Tauernfenster bietet einen einmaligen Blick auf die sonst verborgenen Gesteine der europäischen Platte. Diese sind bei der Kollision von Afrika mit Europa überfahren worden. Erst mit der Heraushebung der österreichischen Zentralalpen hobelten Wind und Wetter die afrikanischen Deckschichten gewissermaßen ab und gaben den Blick nach „unten" frei (verändert nach Pestal et al. 2009).

Doppelte Ladung

Dass die späteren Goldwäscher überhaupt ausreichend Gold fanden, lag daran, dass die spärlichen Goldgehalte der Molasse noch ein zweites Mal angereichert wurden. Das geschah, als die heutigen Flüsse Iller, Lech, Isar und Inn und all die kleineren Zuflüsse durch die Molasseablagerungen strömten.

Wie lässt sich nun erklären, dass das Gold erst am Unterlauf der Flüsse vorkommt? Die Flüsse strömen, wenn sie aus den Kalkalpen kommen, eine ganze Weile durch die Ablagerungen der Molasse. Aber am Anfang der Strecke sind die Molassegesteine noch durch eine Art Mantel aus Eiszeitablagerung isoliert. Erst hinter München, nördlich der einstigen Gletscherzungen, können die Flüsse durch die goldhaltigen Molasseablagerungen fließen. Das ist der Grund, warum die Flussgoldwäscher erst so weit im Norden fündig wurden.

Das österreichische Berggold der Tauern wurde also vor 20 Millionen Jahren als Paläoseife in der bayerischen Molasse zum ersten Mal angereichert. Seit Beginn der Warmzeit vor 14.000 Jahren bis heute ist das Gold durch die bayerischen Voralpenflüsse als junge Goldseife ein zweites Mal hoch konzentriert worden.

Mehr Staub als Flinserl

Eine Probewaschung an der Isar im Raum Landshut-Dingolfing zeigt auf dem Grund der Waschschüssel den Goldsaum, gefolgt von einem hellen Rand mit Zirkon, dann dem dunklen Saum mit Magnetit und Ilmenit und schließlich dem roten Granat. Das Gold in der Isar besteht meist nur aus winzigsten Partikeln. Die weit über 200 Kilometer lange „Anreise" aus den Tauern der österreichischen Zentralalpen hat die Goldkörner zu Goldstaub zermahlen.

Goldkonzentrat aus der Isar bei Landshut. Das Gold weist meist nur eine Korngröße von einem Zehntelmillimeter auf.

Goldkonzentrat mit weiteren Schwermineralen aus der Isar im Raum Landshut-Dingolfing

GOLDMENGE

Die Produktivität der Goldwäscher an der Isar lässt sich anhand der vergebenen Waschlizenzen, der sogenannten Patente, abschätzen. So wurden allein im Jahr 1729 bei Dingolfing und Landau 16 neue Waschpatente verliehen. Ein Patent wurde an einen Goldwäscher vergeben, der sich einen Trupp zusammenstellte. Wenn man davon ausgeht, dass jede dieser Gruppen aus vier Männern und Frauen bestanden hat, so dürften in diesem Jahr mindestens 50 Personen mit der Goldgewinnung in diesem Abschnitt der Isar beschäftigt gewesen sein. Zum Vergleich: An den Ufern des Rheins arbeiteten zehnmal so viele Menschen.

Die Flüsse wurden in Abschnitte aufgeteilt und den einzelnen Goldwaschtrupps zur Nutzung zugewiesen. Diese Claims wiesen

Oben: Hohe Tauern mit Großglockner von der Kampenwand aus

Mitte: Tauerngold auf Quarz

DAS TAUERNGOLD

In den Zentralalpen wurde durch die Hebung der Alpen und die Verwitterung so viel Gestein abgetragen, dass die tiefer liegenden Schichten der europäischen Platte jetzt an einer Stelle an der Erdoberfläche liegen. Dieser Bereich wird als Tauernfenster bezeichnet. Das Besondere daran: Man findet mitten in Österreich die gleichen Gesteine wie im Bayerischen Wald, auch die goldhaltigen Quarzgänge sind enthalten. Entstanden ist diese Region, als die Kontinentalplatten Europas und Afrikas vor rund 30 Millionen Jahren zusammenstießen. Dabei schoben sich afrikanische Gesteine auf den Rand der europäischen Platte und begruben diese unter sich. Durch das Tauernfenster in Österreich kann man die unterlagernde europäische Platte noch erkennen.

Schon die Römer wussten, dass sich in den Hohen Tauern Gold und Silber abbauen ließen. Im 14. bis 16. Jahrhundert kam es zu einem Boom des Edelmetallabbaus. In der gesamten Region und in den westlich angrenzenden Zillertaler Alpen wurde nach Gold gegraben, zum Teil bis in 2.900 Meter Höhe (Paar et al. 2006). Teils sind die Berge von den Stollen uralter Goldminen völlig durchlöchert. Der Ort Rauris in den Tauern wuchs im 14. Jahrhundert zu einer mittelalterlichen Großsiedlung mit über 3.000 Bewohnern heran.

„In der Folgezeit wurde das Tauerngold zu einem der wichtigsten Münzmetalle im alpenländischen Zahlungsverkehr. Die Herzöge Albrecht II., Rudolf IV., Albrecht III., die Grafen von Göz [Grafen von Görz] *und der Salzburger Erzbischof Pilgrim II. führten Goldmünzen aus dem in den Tauernbergen geförderten Metall, vornehmlich den Florentiner Prägungen ähnliche Goldgulden. Münzstätten waren Salzburg, Lienz und vor allem Judenburg, wo das Tauerngold vermünzt wurde.*

Die Verhältnisse im Goldbergbaugebiet ähnelten in der Frühzeit in vielem jenen, die einige Jahrhunderte später am Sacramento oder am Klondyke herrschten. Neben den legalen Goldwäschern gab es Hunderte, die illegal nach dem Gold gruben und einander die Beute streitig machten. Für das Jahr 1031 sind Zusammenrottungen von Knappschaften verbürgt, die erst nach blutigen Metzeleien niedergeschlagen werden konnten. Öfters kam es vor, dass die Bergleute diesseits und jenseits des Tauern einander wechselweise überfielen, die Knappen erschlugen, die Gruben zuwarfen und das vorrätige Erz mit sich schleppten“ (Wochesländer 2017).

Noch heute geht von den Hohen Tauern eine magische Anziehungskraft aus – und zwar wegen der atemberaubenden Schönheit der Natur. Der Nationalpark mit einigen der höchsten Gipfel Österreichs wie dem Großglockner (3.798 Meter) und dem Großvenediger (3.662 Meter) lockt jährlich weit über eine Million Besucherinnen und Besucher an.

Links: Goldgulden, 3,54 Gramm, geprägt in Judenburg zur Zeit Herzog Albrecht II. (1330–1358); Vorderseite: S. IOHANNES, stehender Johannes der Täufer; Rückseite: DUX. ALBERTVS, Florentiner Lilie

zum Teil eine erhebliche Ausdehnung auf. Durch Akten zur Goldwäscherei im Hauptstaatsarchiv München ist beispielsweise belegt, dass ein Goldwäscher die gesamte Flussstrecke des Inns von Rosenheim bis Neuötting zugewiesen bekam.

Der 450-Euro-Job von einst

Die Goldwäscher gingen ihrem Gewerbe wohl in den seltensten Fällen hauptberuflich nach. Es waren Fischer und Schiffsleute, die ab Mitte des 15. Jahrhunderts nebenbei Gold wuschen, um ein Zubrot zu verdienen. Ausgehend von den oben genannten Zahlen, erzielte ein vierköpfiger Trupp im ganzen Jahr eine Goldausbeute von durchschnittlich 35 Kronen. Eine Krone war die damalige Bezeichnung für 3,3 Gramm Gold, also die Menge an Gold, die man für die Prägung eines Guldens brauchte. Nach Abzug der üblichen zehn Prozent Steuern an den Staat verdiente also jedes Teammitglied rund acht Gulden im Jahr dazu. Eike Pies hat in seinem Standardwerk „Löhne und Preise von 1300 bis 2000" die Kaufkraft für die Mitte des 15. Jahrhunderts zusammengestellt: Ein kleiner Handwerker verdiente demnach durchschnittlich 30 Gulden im Jahr. Auf heutige Verhältnisse übertragen, lässt sich der Verdienst in Höhe von acht Gulden also am ehesten mit dem eines 450-Euro-Jobs vergleichen.

Wenig Gold für viel Maloche

Wie viel Gold insgesamt aus den großen bayerischen Voralpenflüssen gewaschen wurde, erfährt man aus den archivierten Belegen der staatlichen Münze – damals Finanzamt und Münzprägeanstalt in einem. Dort musste das gefundene Gold gemeldet werden, wovon in der Regel zehn Prozent (der sogenannte Bergzehnt) als Steuer abgeführt wurden.

Aus den Archiven, die sich heute in der Staatlichen Münzsammlung in der Residenz München befinden, ist ersichtlich, dass die Goldwäscherei an der Isar zwischen 1749 und 1783 lediglich eine Gesamtausbeute von 22 Kilogramm Flussgold erbrachte, was jedoch für eine stattliche Zahl an Flussgolddukaten reichte.

Goldwäscher am Oberrhein bei Karlsruhe um 1825 mit Sieben, einer Waschrinne und einem Schubkarren. Rechts unten ist ein längliches Holzgefäß, der Sichertrog, zu sehen, in dem das Gold von den Schwermineralen im Flusssand abgetrennt wurde.

BERGBAUGESCHICHTE

Die dokumentierten Anfänge der Goldgewinnung aus den bayerischen Flüssen reichen mindestens bis ins 15. Jahrhundert zurück. Bereits im Jahr 1477 schloss Herzog Ludwig IX. der Reiche mit einer Gesellschaft einen Vertrag über das Goldwaschen an der Isar zwischen Moosburg und Plattling. Ludwig war von 1450 bis 1479 Herzog von Bayern-Landshut. Sein berühmter Reichtum beruhte hauptsächlich auf dem Besitz der Bergwerke in den Herrschaften Rattenberg und Kitzbühel. Bei seiner prunkvollen Hochzeitsfeier 1452 kam er eine Woche lang für die Unterbringung und Verköstigung von 22.000 Gästen und 9.000 Pferden auf.

Spätere Regenten gingen großzügig mit den Goldwäschern um: Eine Verordnung Herzog Maximilians I. von 1611 erlaubte nicht nur speziell gegründeten Gesellschaften das Goldwaschen, sondern jedermann – sofern man zehn Prozent der Ausbeute an die Regierung ablieferte. Noch freigiebiger verhielt sich Kurfürst Maximilian III. (1727–1777): Er erließ jegliche Steuer und erhöhte sogar den Ankaufspreis für Gold. Der spätere Kurfürst Karl Theodor schaffte mit der Bergordnung

„Goldwäsche" aus Agricola (1556)

Das Flussgoldwaschen an der Isar ist erstmals 1477 dokumentiert. Damals schloss Herzog Ludwig IX. der Reiche (1417–1479) einen Vertrag, der das Goldwaschen an der Isar zwischen Moosburg und Plattling regelte. Sein Denkmal steht in seiner Residenzstadt Landshut am Dreifaltigkeitsplatz.

Im Gegensatz zum Rheingold ist das Waschgold vom Obermain etwa 10- bis 15-mal größer, im Schnitt 1,0 bis 1,5 Millimeter.

von 1784 zusätzlich die Gebühren für die Ausstellung der Goldwaschpatente ab. Aber all diese Maßnahmen halfen nicht, die Goldförderung im großen Stile anzukurbeln. Die Goldgehalte in den bayerischen Flüssen waren nicht hoch genug, um davon zu leben.

Das Ende einer Ära

Ab dem 19. Jahrhundert begannen die Menschen mit umfassenden Baumaßnahmen an Isar und anderen Flüssen im Alpenvorland, um die jährliche Hochwassergefahr in den Griff zu bekommen. Dadurch veränderten sich die natürlichen Abfluss- und Sedimentationsverhältnisse der Flussläufe dramatisch. Begradigung und Eindeichung führten dazu, dass die Flüsse ihre Sedimentfracht nicht mehr im Wechselspiel der unterschiedlichen Strömungsgeschwindigkeiten verlagerten. In der Folge verschwanden auch die Sandbänke und Untiefen, an denen sich bisher Schwerminerale und Gold angelagert hatten. Mit dem Versiegen dieser alljährlichen „Rohstoffauffrischung" verschwanden auch die nun arbeitslosen Goldwäscher von den bayerischen Voralpenflüssen – die Ära des Goldwaschens war vorbei.

Flussgold und Dukaten

Gold wurde vermutlich an vielen Flüssen der bayerischen Voralpen gewaschen. Neben der Goldwäscherei an der Isar ist auch die am Inn gut dokumentiert. Ab dem 15. Jahrhundert begann dort die Goldgewinnung, die mit der Vergabe von 14 Waschpatenten pro Jahr um 1750 ihre Hochzeit erlebte.

Entlang der Flussläufe von Iller und Lech gibt es dagegen keine historischen Hinweise auf Goldwäschen. Dennoch führen beide Flüsse ein wenig Gold (Vitt 2014).

Das Gleiche kann vom Main gesagt werden. Eine historische Goldwäsche ist auch dort nicht bekannt, aber Gold wird dennoch gefunden. Der Hobbygoldwäscher Manfred Common beschreibt auf seiner Website, dass das Waschgold vom Obermain etwa 10- bis 15-mal größer als das vom Oberrhein ist (Common 2017). Die durchschnittliche Goldpartikelgröße liege bei rund 1,0 bis 1,5 Millimetern. Das Maingold sei nicht platt gewalzt wie die Rheingoldflitter, sondern körnig. Die Goldpartikel vom Untermain seien wesentlich kleiner und näherten sich der Flittergröße des Rheingoldes. Seiner Erfahrung nach sei es schon schwer genug, Rheingold zu erbeuten, aber Waschgold vom Untermain sei noch ungleich schwieriger und mühsamer zu gewinnen. Der Feingoldgehalt des geschmolzenen Maingoldes liegt laut Common (2017) bei 91,44 Prozent (21,94 Karat); 8,4 Prozent sind Silber.

Über die historische Goldgewinnung aus der Donau ist wenig bekannt. Dabei ist in der Donau eigentlich überall Gold zu finden, allerdings meist in Form von sehr kleinen, flachen Plättchen. Dies erscheint plausibel, denn die Gold führenden Voralpenflüsse Iller, Lech, Isar und Inn sind bereits lange unterwegs gewesen, bevor sie in die Donau münden. Daher gelangen in die Donau nur noch vereinzelt Goldpartikel, die größer sind als Staubkörner. In die Donau könnte aber auch Gold aus den von Norden kommenden Flüssen mit eingetragen werden: Die in die Donau mündenden Flüsse Naab und Regen kommen beispielsweise aus den Gold führenden Gesteinen des Fichtelgebirges sowie des Oberpfälzer und des Bayerischen Waldes. Dafür, dass das Gold aus dem Bayerischen Wald stammen könnte, gibt es sogar ein Indiz: Wenn auch sehr selten, so finden sich im Schwermineralkonzentrat des Donaugolds immer wieder auch Körnchen aus Platin. Das Forscherteam um Harald Dill konnte zeigen, dass diese von Gesteinen aus dem Bayerischen Wald und dem Böhmerwald kommen (Dill et al. 2007).

Vom Fluss zur Münze

Laut Berggesetz musste das Gold aus den Flüssen gegen ein entsprechendes Entgelt an die Obrigkeit abgeliefert werden. Daraus ließen die jeweiligen Regenten oftmals Münzen prägen. Im Kurfürstentum Bayern war dafür ausschließlich die damalige zentrale Münzprägeanstalt zuständig, aus der sich später die königliche Münze entwickelte. In den alten Gebäuden befindet sich heute das Bayerische Landesamt für Denkmalpflege. Die Ausstattung zeugt noch heute von der Bedeutung dieser Einrichtung für die bayerischen Landesherren.

Die bayerischen Flussgolddukaten mit einem durchschnittlichen Gewicht von über drei Gramm wurden erstmals 1756 geprägt.

Die Gestaltung ist recht einheitlich: Die Rückseite zeigt einen Flussgott sowie die lateinische Inschrift EX AURO ISARAE [Aus dem Gold der Isar] oder …OENI (des Inns) oder …DANUBII (der Donau). Auf der Vorderseite prangt das jeweilige Porträt des Regenten, also des Kurfürsten und später des Königs.

Die Dukaten wurden wegen ihrer geringen Stückzahlen sicher nicht als Zahlungsmittel angefertigt, sondern vielmehr als besonderes, geachtetes Gastgeschenk mit hohem Erinnerungswert. Die bereits damals kostbaren Münzen aus Flussgold sind heute große Raritäten mit entsprechend hohem Sammlerwert. Eine einzige Dukatenmünze aus Flussgold kann bis zu mehrere Tausend Euro kosten.

Die Staatliche Münzsammlung in der Residenz München beherbergt heute eine ausgezeichnete Sammlung von Flussgolddukaten. Dort können Dukaten aller bayerischen Flüsse und des Rheins bestaunt werden.

Nähere Informationen gibt es unter www.staatliche-muenzsammlung.de.

Von links nach rechts:

Isargolddukaten von 1760; Vorderseite: Brustbild von Kurfürst Maximilian III. Josef von Bayern (1745–1777)

Inngolddukaten von 1780; Vorderseite: Brustbild von Kurfürst Karl II. Theodor von Bayern (1777–1799)

Donaugolddukaten von 1756; Vorderseite: Brustbild von Kurfürst Maximilian III. Josef von Bayern

TIPP: GOLDWASCHEN IM LANDSHUTER BAUZUNFTHAUS

Landshut ist die einzige größere bayerische Stadt an einem Fluss, die ihren Gästen regelmäßig die Möglichkeit zum Goldwaschen anbietet.

Das Fremdenverkehrsbüro Landshut hat vor einigen Jahren eine historische Goldwaschanlage im Bauzunfthaus eingerichtet, in der man von Mai bis Oktober unter fachkundiger Anleitung aus Sand Gold waschen kann. Zum Einsatz kommen dabei traditionelle Methoden des 15. Jahrhunderts, sprich Sieb und Waschpfanne. Für die Waschaktion können sich Gruppen bis zu 20 Personen beim Amt für Marketing und Tourismus anmelden. Die Teilnehmerinnen und Teilnehmer erhalten Sand mit einer bestimmten Anzahl von Goldkörnern, die man nach dem Auswaschen als Trophäen mit nach Hause nehmen darf.

Bauzunfthaus
Dreifaltigkeitsplatz 2, 84028 Landshut
Tel.: 0871 922051
www.landshut.de/portal/tourismus

TIPP: BROTZEIT IM GOLDWÄSCHERHAUS

Wer in Landshut auf den Spuren der Goldwäscherei unterwegs ist, sollte auch am Gasthaus „Isar-Klause" vorbeischauen. Gut essen lässt sich in der Stadt zwar vielerorts, aber nirgends sonst, wo nachweislich ein Isargoldschürfer wohnte. Der heutige Hauseigentümer hat in Gedenken an den Goldarbeiter Augustin Schirz, der in diesem Haus in der Ländgasse 124 von 1769 an wohnte, eine Granittafel am Eingang anbringen lassen.

Bei seinen Recherchen im Staatsarchiv auf der Burg Trausnitz stieß der Hobbyforscher außerdem auf einen gewissen Goldarbeiter Meyer, der sich mit der damaligen Obrigkeit, der Königlichen General-Bergwerks-Administration, angelegt hatte. Das belegt ein Schriftstück, das Meyer zur Rechenschaft aufforderte. Seine Missetat: Er hatte aus dem gewaschenen Isargold Goldschmuck hergestellt und verkauft, statt es der Obrigkeit abzuliefern. Das Schriftstück ist im Lokal zu sehen.

18 Grübenfeld an der Amper bei Schöngeising

An der Amper haben angeblich bereits die Kelten Gold gewaschen. Beweisen lässt sich das nicht, aber noch heute ist in der Landschaft zu erkennen, dass hier einst Gold gewonnen wurde. Das ist an den bayerischen Voralpenflüssen einzigartig. Andernorts haben Flussbegradigungen und Eindeichungen alle Spuren der Goldwäscherei verwischt.

Überwachsene Hügel und Senken im Wald an der Amper bei Schöngeising

DAS GEOTOP

Die überwachsenen Hügel und Senken in der Gegend an der Amper um Schöngeising lassen das geschulte Auge an Goldabbauspuren denken. Allerdings sind sie deutlich weniger ausgeprägt, als es für typische Goldwäschereien zu erwarten wäre. Das könnte daran liegen, dass regelmäßige Überflutungen im Talbereich die Senken nach und nach auffüllten, sodass sich die Spuren immer mehr verwischt haben.

Den besagten Bereich erreicht man, wenn man am Ende des Sportplatzes von Grafrath dem Waldweg in Richtung südliches Amperufer folgt. Bei den Geländespuren handelt es sich um Hügel und Wälle, zwischen denen Gräben verlaufen. Diese Gräben sind zwei bis drei Meter breit und bis zu eineinhalb Meter tief. Bei den Hügeln handelt es sich um Schotterhügel, die neben Kalkstein auch kristalline Gerölle, darunter Amphibolit, Schiefer, Gangquarz, Glimmerschiefer und Gneis, enthalten. Die Senken haben einen Durchmesser von einigen Metern. Da sie aber stark bewachsen sind, kann man sie nicht zu jeder Jahreszeit gleich gut erkennen. Für eine Wanderung dorthin empfiehlt sich

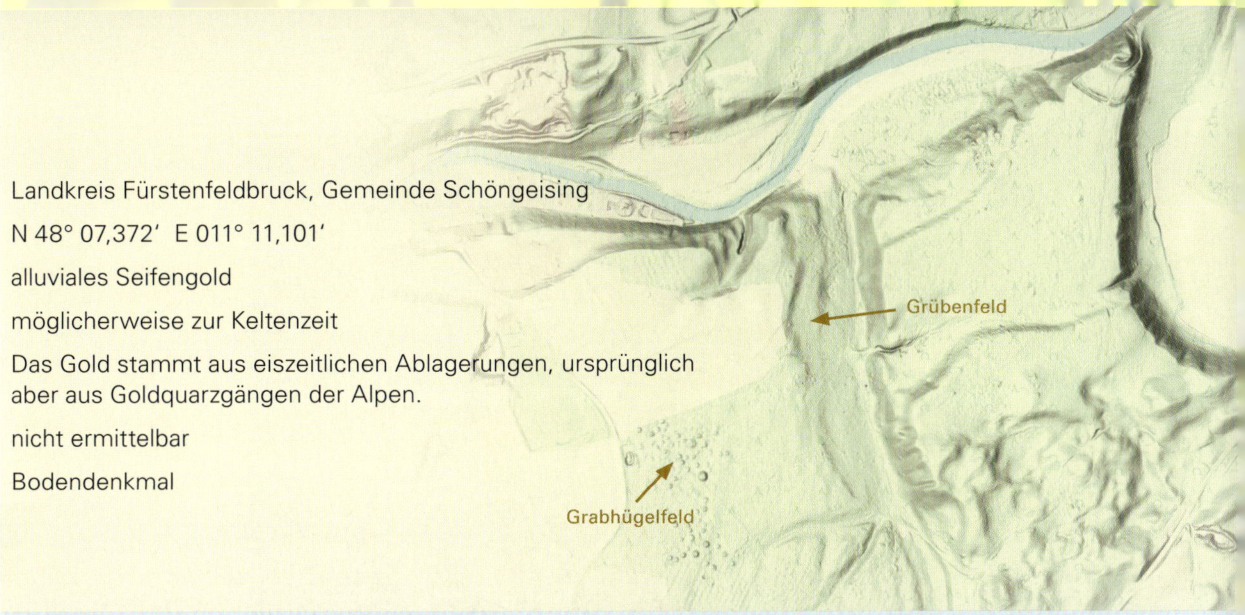

STANDORT	Landkreis Fürstenfeldbruck, Gemeinde Schöngeising
KOORDINATEN	N 48° 07,372′ E 011° 11,101′
LAGERSTÄTTENTYP	alluviales Seifengold
ABBAUPERIODEN	möglicherweise zur Keltenzeit
GOLDHERKUNFT	Das Gold stammt aus eiszeitlichen Ablagerungen, ursprünglich aber aus Goldquarzgängen der Alpen.
GOLDMENGE	nicht ermittelbar
SONSTIGES	Bodendenkmal

Das Grübenfeld direkt südlich der Amper unterscheidet sich im Laserscan deutlich von dem bronzezeitlichen Grabhügelfeld.

NAVI	Bahnhofstraße 96, 82284 Grafrath
WEGBESCHAFFENHEIT	Straße, Forststraße, an der Amper schmaler Wanderweg
WEGBESCHREIBUNG	Von der S-Bahn-Haltestelle Grafrath der Linie S4 Richtung Süden durch Grafrath auf der Bahnhofstraße und links weiter auf der Hauptstraße. Nach 500 m über die Amper und auf der Mauerner Straße am Sportplatz vorbei. An dessen Ende links in den Waldweg. Beiderseits des Wegs liegen auf den ersten 250 m bronzezeitliche Grabhügel im Wald (Besichtigung zum Vergleich mit Hügeln der Goldwäscherei empfohlen). An einer Abzweigung links und nach weiteren 400 m an dem vermutlichen Goldwaschareal (links des Wegs) vorbei. Unten an der Amper Abstecher nach links zum Naturdenkmal Amperschlucht. Zurück am Abzweig weiter Richtung Schloßberg. Ab dem Schloßberg immer nahe der Amper nach Schöngeising, dort über die Brücke und über Amper- und Bahnhofstraße zur S-Bahn-Haltestelle.

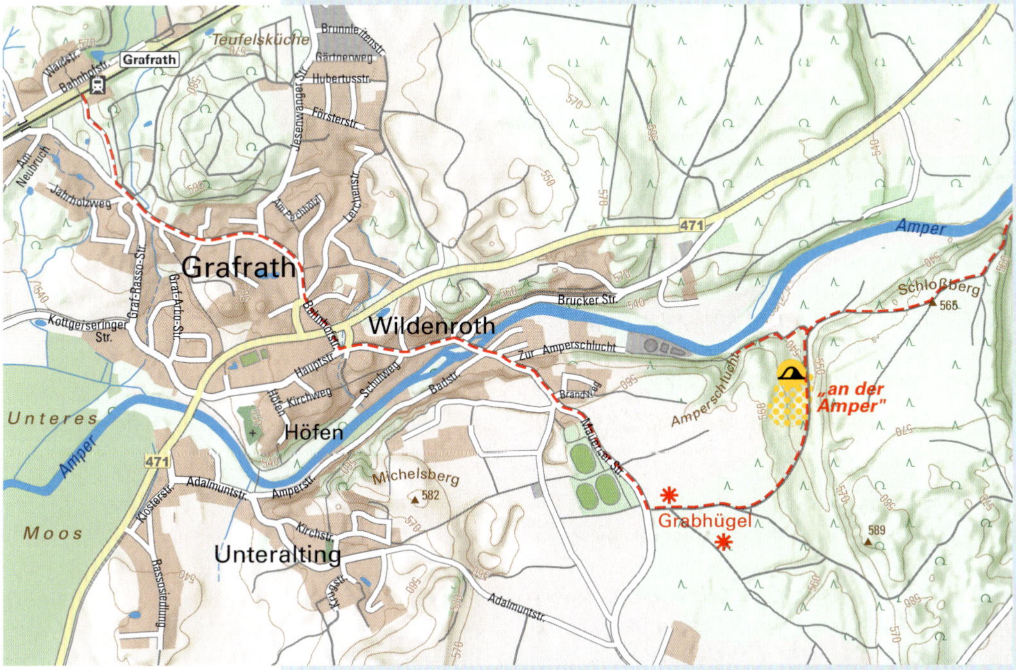

TIPP FÜR WANDERUNGEN

Auf dem Schloßberg befand sich schon frühbronzezeitlich eine Höhensiedlung. Der Platz wurde bis ins Hochmittelalter genutzt, als dort die „Sunderburg" stand. Erhalten sind heute noch Turmhügel, Wall- und Grabenreste.

TIPP FÜR RADTOUREN

Mit dem Rad auf dem nahTour-Band vom Kloster Fürstenfeld zum Schloss in Türkenfeld; an den Grabhügeln einen Abstecher Richtung Amper zum Grübenfeld

Bronzezeitlicher Grabhügel im Wald bei Schöngeising. Die runden Aufschüttungen könnte man auf den ersten Blick mit Bergbauhalden verwechseln.

daher das zeitige Frühjahr, wenn die Vorjahresvegetation vom Schnee niedergedrückt wurde, während die junge Vegetation noch nicht so hoch gewachsen ist.

Seifenhügel oder Grabhügel?

In der Umgebung von Schöngeising sind neben den alten Goldabbauspuren an der Amper auch zahlreiche Grabhügel zu finden, die man fälschlicherweise mit dem Goldabbau in Verbindung bringen kann. Diese Hügel aus der Bronzezeit sind mehrere Meter hoch und haben einen Durchmesser von bis zu 25 Metern. Sie bestehen aus Aufschüttungen von ortsüblichem Schotter mit karbonatischen und kristallinen Geröllen. In der Mitte der kreisförmigen Hügel sind Krater. Früher befanden sich hier wahrscheinlich Grabkammern, die entweder zusammengebrochen sind oder von Grabräubern beim Plündern zerstört wurden.

Die Grabhügel sind von den Halden der Goldwäscher eindeutig zu unterscheiden: Zum einen sind sie viel symmetrischer gebaut und angeordnet, weil sie früher kultische Bedeutung hatten. Zum anderen stehen sie relativ isoliert in den Wäldern abseits der Amper.

GOLDHERKUNFT

Im Buch „Das Gold der Kelten" erwecken die Autoren den Eindruck, die Kelten hätten im Bereich der Amper bei Schöngeising Gold gefördert (Förster et al. 1997). Diese Annahme ist archäologisch bisher nicht belegt. Unstrittig ist, dass den Kelten und Römern bekannt war, wie man Flussgold finden und gewinnen konnte. Historisch belegt ist, dass bis ins 19. Jahrhundert an den Flüssen Donau, Isar, Inn, Salzach, Alz und Traun Goldsucher unterwegs waren → *Geotop Nr. 17*. Im Archiv für Vaterländische Geschichte finden sich auch Berichte darüber, dass der Amper-Zufluss Windach an der Einmündung nahe dem Auslauf des Ammersees überdurchschnittlich viel Gold geführt habe (Geistbeck 1880).

Das Flussgold stammt aus den Alpen. Von Gletschern und in Flussläufen wurde es bis nach Bayern „exportiert". Doch nicht überall entlang der bayerischen Voralpenflüsse wurden die Goldsucher fündig – das ist auch heute noch genauso wie damals.

GOLDMENGE

Als Geologen der Technischen Universität München mühevoll 15 Kilogramm Schotter und Sand, die sie aus einer der Gruben an der Amper geholt hatten, nach Gold durchsuchten, war das Ergebnis ernüchternd: Sie fanden nur zwei mickrige, stark gerundete und geplättete Goldflinserl mit einem Durchmesser von jeweils einem Millimeter.

Auch früher kann hier eigentlich kein Goldabbau in größerem Stil stattgefunden haben, zumal das durchsuchte Gebiet eine vergleichsweise kleine Fläche hat. Der Goldabbau war wohl nur ein kurzes Intermezzo. Der bereits erwähnte Archivbericht behauptete allerdings das Gegenteil: Die Windach, ein Amper-Zufluss, habe so viel Gold geführt, dass der als Alchemist bekannt gewordene kurfürstliche Kämmerer und Geheimrat Freiherr Johann Maximilian Joseph von Perfall daraus einen Dukaten habe prägen können. Wer's glaubt! Das Problem mit den Alchemisten war, dass sie versuchten, aus nichts Gold zu zaubern, und aller Welt weismachen wollten, dass es ihnen tatsächlich gelungen sei!

Rechts: Rasterelektronenmikroskop-Aufnahme eines Goldplättchens aus dem Schotter der Amper

ALCHEMISTENGOLD – AUS NICHTS GOLD MACHEN

Die Vorstellung, dass Gold aus anderen Elementen herzustellen sei, hat die Menschen im Mittelalter und in der frühen Neuzeit fasziniert. Bis zur Entwicklung der Chemie als Wissenschaft suchten die Alchemisten auf zahlreichen Wegen nach dem Schlüssel zur „Transmutation", also zur Umwandlung unedler Ausgangsstoffe in das Edelmetall Gold.

Domenico Manuel Caetano (um 1670–1709), selbst ernannter Graf von Ruggiero, war ein berühmter Abenteurer und Alchemist der Barockzeit, dessen Werdegang vor allem durch die Prunksucht und Goldgier der Reichen und Schönen begünstigt wurde.

Obwohl ihm der Ruf eines Trickbetrügers anhaftete, richtete ihm Kurfürst Max Emanuel in München ein Laboratorium zum Goldmachen ein. Die Obrigkeit ermöglichte ihm sogar eine militärische Laufbahn, um sein eigentliches Tun geheim zu halten. Als Obrist und Generalfeldzeugmeister erhielt Caetano einen geradezu fürstlichen Sold. Nachdem er trotz vieler Versuche erfolglos geblieben war, musste er flüchten, zuerst nach Salzburg und danach ins Kloster Raitenhaslach bei Burghausen. Dort fand er in den hoch verschuldeten Mönchen neue Opfer. Rund 20 Jahre lang zog der betrügerische Goldmacher durch halb Europa, bis er schließlich verhaftet und 1709 in Küstrin an einem mit Flittergold beklebten Galgen gehängt wurde (Krätz 2001).

Caetano war kein Einzelfall. In seiner Epoche täuschten an den europäischen Höfen zahlreiche Alchemisten goldgierige Herrschende mit einfachen Tricks und köderten sie mit falschen Versprechungen. So verdienten sie ihren Lebensunterhalt – und nicht wenige bezahlten mit ihrem Leben dafür → *Seite 62 und 63*.

Blick in ein rekonstruiertes „Goldmacher"-Labor in der Goldabteilung des Heimatmuseums Goldkronach

NAZIGOLD

Mit den Nationalsozialisten lebte die Goldsuche im 20. Jahrhundert noch einmal unrühmlich auf: Um die hohen Kosten der Kriegsvorbereitungen auszugleichen, wollten die Machthaber auch in Bayern Gold gewinnen. Unmittelbar nach der Machtergreifung wurde das Goldwaschen aus den Flüssen wieder dem Bergrecht unterstellt. Damit hatte der Staat das erste Zugriffsrecht auf den als kriegswichtig eingestuften Bodenschatz.

Dabei saßen die Nazis einem Betrüger auf: Der „Ingenieur" Karl Malchus hatte den Sand der Amper aus der Gegend von Prittlbach als besonders goldhaltig angepriesen (Werner 2010). Die dann untersuchten Proben hatte Malchus allerdings mit unsichtbaren Goldsalzen versetzt. Auch nachdem dieser Betrug aufgeflogen war, suchte das NS-Regime weiter nach Flussgold. Ein Geologe und sogar ein Wünschelrutengänger wurden mit der Suche beauftragt. Was den Goldsuchern in den 1.000 Jahren vorher nicht oder nur mit geringem wirtschaftlichen Gewinn gelang, war auch diesmal nicht von Erfolg gekrönt. Mit dem Ende der nationalsozialistischen Herrschaft war 1945 auch die dilettantische Goldsuche vorbei.

19 Ehemalige Goldwäsche am Röthelbach bei Traunstein

Nomen est omen! Diese lateinische Redensart trifft für den Röthelbach zu, der vom Hochberg in die Traun bei Traunstein fließt. Auch wenn heute an seinen Ufern keine Spuren des Goldwaschens mehr zu entdecken sind, verrät der Name viel: Gold wurde früher auch als „Roth" bezeichnet.

Der Hochberg ist 776 Meter hoch und Quellgebiet der Goldnuggets im Röthelbach.

DAS GEOTOP

In vielen Publikationen wird die Meinung vertreten, dass die Goldwäscherei an den südbayerischen Flüssen eine lange Tradition gehabt hätte. Doch dafür gibt es keine wissenschaftlich belegbaren Fakten, da hier – anders als in Ostbayern – über die Jahrhunderte alle Abbauspuren des Goldwaschens verloren gegangen sind. Es gibt somit keine Montan-Geotope an den Ufern des Röthelbachs bis zum Hochberg, dem 776 Meter hohen Hausberg der Traunsteiner. Bei einer Wanderung zum Hochberg entlang des Röthelbachs lassen sich aber noch heute dieselben Gerölle entdecken, die die Goldgräber vor 500 Jahren vermutlich nach Goldflinserln durchwühlten.

In der Natur blieben keine Abbauspuren erhalten, wohl aber in schriftlichen Aufzeichnungen: Alois Geistbeck berichtete 1880 von einer Goldwäscherei bei Traunstein. Im 16. Jahrhundert soll *„aus der Alz und Traun, dem Schwober- und Sperberbach bei Traunstein"* Gold gewaschen worden sein. Da die beiden letztgenannten Namen heute nicht mehr in Gebrauch sind, ist eine Identifizierung dieser Bäche nur indirekt möglich.

STANDORT	Landkreis Traunstein, Gemeinde Traunstein
KOORDINATEN	N 47° 50,535′ E 012° 39,610′
LAGERSTÄTTENTYP	alluviales Seifengold
ABBAUPERIODEN	16. bis 19. Jahrhundert
GOLDHERKUNFT	Das Gold stammt aus Molassesedimenten, ursprünglich aber aus Goldquarzgängen der Tauern.
GOLDMENGE	nicht ermittelbar

NAVI	Siegsdorfer Straße 33, 83278 Traunstein
WEGBESCHAFFENHEIT	mittlerer Schwierigkeitsgrad, teils steil

0 500 m

WEGBESCHREIBUNG

Von den Haltestellen des ÖPNV im Stadtgebiet (Bahnhof, Karl-Theodor-Platz, Seiboldsdorf) zum Traunsteiner Schwimmbad (Parkplatz). Von dort Wanderweg Nr. 9 am Röthelbachweiher vorbei und entlang des Röthelbachs. Keine sichtbaren Spuren der Goldwäscher, aber Quarzgerölle im Bach. Nach Hütt wieder den Weg hinunter zum Röthelbach. Überquerung des Bachs, nach 80 m vom markierten Wanderweg rechts ab in eine Fahrspur, aus dem Talgrund heraus nach Holzleiten und weiter nach Kirchleiten. Im „Unterholz" Querung einer kleinen Schlucht mit Gold führenden Molassekonglomeraten im Bachbett. Weiter oberhalb an Bergwiesen vorbei. An der Straße von Höll auf den kreuzenden Wanderweg Nr. 10 nach Hochberg. Danach über den Waldweg „Hochberg" zurück zum Schwimmbad-Parkplatz.

Am Röthelbach wurde im 16. Jahrhundert Gold gewaschen. Noch heute lassen sich dort Quarzgerölle finden, die vermutlich aus den österreichischen Zentralalpen stammen.

So findet sich ein Weiler mit dem Namen „Schwober" in der Nähe des heutigen Röthelbachs. Vielleicht ist der Schwoberbach von 1880 identisch mit dem Röthelbach von heute? Dafür spräche der auf den ersten Blick rätselhafte Name Röthelbach. Rot Gefärbtes lässt sich in diesem Bach nämlich nicht finden, weder rostrotes Eisenerz noch die ebenfalls begehrten blutroten Granat-Schmucksteine. Aber Gold wurde im 15. Jahrhundert zuweilen „Rot(h)" genannt (Adelung 1811).

Möglicherweise führt uns auch der Name „Schwober" auf die Spur der frühen Goldwäscher. Denn „schwoaben" bedeutet auf Bayerisch „schwemmen" und ist heute noch gebräuchlich als Trinkspruch *„Schwoabs owe!"* im Sinne von „Trink's aus!" oder „Spül's runter!". Zudem werden zwei Waldstücke am Sparzer Graben östlich von Traunstein noch heute in der topografischen Karte als Wäscherwald und als Gräbenwald bezeichnet.

Der Wanderweg zum Hochberg quert eine kleine Schlucht, in der aus den Tauern stammende Quarzgerölle der Molasse freigelegt sind.

GOLDHERKUNFT

Systematische Untersuchungen der Goldführung im Röthelbach ergaben, dass das Gold aus den österreichischen Alpen bis nach Traunstein kam: Vor 20 bis 30 Millionen Jahren verfrachtete die „Ur-Traun“ goldhaltige Gerölle aus den sich nach oben hebenden Gebirgszügen der Alpen bis nach Bayern. Sie mündete damals ins Molassemeer und lagerte ihre goldhaltige Fracht dort als Schuttfächer ab. Viele Millionen Jahre später, als das Meer verschwunden war, kamen die goldhaltigen Schuttfächer durch die andauernde Hebung der Alpen und Abtragung wieder an die Oberfläche. Aus diesen zwischenzeitlich zu Konglomeraten „zusammengebackenen“ Geröllen der Molasse gelangte das Gold in Röthelbach und Traun.

Die Goldkörner aus den Flüssen und Bächen um Traunstein sind also im wahrsten Sinne des Wortes uralt und haben eine lange Reise hinter sich. Und das sieht man vielen von ihnen auch an: Sie sind stark gerundet und geplättet. Daneben gibt es aber auch wesentlich größere Goldkörner mit zackigen Rändern und rauer Oberfläche, die kaum Transportspuren zeigen. Im Röthelbach entdeckte ein Hobbygoldwäscher bis zu vier Millimeter große Nuggets. Dieses Gold wurde zur Molassezeit nicht als Nugget, sondern quasi huckepack – wohlbehütet

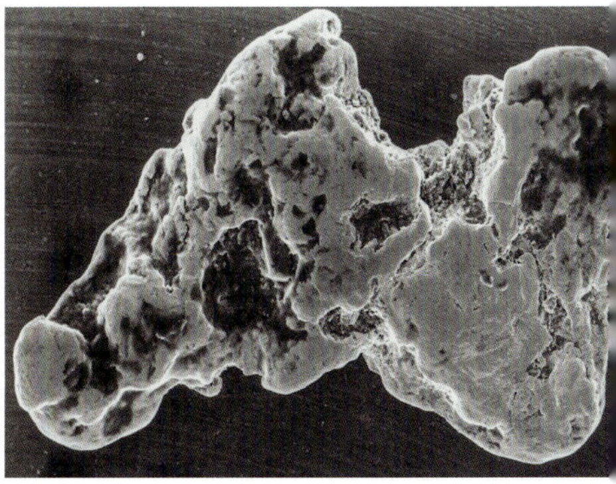

REM-Aufnahme eines Goldkorns mit starker Rundung und Plättung (Bildbreite: ein Millimeter)

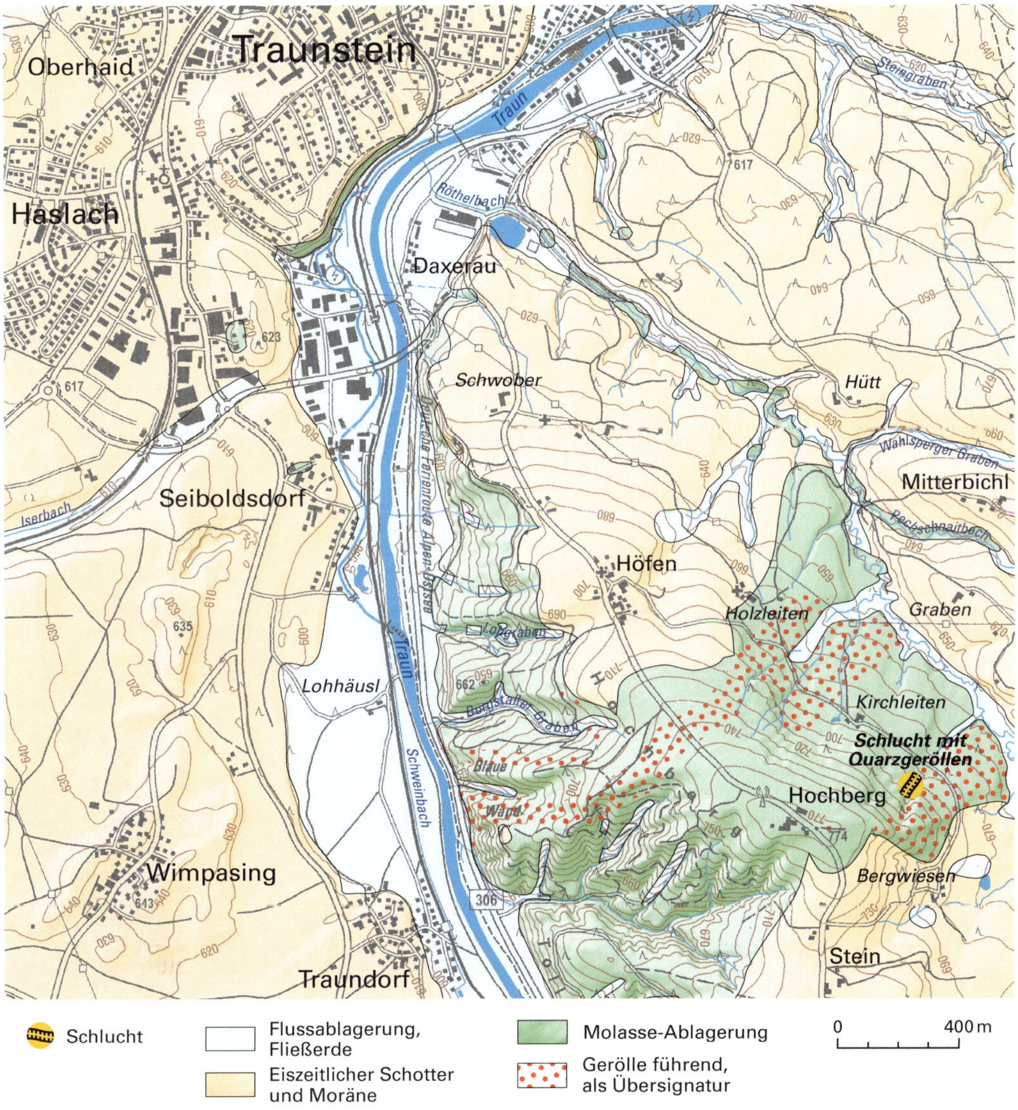

Geologische Übersichtkarte des Hochbergs bei Traunstein mit dem Röthelbach. Die Gerölle führenden Molasseablagerungen sind die Goldquelle.

in Quarzgeröll eingeschlossen – nach Bayern verfrachtet. Und erst vor Ort, nach kurzem Transport im steilen Bachbett, brach die Panzerung auf und gab das Goldkorn frei. Und so finden sich heute in der Umgebung von Traunstein im Bereich der Meeresmolasse frisch herausgewitterte, kaum verfrachtete Freigoldkörner fern ihrer ursprünglichen Heimat im Kristallin der Tauern, denen man den weiten Transportweg nicht ansieht.

Woher genau aus den österreichischen Alpen stammt das Gold?

In den Schwermineralkonzentraten finden sich exotische Minerale wie Scheelit und Zirkon, die in den bayerischen Alpen nicht, in den österreichischen Zentralalpen hingegen sehr häufig vorkommen. Und dort gibt es auch eine weltberühmte Goldquelle: das Gold der Tauern → *Seite 140* ! Von Krimml im Westen über das Untersulzbachtal und das Habachtal bis zu den ergiebigsten Lagerstätten im Rauriser und Gasteiner Tal – überall dort waren die aus heißen Lösungen entstandenen Quarzgänge das begehrte Ziel der Goldsucher.

GOLDMENGE

Der Goldwäscher Hans Kirchberger soll „innerhalb von sechs bis sieben Wochen im Schwober- und Spergerbache bei Traunstein ein Loth Goldes" gewaschen haben (Mayer 1893); das entspricht etwa 16 Gramm. Die Größenordnung ließ sich durch eifrige Hobbygoldwäscher und den Geologen Wolfgang Irber aus Traunstein in den vergangenen 20 Jahren bestätigen: Sie wuschen an einigen ergiebigen Stellen bis zu 100 Goldkörner mit einem Gesamtgewicht von circa 0,02 Gramm aus rund 20 Kilogramm Sand. Das ist ein Goldgehalt von einem Gramm je Tonne – also nichts Aufregendes.

Erschwerend kommt hinzu, dass das Gold durch den Wassertransport sehr unregelmäßig im Kies verteilt wird und somit der tatsächliche Goldgehalt, hochgerechnet auf den gesamten Röthelbach, wesentlich geringer ausfällt. So sind wohl durchschnittliche Goldgehalte von einem Gramm auf zehn, ja sogar 100 Tonnen Gestein als realistisch zu betrachten – ein damals wie heute vollkommen unwirtschaftlicher Goldgehalt. Der Verdienst kann höchstens als Zubrot verstanden werden.

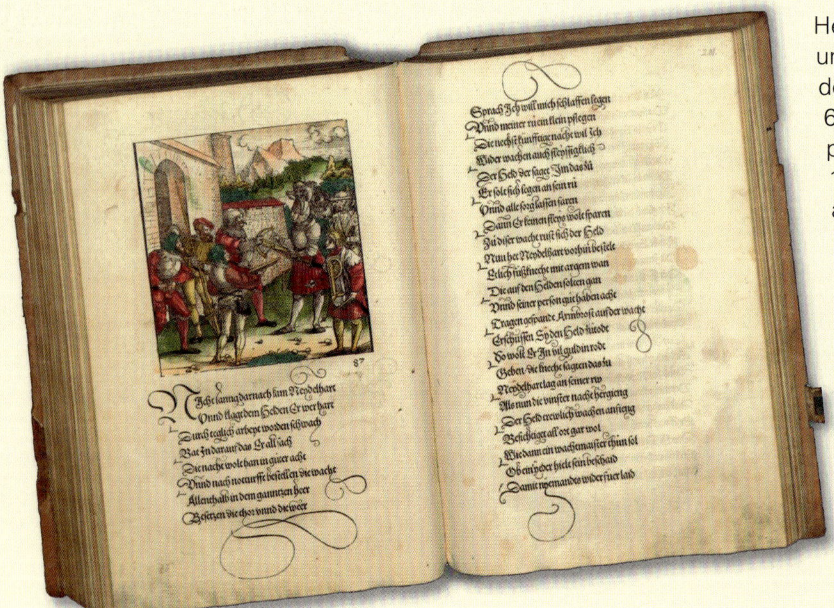

ROTES GOLD

Heutzutage ist mit Rotgold eine Legierung aus Gold und Kupfer (und meist ein wenig Silber) gemeint, wobei der Kupferanteil für den rötlichen Schimmer sorgt. Vor 600 Jahren, im 15. Jahrhundert, wurde hingegen das pure Gold zuweilen als „Rot(h)" bezeichnet (Adelung 1811). Einen Beweis dafür liefert die bis heute erhaltene abenteuerliche Reiseerzählung des Ritters Theuerdank. Die in Versform gehaltene und reich illustrierte fiktive Geschichte war 1517 in Nürnberg gedruckt und von Kaiser Maximilian I. in Auftrag gegeben worden. Im Kapitel 87 traf der edle Ritter auf Fußknechte, die für „*vil guldin roth* [viele Goldgulden]" ihn hinterrücks ermorden sollten. Wie es sich für einen echten Ritter gehört, befreite er sich natürlich aus seiner misslichen Lage …

Weißbachschlucht bei Schneizlreuth

20

Als 1990 auf den Münchner Mineralientagen ein Sammler den Goldexperten der Technischen Universität München angeblich im Berchtesgadener Land gefundenes Gold zeigte, stockte ihnen der Atem. Goldkörner dieser Größenordnung waren in Bayern bis dahin nicht bekannt. Die Nuggets mit bis zu fünf Millimetern Durchmesser waren von Quecksilber überzogen. Konnten sie wirklich aus der Weißbachschlucht stammen?

Der Weißbach hat sich in das Gestein des dort vorkommenden Hauptdolomits tief eingeschnitten und eine wildromantische Klamm geschaffen.

DAS GEOTOP

Um es gleich vorweg zu sagen: Kein Mensch weiß, ob jemals in der Weißbachschlucht im Berchtesgadener Land früher Gold gewaschen wurde. Es gibt weder alte Abbauspuren noch schriftliche Aufzeichnungen. Die wildromantische Klamm zwischen Weißbach und Schneizlreuth ist aber ein Geotop ersten Ranges und als Ausflugsziel unbedingt zu empfehlen. Eine Wanderung durch die Weißbachschlucht führt über Treppen und Stege an Gumpen und rauschenden Wasserfällen vorbei.

Obwohl er kein Montan-Geotop ist, so hat der Weißbach dennoch viel mit Gold zu tun. Als 1990 ein Hobbygoldwäscher den Experten der Technischen Universität München seine Nuggets zeigte, wurden diese mit einem misstrauischen „Das gibt's nicht" kommentiert. Ein daraufhin durchgeführter Goldwaschversuch am Weißbach beseitigte aber alle Zweifel an diesem „unmöglichen" Vorkommen.

In den ausgekolkten Bereichen, den sogenannten Gumpen, sammeln sich Gold und andere Schwerminerale.

GOLDHERKUNFT

Das Gold vom Weißbach besteht aus ungewöhnlich großen, bis zu fünf Millimeter durchmessenden Flinserln. Die Körner sind vollständig abgerundet und stark geplättet, was auf eine Transportweite von mehr als 100 Kilometern hinweist. Im Kern haben die Körner meistens einen hohen Silbergehalt von 20 bis 25 Prozent (Bauregger 2001). Das heißt, die Goldquelle ist eine recht silberreiche Lagerstätte. Ein weiteres Indiz zur Herkunft: Die Goldkörner weisen auf ihrer Oberfläche silberfarbene Flecken auf, die mit bloßem Auge sichtbar sind. Teilweise sind die Goldkörnchen auch vollständig „versilbert". Die Ursache dafür ist nicht – wie man wegen des hohen Silbergehalts meinen könnte – eine Silberschicht. Es handelt sich vielmehr um einen Überzug aus Quecksilber (Amalgam). Beim Schnitt durch diese Goldkörner zeigt sich, dass sie nur teilweise amalgamiert sind. Das Quecksilber tritt nur an der Oberfläche der Körner auf; der Kern besteht aus Gold.

Woher könnten diese besonderen Körner kommen? Sicher nicht aus den Karbonatgesteinen der Schlucht selbst, denn diese ist aus Gesteinen des Hauptdolomits aufgebaut. Und Dolomite und Kalke enthalten kein Gold. Ein weiterer exotischer Bestandteil des Schwermineralkonzentrats aus der Weißbachschlucht ist zudem Scheelit. Dieses nach dem Chemiker Carl Wilhelm Scheele benannte Mineral ist ein Oxid aus Calcium und Wolfram ($CaWO_4$) und kommt in den bayerischen Kalkalpen nicht vor. Gesucht wird also eine Goldquelle mit vier Kriterien: irgendwo weit südlich, mit hohen Silbergehalten, reich an Scheelit und reich an Quecksilber!

Woher kommt das rätselhafte Quecksilber?

Für die ersten drei Kriterien ist die Quelle schnell gefunden: die österreichischen Zentralalpen. Wie bei allen anderen Flussgold-

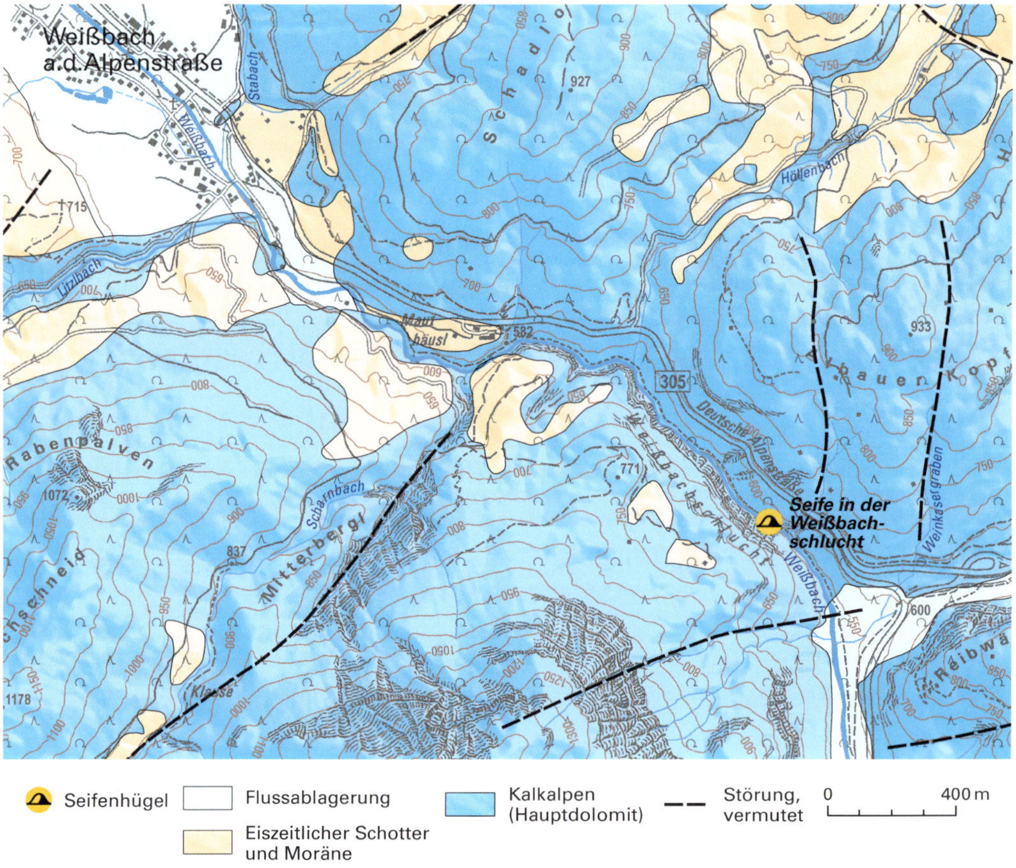

Geologische Übersichtskarte: Der Weißbach hat sich tief in die Schichten des sogenannten Hauptdolomits (über 200 Millionen Jahre alte Meeresablagerungen der Triaszeit) eingeschnitten. Diese Karbonatgesteine enthalten kein Gold.

STANDORT	Landkreis Berchtesgadener Land, Gemeinde Schneizlreuth
KOORDINATEN	N 47° 42,484′ E 012° 47,644′
LAGERSTÄTTENTYP	alluviales Seifengold
ABBAUPERIODEN	kein historischer Abbau bekannt; nur Waschversuche von Hobbygoldwäschern aus jüngster Zeit
GOLDHERKUNFT	Das Gold stammt aus eiszeitlichen Ablagerungen, ursprünglich aber aus den Goldquarzgängen der Tauern.
GOLDMENGE	nicht ermittelbar

Der atemberaubend schöne Wasserfall des Weißbachs belohnt Wandersleute.

NAVI	Mauthäusl, 83458 Schneizlreuth
WEGBESCHAFFENHEIT	Teils schmaler Steig mit feuchten Stellen: Gutes Schuhwerk und Trittsicherheit erforderlich. Bei Nässe, Schnee und Eis nicht begehen!

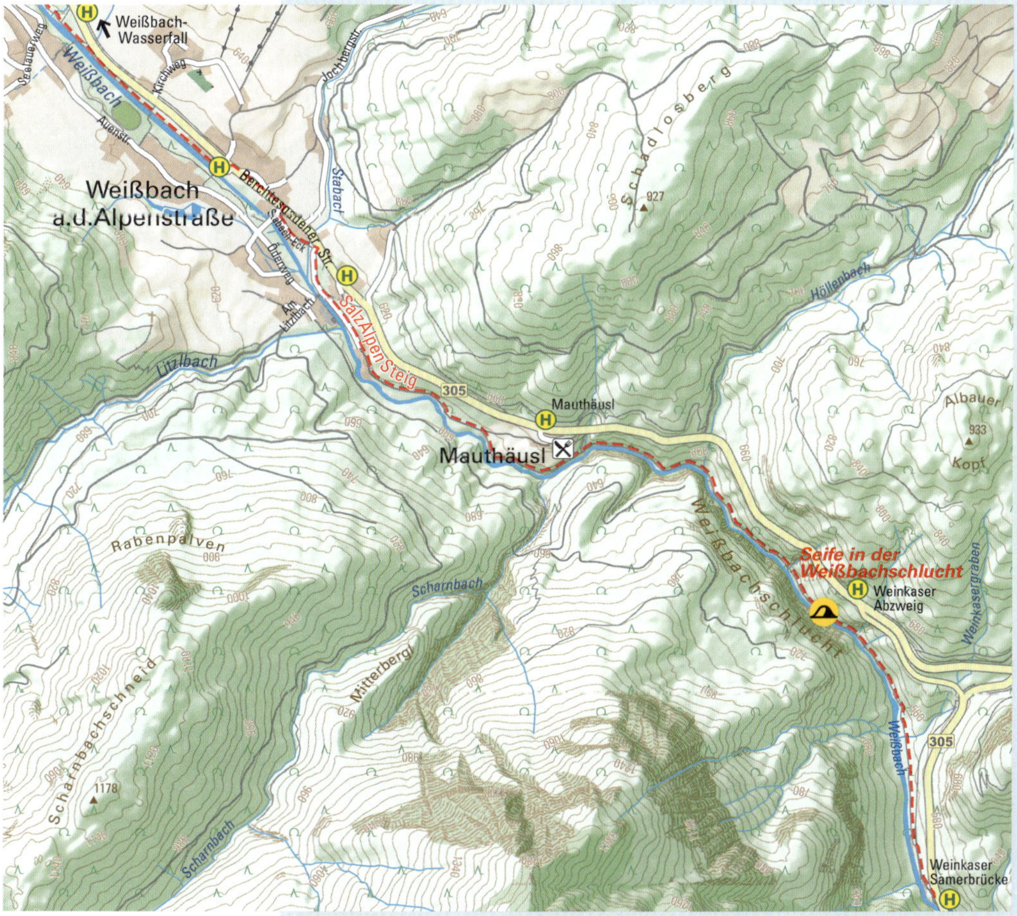

WEGBESCHREIBUNG

Von der Bushaltestelle „Weinkaser Samerbrücke, Schneizlreuth" entlang des Weißbachs flussaufwärts. Dann durch die Weißbachschlucht, teils auf schmalem Steig und über Brückchen vorbei an Wasserfällen und Gumpen. Entweder am Gasthof Mauthäusl zur Bushaltestelle (kurze Wanderung) oder entlang des Bachs und durch den Ort Weißbach zum Weißbach-Wasserfall, mit Abstecher zum Geotop „Gletschergarten Weißbach" (lange Wanderung). An der Haltestelle „Cafe Zwing" mit dem Bus zurück zum Ausgangspunkt.

Fahrpläne unter www.bayern-fahrplan.de

Goldwaschversuch am Weißbach im Bereich der Weißbachschlucht

vorkommen im bayerischen Alpenvorland ist der „übliche Verdächtige" das Gold der Hohen Tauern in Österreich, das mit Gletschern und Flüssen antransportiert wurde → *Seite 140*. Beim Tauerngold handelt es sich um klassische Vererzungen auf hydrothermalen Gängen und in Scherzonen. Das Gold ist meist in Quarzgängen zu finden und hat stark schwankende, aber hohe Silbergehalte von bis zu 25 Prozent (Paar et al. 2006). Scheelit ist ebenfalls in den österreichischen Zentralalpen wie beispielsweise im Felbertal verbreitet. Quecksilber hingegen gibt es in den österreichischen Zentralalpen nicht.

Links: Das Gold im Weißbach besteht aus bis zu fünf Millimetern großen Flinserln, die sehr gut gerundet und stark geplättet sind. Dies weist auf eine große Transportweite hin.

Rechts: Viele der Goldplättchen aus dem Weißbach glänzen silbern. Dabei handelt es sich nicht um eine Silberschicht, sondern um einen Überzug aus Quecksilber (Amalgam).

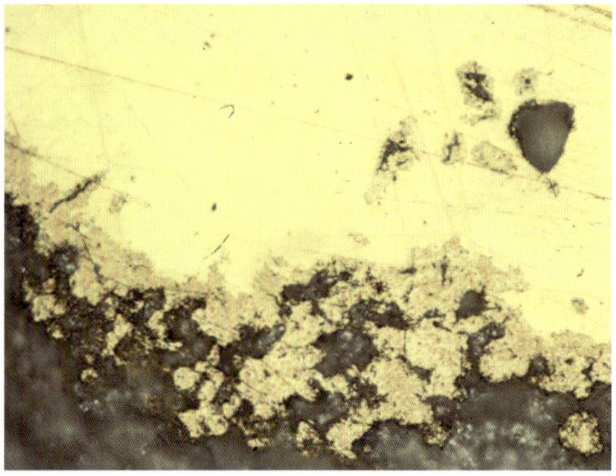

Links: Die Goldkörner sind bis zu einer Tiefe von 0,5 Millimetern amalgamiert. Darunter befindet sich das reine Gold.

Rechts: In der Kupfer- und Quecksilberlagerstätte Leogang westlich von Saalfelden quillt das Quecksilber sichtbar für das Auge in Tropfen hervor.

Eine mögliche Quelle von Quecksilber sind die Goldwäscher selbst: Früher war es auch in Deutschland üblich, dass die Goldkörner durch Quecksilber vom Schwermineralkonzentrat abgetrennt wurden → *Seite 20*. Aber im Weißbachtal gibt es keine Indizien für Goldwäscherei, auch nicht für handwerkliche oder industrielle Amalgamierarbeiten.

Den entscheidenden Hinweis liefert der eiszeitliche Schotter in einer Kiesgrube bei Inzell. Dort konnten direkt aus der Abbauwand von Menschen unbeeinflusste Proben entnommen werden. Darin fanden sich sowohl Gold und Quecksilber als auch amalgamierte Goldkörnchen. Das bedeutete, das Quecksilber musste aus einer natürlichen Quelle stammen.

Eine solche befindet sich in der österreichischen Grauwackenzone. Sie liegt eingekeilt zwischen den bayerischen Kalkalpen und den österreichischen Zentralalpen und beherbergt die bekannte Kupfer- und Quecksilberlagerstätte Leogang westlich von Saalfelden. Im frischen Gestein quillt das Quecksilber sogar für das Auge sichtbar in Tropfen hervor. Vermutlich wurde so während der Eiszeit Quecksilber mit dem Gletschereis bis nach Bayern verfrachtet. Beim Kontakt mit der Oberfläche von Goldkörnern im Weißbach verschweißten sich Quecksilber und Gold auf der Stelle zu Amalgam.

LEERE VERSPRECHUNGEN: DAS ANGEBLICHE GOLD DER KALKALPEN

Oben: Hinter einer Eichenholztür führt der Stollen des Goldlochs in den Wettersteinkalk des Kienbergs.

Rechts: Hoch oben in der Wand des Bergsturzes am Kienberg trieben die Bauern von der Felswand einen Stollen in den Berg. An der Wand sind keinerlei Spuren von Vererzungen zu finden.

Das am Weißbach gefundene Gold stammt eindeutig nicht aus den Kalkalpen. Im Laufe der Geschichte wurde allerdings immer wieder behauptet, dass es auch tief im Innern der Kalkberge echtes Berggold gäbe. Doch das war immer Lug und Trug!

LÜGENBARON AUF INVESTORENSUCHE

An der 1.587 Meter hohen Hochplatte in den Chiemgauer Alpen bei Marquartstein gab es 1650 wahrscheinlich einen Bleierzbergbau im Kalkgestein. 15 Jahre später kam dieses Bergwerk offenbar in den Besitz eines Barons von Schellenberg. Der gab an, er hätte im Gestein *„den Gehalt der dasigen Erze in der kleinen Probe auf 70 Pfund Bley, 25 Loth Silber und 2 Loth Gold"* bestimmt (in von Flurl 1792). Der bayerische Geologe Matthias von Flurl berichtete 1792 hingegen, dass niemand sonst *„von diesem edlen Metalle eine Spur und von dem Silber kaum ein Loth"* (entspricht circa 16 Gramm) ausfindig habe machen können. Irgendwann war der Baron dann doch als Betrüger aufgeflogen. Offenbar hatte er versucht, mit unlauteren Mitteln Investoren für seinen Bergbau zu gewinnen.

VIELE FALSCHE FÄHRTEN

Auch am Berg Kofel in den Ammergauer Alpen soll es einen Gold- und Silberbergbau inmitten von Kalkgesteinen aus der Trias- und Jurazeit gegeben haben. Diesem Bergbau wurde 1464 sogar von Herzog Sigmund eine eigene Bergordnung gegeben (von Lori 1764).

Es ist anzunehmen, dass es in den Kalkbergen der Ammergauer Alpen lediglich geringe Gehalte von meistens fein verteiltem Pyrit gibt. Der Abbau war deshalb nicht von Erfolg gekrönt. Der goldgelb glänzende Pyrit, der auch als Katzengold bezeichnet wird, wurde im Laufe der Geschichte immer wieder als Goldfund fehlinterpretiert. Vielleicht glaubte man auch, dass der Pyrit Spuren von Gold oder Silber enthalten könnte. Da der exakte Nachweis der Edelmetalle damals recht kompliziert war, kam es auch durch Verunreinigungen zu falschen Ergebnissen. So war damals das Lötrohrprobieren eine gängige Untersuchungsmethode. Dabei wird Blei zum Binden des Silbers aus den Proben verwendet. War das dafür genutzte Blei von sich aus schon silberhaltig, konnte es vorkommen, dass der nachgewiesene Silbergehalt aus dem Analysenaufbau, aber nicht aus der zu beurteilenden Lagerstätte kam.

DAS VERFLUCHTE GOLD AM KIENBERG

In seinem 1941 erschienenen Büchlein „Das verfluchte Gold" erzählt Florian Seidl die Geschichte eines Goldrausches in Unterwössen Mitte des 19. Jahrhunderts. Obwohl es schon geologischer und mineralogischer Kenntnisstand war, dass die Wahrscheinlichkeit für Funde in den Kalkalpen sehr gering war, steckten einige Bauern sehr viel Geld und Zeit in die Goldsuche am Kienberg. So arbeiteten alle Männer in den Sommermonaten dort im vermeintlichen Goldstollen. Die Frauen mussten währenddessen allein im Tal die Felder bestellen und das Vieh versorgen. Vermeintliche „Hexen" wurden befragt und schwarze Messen gefeiert, um das Gold zu finden. Trotz aller Bemühungen blieben die Arbeiten erfolglos. Zum Teil zerstörte diese Besessenheit ganze Existenzen.

Um möglichen Ursachen des Goldrausches auf den Grund zu gehen, wurde das Goldloch am Kienberg im September 2013 von Gerhard Lehrberger von der Technischen Universität München und dem Mineralogen Thomas Sperling begangen. Doch an keiner Stelle im Innern des Bergs sind Vererzungen zu erkennen, noch nicht einmal Katzengold, das die Goldsucher auf eine falsche Fährte hätte locken können.

DIE SAGE VOM GOLD DER KAMPENWAND

Die Sage vom Goldbergbau an der Kampenwand hat der Oberlehrer Max Bartl in Rimsting am Chiemsee aufgeschrieben: *„Vor vielen Jahren kamen von Venedig nach Aschau kleine Männlein. Man hieß sie die Venedigermännlein. Diese gruben auf der Kampenwand ein Loch. Sie suchten nach Eisen. Das gewonnene Eisen wurde von den Schmieden in Hohenaschau verarbeitet. Viele Leute sagten auch: ‚Die Venediger graben nach Gold. Man sieht jetzt noch auf der Kampen ein Loch. Das heißt heute noch Goldloch. Zum Schmelzen des Eisens brauchte man sehr viel Holz. Sie haben Holz auf einem Berge arg verschwendet. Die Ortschaft, die dort entstand, führt daher den Namen Gschwendt"* (Heilfurth 1967).

Das Goldloch an der Kampenwand ist allerdings kein Bergwerk, sondern eine natürliche Höhle. Ihr Eingang liegt südöstlich der Schlechtenbergalm in der Schwarzen Wand des Staffelsteins auf einer Höhe von etwa 1.370 Metern. Dass das Goldloch in den Sagen als Bergwerk gedeutet wird, liegt wohl daran, dass der Höhleneingang rund zehn Meter schnurgerade und nur leicht ansteigend in den Berg führt. Der mannshohe Gang konnte somit für einen von Menschenhand gemachten Stollen gehalten werden. Das „Gold" im Namen der Höhle könnte auf die vielen gelblichen Sinter im Innern anspielen. Deren gelbe Farbe hat ihren Ursprung vermutlich in Eisenhydroxiden, die bei der Oxidation des im Wettersteinkalk vorkommenden Pyrits entstanden sind.

Portal des Goldlochs am Staffelstein im Bereich der Kampenwand.

Anhang

LITERATURVERZEICHNIS

ACADEMIA SCIENTIARIUM (1829): Monumenta Boica. Volumen Vigesimal Octavum. – In: Monumentorum Boicorum Collectio Nova. Volumen I, Pars I, 511 S. (Selbstverlag der Academia Scientiarium).

ADELUNG, J. C. (1811): Grammatisch-kritisches Wörterbuch der Hochdeutschen Mundart 3. Teil, von M–Ser. – 1171–1172, Wien (B. Ph. Bauer).

AGRICOLA, G. (1556): De re metallica libri XII [Vom Bergwerk XII Bücher]. – Nachdruck der deutschen Ausgabe von 1961, 610 S., München (DTV).

AKSTALLER, F. (1870): Beiträge zur Geschichte des Marktes Zwiesel im Bayerischen Wald im Landgerichte und Bezirksamte Regen von 978 bis 1868. – In: Verhandlungen des Historischen Vereins Niederbayern, 15: 23–60.

ALBINUS, P. (1590): Meißnische Land- und Berg-Chronika, in welcher ein vollnstendige Description des Landes, so zwischen der Elbe, Sala vnd südödischen behmischen gebirgen gelegen, So wol der dorinnen begriffenen auch anderer Bergwercken, sampt zugehörigen Metall un Metallar beschreibungen. – 205 S., Dresden (Gimel Bergen).

ANONYMUS: Die geuerlicheiten und eins teils der geschichten des loblichen streytparen vnd hochberümbten helds und Ritters herr Tewrdanncks. Schönsperger, Nürnberg 1517; 2. Aufl. 1519.

ANONYMUS (1767): Versuch einer topografischen Beschreibung des Oberamtes Lichtenberg und Thierbach. – Wöchentliche historische Nachrichten, Bayreuth. http://www.akademie-steinbach.de/FWV/geschich.htm (Abruf am 23. Februar 2017).

BAIER, H. (1952): Schreiben des Naturschutzbeauftragten des Landkreises Münchberg an das Landratsamt vom 23. August 1952. – Stadtarchiv Münchberg, Nachlaß Dietel.

BAUBERGER, W. (1977): Erläuterungen zur Geologischen Karte von Bayern 1 : 25000, Blatt Nr. 7046 Spiegelau und Blatt Nr. 7047 Finsterau, Nationalpark Bayerischer Wald. – 183 S., München (Bayerisches Geologisches Landesamt).

BAUER, B. (1970): Zur Geschichte der Gemeinden Langau, Pullenried, Wildeppenried. – In: BATZL, H. [Hrsg.]: Der Landkreis Oberviechtach in Vergangenheit und Gegenwart. – 133–135, Aßling/Obb. und München (Verl. f. Behörden u. Wirtschaft).

BÄUMLER, W. (2000): Die Blei-Zinklagerstätte Erbendorf in der Oberpfalz. – Aufschluss, 51: 129–135, Heidelberg.

BAUREGGER, K. (2001): Die Geologie in der Umgebung des Saalachtales bei Schneizlreuth und Untersuchungen zur Herkunft des Seifengoldes im Flusssystem der Saalach bei Schneizlreuth. – Unveröff. Dipl.-Kartierung und Dipl.-Arbeit, Techn. Univ. München: 50 S., München.

BAYERISCHES HAUPTSTAATSARCHIV: Hochstift Passau L 1613, Fol. 109, München.

BECKER, F. (2008): Ein kurzer Abriss der Geschichte des Goldkronacher Goldbergbaus. – In: STADT GOLDKRONACH IN ZUSAMMENARBEIT MIT DER WOHLFÜHLREGION FICHTELGEBIRGE E. V. [Hrsg.]: Gold im Berg. Ein Edelmetall schreibt Geschichte in Goldkronach. – 23–45, Goldkronach.

BOGNER, F. X. (2014): Die Saale aus der Luft: Von der Quelle bis zur Mündung. – 144 S., Erfurt (Sutton Verlag GmbH).

BRINKEL, W. & DOLLINGER U. (2008): Bergbau und Ortsentstehung. – In: STADT GOLDKRONACH IN ZUSAMMENARBEIT MIT DER WOHLFÜHLREGION FICHTELGEBIRGE E. V. [Hrsg.]: Gold im Berg. Ein Edelmetall schreibt Geschichte in Goldkronach. – 8–11, Goldkronach.

BRUCKMANN, F. E. (1730): Magnalia dei in locis subterraneis oder unterirdische Schatz-Cammer aller Königreiche und Länder, in ausführlicher Beschreibung aller, mehr als MDC Bergwercke [...]: nebst Anmerckung aller derjenigen Länder und Oerter, wo Edelgestein zu finden [...], Band 1. – 1.135 S., Wolffenbüttel.

BURGER-SEGL, I. (2011): Goldbergbaumuseum Goldkronach. – 142 S., Goldkronach (Heimatmuseum Goldkronach e.V.).

BRUSCH, K. (1683): Gründliche Beschreibung des Fichtel-Berges [...]. – 100 S., Nürnberg (Georg Scheurer Verlag).

COMMON, M. (2017): Maingold. http://www.rheingold-profi.de/de/maingold (Abruf am 10. Februar 2017).

DIETEL, K. (1963): Münchberg. Geschichte einer Amts- und Industriestadt. Band I. – 578 S., Münchberg (Günther).

DILL, H. G., KLOSA, D., STEYER, G. & FÜßL, M. (2007): Schwermineraluntersuchungen an Palladium-, Iridium- und Osmium-Minerale führenden Goldseifen aus Niederbayern, Deutschland. – Z. dt. Ges. Geowiss., 158: 1005–1010, Stuttgart.

EBERT, C. & KERN, H. (1988): Placergold from the Gevattergraben in the Frankenwald area (Germany) – mineralogical and morphological characteristics and their significance for gold prospecting. – N. Jb. Mineral. Mh., 9: 405–417, Stuttgart.

ENDRES, R. (1999): Alexander von Humboldt in Franken. – Mitteilungen der Fränkischen Geographischen Gesellschaft, 46: 9–26, Erlangen.

FLURL, M. v. (1792): Beschreibung der Gebirge von Baiern und der oberen Pfalz. – 642 S., München (Lentner).

FLURL, M. v. (1787): Stollenplan Bergwerk Hunding („des von gollingischen Versuchsgebäudes zu Hunding vier Stunden von Deggendorf Gerichts Hegnersberg"). – Hauptstaatsarchiv München; Oberbergamt München, Altbestand 6.

FÖRSTER, O., NÄGELE, G. & SPIELVOGEL, G. (1997): Das Gold der Kelten. Ein historisches Abenteuer. – 251 S., Stuttgart (Deutsche Verlags-Anstalt).

FROBEL, B. (1995): Das Gold vom Gevattergraben. – Frankenwald, 5: 201–203, Hof (Frankenwaldverein)

GEISTBECK, A. (1880): Die Goldwäscherei an den südbayerischen Flüssen. – Jahresber. d. Geogr. Gesellschaft in München für 1877–1879: 93–106, München.

GMELIN, J. F. (1797): Geschichte der Chemie: seit dem Wiederaufleben der Wissenschaften bis an das Ende des 18. Jahrhunderts. – 777 S., Band 1, Göttingen (Rosenbusch).

GOLDFUß, A. & BISCHOF, G. (1817): Physikalisch-statistische Beschreibung des Fichtelgebirges – Erster Teil. – 328 S., Nürnberg (Stein'sche Buchhandlung).

GÖRGNER. D. (1981): Unsere Heimat in Geschichte und Gegenwart. Herausgegeben zur 475-Jahr-Feier der Stadt Rötz. – 807 S., Rötz (Eigenverlag Stadt Rötz).

GOTTFRIED, A. (2017): http://www.goldsucher.de/goldlaender/deutschland/goldgraeber-danielschmidt/index.html (Abruf am 17. Februar 2017).

GRÄßE, J. T. G. (1874): Der Sagenschatz des Königreichs Sachsen I. – 537 S., Dresden (Schönfeld's Verlagsbuchhandlung).

GRIMM, J. & GRIMM, W. (1819a): Sneewittchen. – In: Kinder- und Haus-Märchen, Band 1, Große Ausgabe. – 262–274, Berlin (G. Reimer).

GRIMM, J. & GRIMM, W. (1819b): Die Sternthaler. – In: Kinder- und Haus-Märchen, Band 2, Große Ausgabe. – 276–277, Berlin (G. Reimer).

GRIMMLER, B. (2015): Fränkische Verbrecher. Die spannendsten Kriminalfälle 1330–1975. – 128 S., Erfurt (Sutton-Verlag).

GÜMBEL, C. W. v. (1868): Geognostische Beschreibung des Ostbayerischen Grenzgebirges oder des Bayerischen und Oberpfälzer Waldgebirges. – 968 S., Gotha (Justus Perthes).

GÜMBEL, C. W. v. (1879): Geognostische Beschreibung des Fichtelgebirges mit dem Frankenwalde und dem westlichen Vorlande. – 698 S., Gotha (Justus Perthes).

GÜMBEL, C. W. v. (1894): Geologie von Bayern, 2. Band, Geologische Beschreibung von Bayern. – Cassel (Theodor Fischer).

HALLER, R. (1972): Historischer Gold- und Silberbergbau. – Bayerwald-Bote, 29.

HALLER, R. (1993): Bodenmaiser Sagen. – 166 S., Grafenau (Morsak Verlag).

HALLER, R. (1999): Bodenmais und die „Bomoesser", Teil IV, Das Churfürstlich-Königliche Berg- und Hüttenwerk Bodenmais. Praktikantenberichte aus dem 18. und 19. Jahrhundert. – 109 S., Grafenau (Förderverein Bodenmaiser Geschichte und Kulturdenkmäler e.V.).

HALLER, R. (2000): Sankt Maria Magdalena in Maisried. Die Kirche auf dem goldenen Leiterwagen. Zwiesel.

HANIKA, J. (1958): Die Volkssage im Fichtelgebirge und seinem Umland. – 206 S., Bayreuth (Reta Baumann Verlag).

HARTL, E., WIMMER, G. & LEHRBERGER, G. (1997): Die Goldgewinnung aus eluvialen und alluvialen Goldvorkommen im Moldanubikum bei Haidmühle und Bischofsreut, Bayerischer Wald. – In: BAYERISCHES GEOLOGISCHES LANDESAMT [Hrsg.]: Gold in Bayern: Vorkommen am Westrand der Böhmischen Masse. – Geologica Bavarica, 102: 327–344, München (Bayerisches Geologisches Landesamt).

HARTMANN, U. & LEHRBERGER, G. (2002): Goldvorkommen und historischer Bergbau im Moldanubikum bei Bodenmais, Bayerischer Wald. – In: LEHRBERGER, G. & VÖLCKER-JANSSEN, W. [Hrsg.]: Gold in Deutschland und Österreich, Museumshefte Waldeck-Frankenberg, 21: 165–174, Korbach.

HAUNER, U. (1980): Untersuchungen zur klimagesteuerten tertiären und quartären Morphogenese des Inneren Bayerischen Waldes (Rachel-Lusen) unter besonderer Berücksichtigung pleistozäner kaltzeitlicher Formen und Ablagerungen. – Regensburger Geogr. Schr., 14: 198 S., Regensburg; sowie in: Nationalpark Bayer. Wald, 6: Eiszeitliche Formen und Ablagerungen: 198 S., Grafenau.

HEILFURTH, G. (1967): Bergbau und Bergmann in der deutschsprachigen Sagenüberlieferung Mitteleuropas. Bd. 1: Quellen. – 1.291 S., Marburg (Elwert).

HELMKAMPF, K. (2008): Goldkronachs geologische Vielfalt.– In: STADT GOLDKRONACH IN ZUSAMMENARBEIT MIT DER WOHLFÜHLREGION FICHTELGEBIRGE E. V. [Hrsg.]: Gold im Berg. Ein Edelmetall schreibt Geschichte in Goldkronach. – 2–7, Goldkronach.

HERZOG, T. (1996): Geologie und Goldlagerstätte von Neualbenreuth/Oberpfalz. – Unveröff. Dipl.-Arb., Techn. Univ. München: 185 S., München.

HERZOG, T., LEHRBERGER, G. & STETTNER, G. (1997): Goldvererzungen bei Neualbenreuth im Saxothuringikum des Waldsassener Schiefergebirges, Oberpfalz. – In: BAYERISCHES GEOLOGISCHES LANDESAMT [Hrsg.]: Gold in Bayern: Vorkommen am Westrand der Böhmischen Masse. – Geologica Bavarica, 102: 173–206, München (Bayerisches Geologisches Landesamt).

HÖSER, J. (1926): Geschichte der Stadt Erbendorf. – Neu bearbeitet von W. Gollwitzer (1967): 445 S., Erbendorf (Eigenverlag Stadt Erbendorf).

HUMBOLDT, A. v. (1792): Über den Zustand des Bergbaus und Hütten-Wesens in den Fürstentümern Bayreuth und Ansbach im Jahre 1792. – Neuausgabe 1959, bearbeitet von H. Kühnert. – Freiberger Forschungshefte, R. Kultur und Technik, D23: 219 S., Berlin.

IRBER, W. (1992): Das Golderzrevier von Goldkronach-Brandholz im Fichtelgebirge – Petrographie, Tektonik und lagerstättenkundliche Untersuchung mit der Entwicklung eines neuen Genesemodells. – Unveröff. Dipl.-Arb., Techn. Univ. München: 232 S., München.

IRBER, W. & ARNOLD, E. (1997): Goldkronach-Brandholz im Saxothuringikum des Fichtelgebirges – neue Aspekte zur Genese der bekanntesten bayerischen Goldlagerstätte.– In: BAYERISCHES GEOLOGISCHES LANDESAMT [Hrsg.]: Gold in Bayern: Vorkommen am Westrand der Böhmischen Masse. – Geologica Bavarica, 102: 109–141, München (Bayerisches Geologisches Landesamt).

KERSCHER, L. (2013): Eldorado Ostbayern. Über Goldseifen und Grübenfelder in Niederbayern und der Oberpfalz. – In: BAYERISCHES LANDESAMT FÜR DENKMALPFLEGE UND GESELLSCHAFT FÜR ARCHÄOLOGIE IN BAYERN [Hrsg.]: Das Archäologische Jahr in Bayern: 171–174, Stuttgart.

KOCH, A. (1998): Geologie und Goldvorkommen im Moldanubikum zwischen Tittling und Perlesreut, Bayerischer Wald. – Unveröff. Dipl.-Arb., Techn. Univ. München: 163 S., München.

KOCH, A., LEHRBERGER, G. & LAHUSEN, L. (1997): Primäre und sekundäre Goldvorkommen zwischen Tittling und Perlesreut im Bayerischen Wald, Moldanubikum. – In: BAYERISCHES GEOLOGISCHES LANDESAMT [Hrsg.]: Gold in Bayern: Vorkommen am Westrand der Böhmischen Masse. – Geologica Bavarica, 102: 345–385, München (Bayerisches Geologisches Landesamt).

KOPP, R. (1974): Glazialmorphologische Untersuchungen im Bereich von Zwiesel. – Unveröff. Zulassungsarbeit f. d. Lehramt Universität Regensburg: 153 S., Regensburg.

KÖSTLER, M. (1992): 100 Jahre Freiwillige Feuerwehr Ottengrün – 600 Jahre erste urkundliche Erwähnung von Ottengrün und Ernestgrün – Vereins- und Ortschronik: 55–69, Ottengrün (FFW Selbstverlag).

KRÄTZ, O. (2001): Nachrichten aus dem Leben des Goldmachers Don Dominico Emanuele Caetano Graf Ruggiero und dessen gekrönten Opfern. – In: WAMSER, L. & GEBHARD, R. [Hrsg.]: Gold. Magie Mythos Macht. Gold der Alten und Neuen Welt. – 186–200, Stuttgart (Arnold).

KRETSCHMANN, J. W. (1741, Neudruck 1994, VIESSMANN, H. [Hrsg.], bearb. von ARZBERGER, D., HEINRICH, H. & SINGER, F. W.): Sammlung zu einer Berg-Historia des Markgrafentums Brandenburg-Bayreuth. – 1.548 S., Hof (Arzberger).

KRÜGER, J. F. (1830): Vollständiges Handbuch Der Münzen, Masse Und Gewicht Aller Länder Der Erde. – 396 S., Quedlinburg/Leipzig (Verlag Gottfried Basse).

KUDRNÁČ, J. & MICHÁLEK, J. (1993): Urgeschichtliche und mittelalterliche Goldgewinnung in Südböhmen. – In: Montanarchäologie in Europa, Ber. z. Intern. Koll. „Frühe Erzgewinnung und Verhüttung in Europa", Freiburg, 4. – 7.10.1990, Archäol. und Gesch., Freiburger Forsch. z. 1. Jahrt. i. Südwestdeutschl., 4: 401–408, Sigmaringen (Thorbecke).

LEHMANN, C. G. (1764): Nachricht von Wahlen, wer sie gewesen, wo sie Gold-Erz aufgesucht und gefunden, wie sie solches geschmelzt und zu gut gemacht, auch wie sie aus Erzen und Kräutern Gold gebracht. – 150 S., Frankfurt, Leipzig.

LEHRBERGER, G. (1996): Goldlagerstätten und historischer Goldbergbau in Bayern. – In: Gold im Herzen Europas, Schriftenr. d. Bergbau- und Industriemuseums Ostbayern, 34: 17–63, Theuern.

LEHRBERGER, G. (2017): Ein bayerisches Eldorado? Goldlagerstätten und historische Abbauspuren im Oberpfälzer Wald (Exkursion G am 21. April 2017). – In: Jber. Mitt. oberrhein. geol. Ver., N. F., 99: 215–254, Stuttgart.

LEHRBERGER, G. - HALLER R. - SCHINK, C. (2006): OLEUM. Die Vitriolölhütte am Kleinen Schwarzbach bei Bodenmais (1787–1829). Technik- und wirtschaftshistorische Untersuchungen zu den Anfängen der chemischen Industrie in Bayern im mitteleuropäischen Kontext. – 148 S., Bodenmais (Förderverein Bodenmaiser Geschichte und Kulturdenkmäler e. V.).

LEHRBERGER, G., MARTINEK, K.-P., KOCH, A., HARTMANN, U. HARTL, E. & HAUNER, U. (2000): Bodendenkmäler der mittelalterlichen und frühneuzeitlichen Goldgewinnung im Bayerischen Wald. – In: SCHMOTZ, K. [Hrsg.]: Vorträge des 18. Niederbayerischen Archäologentages. – 225–283, Rahden/Westfalen.

LEONHARDI, F. G. (1797): Erdbeschreibung der fränkischen fürstenthümer Bayreuth und Anspach. – 453 S., Halle (Hemmerde und Schwetschke).

LOCHAU, H. (2017): http://www.vogtlandkristall.de/die_grube_augustus_bei_krebes.html (Abruf am 23. Februar 2017).

LORI, J. G. v. (1764): Sammlung des baierischen Bergrechts mit einer Einleitung in die baierische Bergrechtsgeschichte. – 647 S., München (F. L. Richter).

MARTINEK, K.-P. & LEHRBERGER, G. (1996): Die Goldvorkommen im Bayerischen Wald unter besonderer Berücksichtigung des Zwieseler Winkels. – Der Bayerwald, 4/96: 20 S. (Sonderdruck).

MAYER, M. (1893): Ueber das Goldwaschen in den Flüssen Altbayerns. – Monatsschrift d. hist. Vereins v. Oberbayern, Jg. 2: 88–89, München.

MONUMENTA GERMANIAE HISTORICA (1940): Die Urkunden der deutschen Karolinger. 3. Urkunden Arnolfs (Arnolfi Dipomata). KEHR P. [Hrsg.]. XXXIX und 368 S., Berlin.

MORÁVEK, P., ET AL (1992): Zlato v Českém masívu – Gold in the Bohemian Massif. – 245 S., Prag (Czech Geol. Surv.).

MÜLLER, F. v. (1919): Goldwäscherei im Land der Abtei. – In: Das Bayerland, XXX, 24, 2. Augustheft: 409 f., München.

MÜNCHBERGER WOCHENBLATT (1881): Goldgewinne bei Schödlas. – 45. Jg., Nr. 82: 462, v. 19.10.1881, Münchberg.

MÜNCHBERGER WOCHENBLATT (1885): Alte Erdhügel an den Bächen. – 49. Jg., 72: 406, v. 12.9.1885, Münchberg.

MÜNNICH, K. H. W. & FLEISCHMANN, J. (1846): Die malerischen Ufer der Saale. – Neuausgabe 1979, 147 S., Stadtmuseum Jena.

NEUMANN, U. (2008): Zur Frühzeit des Bergbaus im Goldkronacher Revier (14./15. Jahrhundert). – In: STADT GOLDKRONACH IN ZUSAMMENARBEIT MIT DER WOHLFÜHLREGION FICHTELGEBIRGE E. V. [Hrsg.]: Gold im Berg. Ein Edelmetall schreibt Geschichte in Goldkronach. – 14–20, Goldkronach.

NORDOBERFRÄNKISCHER VEREIN FÜR NATUR-, GESCHICHTS- UND LANDESKUNDE E. V. [Hrsg.] (2010): Kleine Geschichte der Hofer Region. – 391 S., 60. Bericht, Hof.

OBERMÜLLER, T. (2013): Das Silber unterm Osser. 550 Jahre Erz- und Flußspatbergbau im Lamer Winkel 1463–2013. – 278 S., Deggendorf (Eigenverlag).

OCHANTEL, K. (2000): Gold um Erbendorf. – In: Aufschluss, 51: 149–155, Heidelberg.

ONETZ (2002): http://www.onetz.de/deutschland-und-die-welt-r/vermischtes-de-welt/deutsche-goldsuchervereinigung-schuerft-bei-erbendorf-nach-demgelben-metall-goldfieber-am-silberbach-d1157149.html (Abruf am 21. Dezember 2016).

PAAR, W. H., GÜNTHER, W. & GRUBER, F. (2006): Das Buch vom Tauerngold. – 568 S., Salzburg (Verlag Anton Pustet).

PACHELBEL-GEHAG, J. C. v. (1716): Ausführliche Beschreibung Des Fichtel-Berges, in Norgau liegend. – 328 S. und 22 S. unnum., Leipzig (Verlag v. J. C. Martini).

PASCHEN, C. (2008): Die Wiederaufnahme des Goldbergbaus bei Pullenried von 1763 bis 1768 im Lichte zeitgenössischer Akten. – In: Oberviechtacher Heimatkundliche Beiträge, 7: 67–87, Oberviechtach (Heimatkundlicher Arbeitskreis).

PASCHER, G. (1985): Gold aus dem Fichtelgebirge. Ein montanhistorischer und mineralogischer Überblick. – In: LAPIS, 10/85: 25–42 u. 58, München (Weise Verlag).

PASSAUER NEUE PRESSE (2015): http://www.genios.de/presse-archiv/artikel/PNP/20150401/goldgraeberstimmung-im-bayerwald/29%2048177302.html (Abruf am 20. Dezember 2016).

PESTAL, G., HEJL, E., BRAUNSTINGL, R. & SCHUSTER, R. (2009): Erläuterungen Geologische Karte von Salzburg 1:200.000. – 162 S., Wien (Land Salzburg und Geologische Bundesanstalt Wien).

PIES, E. (2014): Löhne und Preise von 1300 bis 2000. Abhängigkeit und Entwicklung über 7 Jahrhunderte. – 116 S., Wuppertal (Brockhaus).

PRAXL, P. (1968): Die Geschichte. – In: HEIMATKUNDLICHER ARBEITSKREIS WOLFSTEIN [Hrsg.]: Der Landkreis Wolfstein, 31–136, Passau (Neue Presse).

PRAXL, P. (1994): Zur Namensgeschichte des Goldenen Steiges. – Zlatá stezka, Sbor. Prachatického muzea. – 1: 27–35. Písek.

PRIEHÄUßER, G. (1938): Eiszeitliche Toteisbildungen im Bayerischen Wald. – Zeitschrift für Gletscherkunde, 26: 97–111, Berlin.

PRIEHÄUßER, G. (1954): Eiszeitliche Toteisbildungen aus dem Mitteldiluvium in der Oberpfalz bei Rötz. – In: Geol. Blätter f. Nordostbayern, 4: 93–102, Erlangen.

PRINZ, J. (1985): Mein kleines Heimatbuch vom Böhmerwald. – 269 S., Nürnberg (Preußler Verlag).

RAUH, K. & LEHRBERGER, G. (1997): Geländespuren und Geschichte des Goldbergbaues in der Münchberger Gneismasse und im Frankenwald, Oberfranken. – In: BAYERISCHES GEOLOGISCHES LANDESAMT [Hrsg.]: Gold in Bayern: Vorkommen am Westrand der Böhmischen Masse. – Geologica Bavarica, 102: 77–100, München (Bayerisches Geologisches Landesamt).

REICHOLD, A. (1986): Sagen aus Bayerns Nordostgebieten. – 220 S., Hof (Heermann).

REINER L., WEBER, A. & SCHOPF, H. (1996): Auf den Spuren der Goldwäscher im Goldland Bayerischer Wald und Böhmerwald. – 260 S., Riedlhütte (Heimatverein Ohetaler).

REITER, O. (2017): http://gemeinde-niederaichbach.de/informationen/geschichte/goldgewinnung/ (Abruf am 14. Februar 2017).

ROSENDORFER, H. (2003): Deutsche Geschichte – ein Versuch. Von der Stauferzeit bis zu König Wenzel dem Faulen. – 287 S., München (dtv).

ROßNER, A. (2015): Die Hülffe Gottes an der Saalequelle. – In: Unser Fichtelgebirge, Ausgabe V: 99–107, Fichtelgebirgsverein e. V, Wunsiedel.

SCHADE, M. (2001): Gold in Thüringen. – 386 S., Thüringer Landesanstalt für Geologie [Hrsg.], Weimar.

SCHADE, M. (2004): Gold im Vogtland. – 216 S., Gold-Museum [Hrsg.], Theuern.

SCHMIDT, W. (1957): Hoch vom Arber. – Straubinger Hefte, 7: 1–71, Straubing (Humanistisches Gymnasium und Ludwigs-Oberrealschule).

SCHRAMM, R. & WILSDORF, H. (1987): Fundweisungen in Walenbüchern. – In: SCHRAMM, R. & WILSDORF, H. [Hrsg.]: Venetianersagen. Von geheimnisvollen Schatzsuchern. – 2. Aufl.: 257–278, Leipzig (Dt. Verl. F. Grundstoffindustrie).

SCHREIBER, H. (1930): Der Gold- und Silberreichtum des Böhmerwaldes. – In: Festschrift zur Sechshundertjahrfeier 1330–1930 der königl. freien Goldbergstadt Bergreichenstein im Böhmerwalde, 52–59, 1. Kt., Bergreichenstein (Selbstverlag der Stadtgemeinde).

SCHRÖCK, A. & WEBER, A. (2015): Der Bergbau in Hunding. – 143 S., Hunding (Selbstverlag Gemeinde Hunding).

SEIDL, F. (1941): Das verfluchte Gold. Eine Bauerngeschichte aus dem Chiemgau. – Soldaten – Kameraden!, Bd. 18: 78 S., München (Eher).

SEITZ, R. H. & WOLF, H. (1971): Zum Erzbergbau im Stiftland Waldsassen. – In: Acta Albertina Ratisbonensia, 31: 15–56, Regensburg.

SEYFERT, I. (1978): Im Jahr 1911 hat man bei Lindbergmühle nach Gold gegraben. – In: Der Bayerwald-Bote, 19.5.1978, Passau.

SEYFERT, I. (1981): Der Abbau von Erz- und Quarzvorkommen im Bereich des Nationalparks Bayerischer Wald. – In: Aufschluß, Sonderband 31: 33–47, Heidelberg.

STEINBACH E. V.: http://www.akademie-steinbach.de/FWV/geschich.htm (Abruf am 29. Juni 2017).

VACHÉ, R. (2008): Die Gold-Lagerstätte im Bergbaurevier von Goldkronach – Brandholz. – In: STADT GOLDKRONACH IN ZUSAMMENARBEIT MIT DER WOHLFÜHLREGION FICHTELGEBIRGE E. V. [Hrsg.]: Gold im Berg. Ein Edelmetall schreibt Geschichte in Goldkronach: 12–14, Goldkronach.

VITT, M. (2014): Gold in Deutschland. – In: MINERALIENTAGE MÜNCHEN [Hrsg.]: Das Themenbuch Gold. – 82–96, Neumünster/Hamburg (Wachholtz).

WELLNHOFER, P. (1983): Das Land der Isar im geologischen Blockbild. – In: FRANK, H., JUNG, G. & WERNER, W.: Geologie rechts und links der Isar. – In: PLESSEN, M.-L. [Hrsg.]: Die Isar. Ein Lebenslauf: S. 24, München.

WELT AM SONNTAG (2009): http://www.welt.de/wams_print/article3207848/Katzenjammer-statt-Goldrausch-in-der-Oberpfalz.html (Abruf am 20. Juni 2017).

WERNER, H. (2010): Hitlers Alchemisten. Die geheimen Versuche zur Goldherstellung im KZ Dachau. Vorgeschichte und Tatsachenbericht. – 192 S., Wolfenbüttel (Melchior).

WILSDORF, H. (1987): Einführung in die Bergmannssagen „von den Venedigern". – In: SCHRAMM R. [Hrsg.]: Venetianersagen. Von geheimnisvollen Schatzsuchern. – 2. Aufl., 296 S., Leipzig (Dt. Verl. f. Grundstoffindustrie).

WINKLER, U. (1991): Zur Geschichte der Goldwäscherei und des Bergbaues im Inneren Bayerischen Wald in der Zeit der Degenberger (1300–1602). – In: Der Bayerische Wald, 26: 18–22, Grafenau.

WINKLER, U. (1996): Die Goldgrube „Luitpoldzeche" bei Lindbergmühle nördlich von Zwiesel. – In: Der Bayerwald in Vergangenheit und Gegenwart, 88: 10–17, Zwiesel (Bayerischer Wald-Verein e. V.).

WOCHESLÄNDER, H. (2017): http://www.goldsuchen.at/geschichtetauerngold.htm (Abruf am 10. Februar 2017).

WOLF, H. (1980): Zum Erzbergbau im Stiftland Waldsassen. – In: Oberpfälzer Kulturbund, Festschrift zum 23. Nordgautag, 23: 83–86, Regensburg.

WURM, A. (1928): Geologisches Gutachten über das Goldvorkommen bei Neualbenreuth. – Unveröff. Gutachten, 9 S. (ohne Ortsangabe).

ZAPF, L. (1884): Die Ortsnamen im Amtsbezirk Münchberg. – In: Archiv f. Gesch. v. Oberfranken, 16: 157–163, Bayreuth (Ellwanger).

http://www.regesta-imperii.de/regesten/5-1-2-staufer/nr/1230-11-26_1_0_5_1_2_433_4170.html?tx_hisodat_sources%5B%40widget_0%5D%5BcurrentPage%5D=9&cHash=bb1e5da5320363df231a80a306404d38#rinav (Abruf am 20. Juni 2017).

http://www.almbranz.de/ (Abruf am 29. Juni 2017).

http://www.bayern-fichtelgebirge.de/ (Abruf am 29. Juni 2017).

http://www.mineralienatlas.de/lexikon/index.php/Bergbauliches%20Portrait/Oberfr%C3%A4nkisches%20Revier/Geroldsgr%C3%BCn?lang=de&language=german (Abruf am 23. Februar 2017).

BILDNACHWEIS

Die genannten Fotos stellten verschiedene Privatpersonen und Institutionen zur Verfügung, wofür ihnen unser besonderer Dank gebührt.

Einige der Abbildungen und Graphiken wurden der wissenschaftlichen Literatur entnommen bzw. auf der Grundlage entsprechender Arbeiten verändert und/oder ergänzt. Die hier genannten Literaturhinweise (Autoren mit Jahreszahl) beziehen sich auf das Literaturverzeichnis, in dem die vollständigen Zitate zu finden sind.

Alle Fotos, Graphiken und sonstige Abbildungen, die im Folgenden nicht aufgeführt sind, stammen von Mitarbeiterinnen und Mitarbeitern oder aus den Archiven des Bayerischen Landesamtes für Umwelt.

Titelbild: Aufnahme und Fotomontage LfU

Agricola (1556), S. 17 u, S. 18 o, S. 19 o, S. 68 o, S. 105 u, S. 141 u

akg-images, S. 44 o

Allexkoch (https://commons.wikimedia.org/wiki/File:Tillyschanz_Infotafel.JPG), „Tillyschanz Infotafel", https://creativecommons.org/licenses/by-sa/3.0/legalcode, S. 90

ALPDOC, S. 140 m

© Archäologische Staatssammlung München, Fotograf: Manfred Eberlein, S. 8 l, S. 11 o

Archiv G. Grundmann, Detmold, S. 65 u (Historische Postkarte)

Bayerische Staatsbibliothek München, Bibl.Mont. 2910-28,1, Bl. 4, urn:nbn:de:bvb:12-bsb10721524-5, S. 133 u

Bayerische Vermessungsverwaltung, S. 36 o, S. 108 lo, S. 127 u, S. 136 u

Berger, Ludwig, S. 87 ru

Bietau, Frank, S. 112 o

Common, Manfred, S. 142 u

Conrad Nutschan (https://commons.wikimedia.org/wiki/File:Promise_ring_in_casket.JPG), „Promise ring in casket", https://creativecommons.org/licenses/by-sa/3.0/legalcode, S. 13 lm

Evergreen68 (https://commons.wikimedia.org/wiki/File:Ampfing_1322_München_Rathaus.JPG), „Ampfing 1322 München Rathaus", https://creativecommons.org/licenses/by-sa/3.0/legalcode, S. 31

Freiheit durch Gold – Torsten Marx, S. 44 u

Fritz Rudolf Künker GmbH & Co. KG, Osnabrück und Lübke + Wiedemann KG, Leonberg, S. 62 u, S. 63 u

Gemeinde Niederaichbach, S. 136 m

Gemeinfreie Abbildungen, S. 8 r, S. 9 o, S. 12 r, S. 13 o, S. 18 u, S. 19 u, S. 33 o, S. 39, S. 51 o, S. 61 u, S. 62 o, S. 72 o, S. 72 u, S. 78 o, S. 86 o, S. 122 o, S. 141 o, S. 152

Geolina163 (https://commons.wikimedia.org/wiki/File:Christbaumgold_Blattgold.jpg), https://creativecommons.org/licenses/by-sa/4.0/legalcode, S. 10 ro

Geologische Bundesanstalt / Wien, S. 139 o

Goldschlägerei Wamprechtsamer - Wien (www.blattgold.at), S. 14 lo

Gräße (1874), S. 68 u

Grundmann, G., Detmold, S. 10 m, S. 83 ro

Grüner, F., Landshut, Preussag-Archiv der TUM, S. 42 u

Gümbel (1868), S. 100 ro, S. 102

Hartmann, U., Amberg, S. 97 o

Hermann, Dietmar, Fichtelgebirgsverein e.V., S. 52 m

Herzog, T., Augsburg, S. 70 lo, S. 70 lm

Historischer Verein für Oberfranken e.V., S. 61 o

I, Sailko (https://commons.wikimedia.org/wiki/File:Calice_di_angelo_barovier,_metà_del_XV_sec._01.JPG), „Calice di angelo barovier, metà del XV sec. 01", https://creativecommons.org/licenses/by-sa/3.0/legalcode, S. 51 u

Irber (1992), S. 16 lu

Irber, W., Neubeuern, S. 57 u

Koch, A., München, S. 127 lo, S. 127 ro

Köstner, Peter, FWV, S. 32 u

Lehmann (1764), S. 52 o

Lehrberger, G., München, S. 10 u, S. 11 u, S. 13 lu, S. 13 ru, S. 20 u, S. 21 o, S. 36 u, S. 54 r, S. 66 lo, S. 66 lm, S. 66 rm, S. 74, S. 76 lo, S. 76 ro, S. 76 ru, S. 77 u, S. 79 m, S. 79 u, S. 80, S. 82, S. 83 rm, S. 83 ru, S. 85, S. 92 o, S. 92 u, S. 94 rm, S. 97 u, S. 100 lo, S. 109 o, S. 111 o, S. 114 r, S. 120 lo, S. 120 ro, S. 120 u, S. 122 m, S. 122 lu, S. 122 ru, S. 131 m, S. 132 o, S. 139 lu, S. 139 ru, S. 144, S. 147 o, S. 147 u, S. 151 o, S. 156 o, S. 156 lm, S. 156 rm, S. 156 lu, S. 156 ru, S. 158 r, S. 159 o

Levenson, David / Alamy Stock Foto S. 14 u

Loth, Georg, S. 33 u, S. 35 ru, S. 37 o, S. 40, S. 53, S. 54 l, S. 99, S. 143 u

Loth, Rosemarie, S. 46, S. 47 ru

Markt Perlesreut, S. 124 m, S. 124 u

Martinek, K.-P., S. 108 lu, S. 108 ru, S. 109 m

Münnich & Fleischmann (1846), S. 50 o

National Geographic Creative / Alamy Stock Foto S. 20 o

Nachdruck der Karte von 1792 durch Verlag Dr. Friedrich Pfeil, München 1998, S. 21 u

Neumann, Jochen, Erbendorf, S. 79 o

Olegvolk (http://www.olegvolk.net) (https://commons.wikimedia.org/wiki/File:Gold1oz.jpg), „Gold1oz", https://creativecommons.org/licenses/by/2.5/legalcode, S. 13 rm

Pachelbel-Gehag (1716), S. 50 u, S. 76 lu

Pascher, G., Regensburg, S. 57 o, S. 64 u, S. 66 ru (Entwurf und Foto)

Preussag-Archiv TUM, S. 29 o, S. 42 m

Priehäußer (1938), S. 107 m, S. 110 ru

Prinz (1985): S. 132 u

pro aurum KG, München, S. 14 ro

Rauh & Lehrberger (1997), S. 38

Sperling, T., München, S. 158 l

© Staatliche Münzsammlung München, Fotograf: Nikolai Kästner, S. 9 u, S. 60 o, S. 60 u, S. 63 lo, S. 64 o, S. 98, S. 140 u, S. 143 lo, S. 143 mo, S. 143 ro

Stadt Oberviechtach, S. 87 lu

Stadtarchiv Zwiesel, S. 110 o

Steevie (https://commons.wikimedia.org/wiki/File:Denkmal_von_Ludwig_dem_Reichen_in_Landshut.JPG), „Denkmal von Ludwig dem Reichen in Landshut", https://creativecommons.org/licenses/by-sa/3.0/legalcode, S. 142 o

Strekeisen, Alex, www.alexstrekeisen.it, S. 71 ru

Tourismuszentrum Oberpfälzer Wald, S. 87 rm

Touristinfo St. Oswald - Riedlhütte, S. 117 u

Umweltstation GEO-Zentrum an der KTB, S. 78 m

van der Heide, Hans, S. 12 l

Weber, Berthold Dr., www.vfmg-weiden.de, S. 45

Wellcome Library, London (https://wellcomeimages.org/indexplus/image/L0072984.html), https://creativecommons.org/licenses/by-sa/4.0/legalcode, S. 63 ro

Wellnhofer (1983), S. 136 o

Wimmer, Georg (Foto), mit frdl. Genehmigung d. Priesterseminars St. Stephan, Passau, S. 133 o

woelsendorfer, www.mineralienatlas.de (Waschgold Gevattergraben Geroldsgrün-Mühlleiten), S. 30 o

KARTEN

Fachdaten: LfU

Geobasisdaten:

© Bayerische Vermessungsverwaltung:
- ATKIS-Basis-DLM, 2016
- Digitale Topographische Karte 1 : 25.000 (DTK25), 2015–2017
- Relief basierend auf DGM5-Laserscandaten, 2012
- Höhenlinien basierend auf DGM5, 2012

Vorsatz und Nachsatz, S. 7, S. 22, S. 27 o, S. 27 u, S. 29 u, S. 35 o, S. 35 lu, S. 37 u, S. 41 o, S. 41 lu, S. 43, S. 47 o, S. 47 lu, S. 49, S. 55 o, S. 55 u, S. 56, S. 69 o, S. 69 u, S. 70 r, S. 75 o, S. 75 u, S. 77 o, S. 81 o, S. 81 u, S. 83 l, S. 89 o, S. 89 u, S. 91, S. 95 o, S. 95 u, S. 96, S. 101 u, S. 103, S. 107 o, S. 107 u, S. 109 u, S. 110 lu, S. 115 o, S. 115 u, S. 116 r, S. 119 o, S. 119 u, S. 121, S. 125 o, S. 125 u, S. 126, S. 129 o, S. 129 u, S. 131 u, S. 134 u, S. 137 o, S. 137 u, S. 138, S. 145 o, S. 145 u, S. 149 u, S. 151 u, S. 154 u, S. 155 u, S. 157

A

Abteufen In die Tiefe *(Teufe)* graben oder bohren (Bergmannssprache).

Alluviales Seifengold Gold, das durch fließendes Gewässer in größerer Entfernung vom ursprünglichen *Muttergestein* abgelagert wurde. Siehe auch *Seifengold*.

Amalgam Legierung eines Metalls mit Quecksilber.

Amalgamation Verfahren der Goldgewinnung. Dabei wird goldhaltiger Sand mit flüssigem Quecksilber vermischt. Das Quecksilber verbindet sich mit den im Sand verborgenen Goldkörnern zu einem „Knödel" aus *Amalgam* (ähnlich wie ein Magnet Eisenspäne anzieht). Der „Knödel" wird dann über einer offenen Flamme erhitzt. Dadurch verdampft das Quecksilber – übrig bleibt das reine Gold.

Amphibolit *Metamorphes Gestein*; dunkelgrüne bis fast schwarze Farbe; besteht hauptsächlich aus dem namensgebenden *Mineral* Amphibol und dem Mineral Plagioklas; Ausgangsgesteine sind basische *magmatische Gesteine* (wie *Basalte*).

Antimonit Antimon-Schwefel-*Mineral* (chemische Formel: Sb_2S_3), auch Grauspießglanz genannt; gehört zur Mineralgruppe der *Sulfide*.

Arsenkies Eisen-Arsen-Schwefel-*Mineral* (chemische Formel: FeAsS); gehört zur Mineralgruppe der *Sulfide*; auch bezeichnet als *Arsenopyrit*.

Arsenopyrit Siehe *Arsenkies*.

Aufbereitung Mechanische oder physikalisch-chemische Bearbeitung des gewonnenen erzhaltigen *Gesteins*, um den *Erz*anteil anzureichern.

Auflicht, Auflichtmikroskopie Spezielle Methode der *Erz*- oder *Gesteins*betrachtung, bei der die Probe unter dem Mikroskop von oben beleuchtet wird (im Gegensatz zur Durchlichtmikroskopie, bei der die Probe so dünn geschliffen wird, dass sie von unten durchleuchtet werden kann).

Aufschluss Stelle an der Erdoberfläche, an der Geowissenschaftler „Aufschluss" über den Aufbau des Untergrunds gewinnen können. Natürliche Aufschlüsse sind beispielsweise Felsen; künstliche Aufschlüsse sind Steinbrüche, Straßen- oder Bahneinschnitte.

Ausbeutedukaten Münzen (meist aus Gold oder Silber), die aus dem *Erz* (aus der Ausbeute) des entsprechenden Bergwerks geprägt werden. Ein Beispiel dafür sind die Goldkronacher Ausbeutedukaten.

B

Basalt Spezielles *magmatisches Gestein* (Vulkanit); grünlich-schwarz, feinkörnig. Entsteht, wenn Magma aus dem oberen Erdmantel bis zur Erdoberfläche aufsteigt und dort erstarrt.

Bergfrei Begriff aus dem Bergrecht, der bedeutet, dass der Rohstoff dem Landesherrn bzw. dem Staat gehört. Gegenbegriff zu grundeigenen Rohstoffen, die dem Grundstückseigentümer gehören.

Berggold Gold, das im Festgestein *(Muttergestein)* vorhanden ist und daraus gewonnen wird. Siehe auch *Primäre Vererzung/Lagerstätte*.

Bergmeister Leitender Bergbeamter, der zuständig für ein oder mehrere Bergbaureviere war.

Bergrecht Allgemeinbegriff für ein juristisches Regelwerk, das Suche und Abbau von Bodenschätzen normiert. In der Bundesrepublik Deutschland ist dies das Bundesberggesetz.

Bleiglanz Blei-Schwefel-*Mineral*; auch Galenit genannt (chemische Formel: PbS).

Biotit Dunkler Glimmer; schwarz glänzende Blättchen.

Böhmische Masse Geologische Einheit des *variszischen Gebirges*, umfasst in Bayern den Oberpfälzer und den Bayerischen Wald (diese Teileinheit wird als *Moldanubikum* bezeichnet).

Boudinierung	Prozess, der zu einer perlschnurartigen Aneinanderreihung von elliptischen Gesteinskörpern führt; auch Boudinage genannt.

C

Cordierit	Magnesium-Aluminium-Silizium-*Mineral* (chemische Formel: $(Mg,Fe)_2[Al_4Si_5O_{18}]$); eher selten, meist blaue Farbe. Es entsteht unter anderem bei der *Metamorphose* von Tonmineralen.
Cyanidlaugung	Verfahren der Goldgewinnung, bei dem mithilfe von Cyanidlauge (einer blausäurehaltigen Lösung) Gold aus *Erzen* gelöst wird. Das Verfahren wird dann angewandt, wenn das Gold extrem fein verteilt im *Gestein* vorkommt.

D

Deformationsgrad	Maß für die Verformung von Kristallen, Fossilien oder *Gesteinen* durch Druck. Bei Auflastdruck werden beispielsweise Fossilien flach gedrückt, bei seitlicher *Scherkraft* können Kristalle in die Länge gezogen werden oder ganze Gesteinspakte in Falten gelegt oder boudiniert werden.
Devonzeit	Bezeichnung für die vierte Periode des Erdaltertums von circa 419 bis 359 Millionen Jahre vor unserer Zeit.
Diabas	Metamorph überprägter Vulkanit *(magmatisches Gestein)* aus dem Erdaltertum, chemisch ähnlich einem *Basalt*; grünlich-schwarz, fein- bis mittelkörnig.
Diatexit	*Metamorphes Gestein*; bei der *Metamorphose* war die Temperatur (nicht der Druck) so hoch, dass das Ausgangsgestein teilweise aufschmolz und dann wieder erstarrte.
Digitales Geländemodell (DGM)	Dreidimensionale Abbildung der Erdoberfläche, durch Befliegungen mit Laserscannern erstellt.

E

Eisenhydroxid	Korrosionsprodukt (Rost) des Eisens bei Anwesenheit von Sauerstoff und Wasser.
Eluviales Seifengold	*Berggold*, das durch Erosion aus dem ursprünglichen *Muttergestein* herausgelöst und ein Stück talwärts verfrachtet wurde. Der Abtrag leichterer Minerale führte zur relativen Goldanreicherung.
Erosion	Umformung der Erdoberfläche durch Abtragung; verursacht durch Fließgewässer, Gletscher, Wind, Brandung oder Niederschläge.
Erz	Metallhaltiges *Gestein*; durch *Aufbereitung* und/oder *Verhüttung* können daraus Metalle gewonnen werden.

F

Feuersetzen	Alte Bergbautechnik, bei der das *Gestein* erst durch Feuer erhitzt und danach mit Wasser abgekühlt wird. Durch den Kälteschock zieht sich das Gestein zusammen und es bilden sich Risse. Anschließend kann es leichter mit *Schlägel und Eisen* abgebaut werden. Noch heute zeugen rußgeschwärzte Bereiche in manchen *Stollen* vom Einsatz dieser Technik.
Freigold	Gold, das mit bloßem Auge sichtbar ist, zum Beispiel in Form von Flittern, Körnern oder *Nuggets*.
Förderturm	Turmartiges Bauwerk aus Holz, Stahl oder Beton direkt oberhalb des *Schachts* eines Bergwerks, dient der Beförderung von Material und Personen.
Fossilien	Versteinerte Zeugnisse von Tieren und Pflanzen der geologischen Vergangenheit sowie von deren Lebensspuren.
Fränkische Linie	Bedeutende geologische *Störung*. Entlang dieser Linie wurde das Fichtelgebirge im Osten gegenüber dem Süddeutschen Schichtstufenland im Westen um 1.000 bis 2.300 Meter angehoben.

G

Gefüge	Räumliche Anordnung einzelner *Minerale*, Bruchstücke anderer *Gesteine*, Gläser und/oder Reste von Lebewesen in einem Gestein (zum Beispiel unregelmäßig verteilt, in Nestern oder Lagen beziehungsweise Bändern).
Geleucht	Alle vom Bergmann in der Grube genutzten Leuchtmittel wie zum Beispiel die Grubenlampe.
Geotop	Geologische Sehenswürdigkeit, an der die erdgeschichtliche Entwicklung besonders deutlich zu erkennen ist. Manchmal sind Geotope gleichzeitig Naturdenkmäler.
Gestein	Natürlich gebildete Masse, die aus verschiedenen *Mineralen*, Bruchstücken anderer Gesteine, Gläsern und/oder Resten von Lebewesen zusammengefügt ist. Siehe auch *Gefüge*. Man unterscheidet drei Gruppen: *Sedimentgestein*, *magmatisches Gestein* und *metamorphes Gestein*.
Glashütte	(Überdachter) Ort im Freien, an dem Glas hergestellt wurde.
Gleithang	Hang an der Innenseite von Flussbiegungen; wegen hier geringerer Fließgeschwindigkeit Um- und Ablagerungen von im Fluss mitgeführtem Material (→ *Prallhang*).
Glimmerschiefer	*Metamorphes Gestein* mit hohem Anteil von Glimmern (silbrig und schwarz glänzende Blättchen); meist feinkörnig. Es entsteht aus Tonstein.
Gneis	*Metamorphes Gestein*, mittel- bis grobkörnig; häufig mit deutlich erkennbarer Bänderung von hellen und dunklen Lagen. *Paragneise* entstehen aus *Sedimentgesteinen* wie *Grauwacken*, Orthogneise aus *magmatischen Gesteinen* wie *Granit*.
Goldseife	Anreicherung von Gold in einem Sediment, oft zusammen mit anderen *Schwermineralen*. In Anhängigkeit von der Transportweite werden *residuale*, *eluviale* und *alluviale Goldseifen* unterschieden.
Granat	Als roter Schmuckstein bekanntes silikatisches *Schwermineral*.
Granit	Magmatisches Tiefengestein, meist weißlich-helle Farbe, überwiegend körniges, richtungsloses *Gefüge*. Besteht aus *Mineralen*, die durch die studentische Merkregel „Feldspat, Quarz und Glimmer, die drei vergess' ich nimmer" bekannt sind.
Grauwacke	Sandstein mit charakteristischen Gesteinsbruchstücken; aus dem Erdaltertum; dunkelgraue bis grüngraue Farbe.
Grauwackenzone	Geologische Einheit der Alpen, zwischen den Zentralalpen im Süden und den nördlichen *Kalkalpen* im Norden liegend; meist aus *Glimmerschiefern*, *Phylliten* und Vulkaniten aufgebaut. Namensgebung nach den lediglich untergeordnet vorkommenden, aber für sie charakteristischen *Grauwacken*.
Grübenfeld	Siehe *Seifenhügel*.
Grundgebirge	Älterer Teil der kontinentalen Erdkruste; war bereits in eine frühere Gebirgsbildung einbezogen; besteht aus *magmatischen* und *metamorphen Gesteinen*.
Grus	Sandiges Verwitterungsprodukt aus *Graniten* und ähnlichen *Gesteinen*, wobei die einzelnen Körner meist eckig-kantig und maximal wenige Millimeter groß sind.

H

Halde	Künstliche Aufschüttung von im Bergbau nicht verwertbarem *Gestein*, das beispielsweise beim Freilegen einer *Lagerstätte* oder bei der *Aufbereitung* anfällt.
Haldenzug	*Halden*, die wie Perlen an einer Schnur aneinandergereiht sind. Der Verlauf zeichnet den Abbau eines Erzgangs nach.
Hauer (Häuer)	Ein Bergmann, der nach bestandener Hauerprüfung an der Abbaustelle arbeitet und dort Bodenschätze und *Gestein* löst.
höffig	Große Ausbeute an *Erz* versprechend.
Huminsäuren	Kommen natürlich in der obersten Bodenschicht, dem Humusboden, vor. Sie bilden sich beim Abbau abgestorbener Tier- und Pflanzenreste im Boden.
Hunt	Hölzerner oder eiserner Förderwagen, auch Lore genannt. Das Wort soll von dem slowakischen „hyntow" (Wagen) stammen.

Huthaus Siehe *Zechenhaus*.

Hydrothermale Lösung Sehr heißes Wasser in tiefen Gesteinsschichten. Wegen des dort vorherrschenden hohen Drucks kann das Wasser – anders als an der Erdoberfläche – weit über 100 Grad Celsius heiß sein und dadurch Metalle lösen, die bei Raumtemperatur unlöslich wären. Aus diesen Lösungen bilden sich daher häufig *Lagerstätten*.

Hydrothermale Vererzung Vererzung, die durch *hydrothermale Lösungen* entstanden ist.

I

Ilmenit Titan-Eisen-Oxid-*Mineral* (chemische Formel: $FeTiO_3$).

K

Kalkalpen Überwiegend aus Karbonatgesteinen (Kalk und Dolomit) aufgebaute Bereiche der Alpen; die Nördlichen Kalkalpen in Bayern erstrecken sich vom Königssee bis ins Allgäu.

Kies (als Korngröße) Anhäufung von losen Körnern, die zwischen 2 und 63 Millimetern groß sind. Im Volksmund oft als Schotter bezeichnet. Der Name leitet sich aus dem mittelhochdeutschen „kis" ab, was grobkörniger, steiniger Sand bedeutet.

Kies (als Erzbezeichnung) Sammelbegriff für alle schwefel-, arsen- und antimonithaltigen *Erze*; Begriff aus der Bergmannssprache.

Knappe Frühere Bezeichnung für einen Bergmann, der seine Lehre abgeschlossen hat.

Konglomerat *Sedimentgestein* aus überwiegend gerundeten Bestandteilen. Durch natürlichen Zement wie Kalk, Quarz, Eisenhydroxid verfestigt.

Kreidezeit Dritte und jüngste Periode des Erdmittelalters, von circa 145 bis 66 Millionen Jahre vor unserer Zeit.

L

Lachter Historisches Längenmaß im Bergbau; je nach Region unterschiedlich lang, das altbayerische Lachter entsprach 1,9 Metern, das preußische hingegen 2,1 Metern; seit der Einführung des metrischen Systems 1872 nicht mehr benutzt.

Lagerstätte Abbauwürdige Anreicherung von wirtschaftlich nutzbaren Rohstoffen wie *Erz*, Kohle, Erdöl, Erdgas, Edelsteinen, sowie Steinen und Erden.

Lockergestein *Sediment* aus lose (locker) gelagerten Sandkörnern oder Kieselsteinen.

Lötrohrprobieren Frühere Methode zur Analyse von *Mineralen* oder Metallen, auch Lötrohrprobierkunst genannt. Das Lötrohr ist ein gewinkeltes Metallrohr, mit dem in eine Flamme geblasen wird. Der dabei entstehende sehr heiße Luftstrom wird auf die Probe gerichtet, die dabei schmilzt, verdampft oder mit anderen Substanzen reagiert. Aus Farbe oder Form des Reaktionsprodukts schließt man auf die Zusammensetzung der Probe.

Lore → *Hunt*.

Lydit Schwarzes *Sedimentgestein* aus dem Erdaltertum, das fast vollständig aus kieselsäurehaltigen Skeletten von im Meer lebenden winzigen Strahlentierchen besteht. In Bayern kommt Lydit nur im Frankenwald oder als Kieselstein in Flussschottern vor.

M

Mächtigkeit Bezeichnung für die Dicke eines Gesteinspakets; der kürzeste Abstand zwischen zwei Begrenzungsflächen eines geologischen Körpers (zum Beispiel einer Schicht oder eines Mineralgangs).

Magmatisches Gestein Eine der drei großen Gesteinsgruppen; auch Magmatit genannt. Man unterscheidet zwischen Plutoniten (in der Tiefe erstarrte Gesteine, zum Beispiel *Granit*) und Vulkaniten (an der Erdoberfläche erstarrte Gesteine, zum Beispiel *Basalt*).

Magnetit Stark magnetisches *Mineral* aus Eisen und Sauerstoff (chemische Formel: Fe_3O_4),

Metamorphes Gestein — Eine der drei großen Gesteinsgruppen; Bildung im Erdinneren durch erhöhten Druck und/oder erhöhte Temperatur.

Metamorphose — Umwandlung eines *Gesteins* unter erhöhtem Druck und/oder erhöhter Temperatur; *Minerale* werden dabei neu gebildet oder kristallisieren um und das *Gefüge* des Gesteins wird verändert.

Mineral — Natürlicher Feststoff mit klar definierter chemischer Zusammensetzung und meist regelmäßiger Kristallstruktur.

Molasse — Ansammlungen von Gesteinsschutt, den Flüsse aus einem sich emporhebenden Gebirge ins Vorland transportieren und dort ablagern; im nördlichen Alpenvorland meist unverfestigte Ablagerungen aus der *Tertiärzeit*.

Molassemeer — Meer vor der Front des sich emporhebenden Gebirges, in das Flüsse ihren Gesteinsschutt transportieren.

Moldanubikum — Geologische Einheit im *Grundgebirge*; Teil des *Variszischen Gebirges*; umfasst in Bayern den größten Teil der *Böhmischen Masse* (ohne ihren Nordrand); überwiegend hoch*metamorphe Gesteine* (zum Beispiel *Gneis*) und *magmatische Gesteine* (zum Beispiel *Granit*).

Montan-Geotop — *Geotop* des Bergbaus.

Moräne — Eiszeitliche Ablagerungsform eines Gletschers; besteht aus Gesteinsbrocken unterschiedlichster Größe in feinem *Sediment*.

Münchberger Masse — Geologische Einheit zwischen Frankenwald und Fichtelgebirge, aufgebaut aus *Gneisen* und *Amphiboliten* sowie äußerst seltenen *Gesteinen* wie Eklogit. Manche dieser Gesteine entstehen nur unter besonders hohem Druck und hohen Temperaturen. Wie die exotische Gesteinsmasse ins heutige Bayern kam, ist bis heute noch nicht vollständig geklärt.

Muttergestein — Ursprungsgestein eines Rohstoffes. Dieser wird durch unterschiedliche Prozesse aus dem Muttergestein freigesetzt und in die *Lagerstätte* transportiert, bei *Seifengold* zum Beispiel durch *Verwitterung* und anschließenden Transport in die *Goldseifen*.

Mutung — Antrag bei der Bergbaubehörde auf Genehmigung zum Bergbau.

N

Nebengestein — *Gestein*, das „neben", also in enger räumlicher Nähe, von erzhaltigem Gestein vorkommt. Auch *taubes Gestein* genannt.

Nugget — Auf natürliche Weise entstandener „Goldklumpen". Das Gold wird durch den Flusstransport gerundet.

P

Paläoseife — Durch jüngere Sedimente überdeckte *Goldseife*; meist verfestigt und/oder metamorph überprägt.

Paragneis — *Metamorphes Gestein*, dessen Ausgangsgestein ein *Sedimentgestein* wie Fluss- oder Meeresablagerungen waren, die bei einer Gebirgsbildung tief in das Erdinnere versenkt und bei den dort herrschenden hohen Temperaturen und dem hohen Druck in *Gneis* umgewandelt wurden.

Phycodenschichten — Versteinerte Meeresablagerungen, die nach dem seltenen *Fossil Phycodes circinatum* benannt sind. Bei diesem Spurenfossil handelt es sich um die versteinerte Fraß- und Wohnröhre eines Ringelwurms, der im weichen Meeressand lebte.

Phyllit — *Metamorphes Gestein*; seidig glänzend, hellgraue bis grauschwarze Farbe; wandelt sich bei höherem Druck und höheren Temperaturen in *Glimmerschiefer* um.

Pinge — Eine durch Bergbau entstandene keil-, graben- oder trichterförmige Vertiefung. Sie entsteht meist, indem alte Gruben(abschnitte) einstürzen, die in geringer Tiefe unter der Erdoberfläche verliefen.

Pocher — Ein Bergmann, der das *Gestein* bei der Aufbereitung am *Pochwerk* zerkleinert.

Pochwerk	Eine Maschine, die zum Zerkleinern von *Gestein* und *Erzen* diente; auch Stampfwerk, Stoßwerk oder Schlagwerk genannt.
Prallhang	Außenbereich einer Flusskrümmung; hier nahe dem Ufer größte Fließgeschwindigkeit des Wassers, dadurch verstärkte Abtragung, Versteilung des Ufers und Verlagerung der Kurve nach außen (siehe auch *Gleithang*).
Primäre Vererzung/ Lagerstätte	Vererzung/Lagerstätte, die direkt aus der erzhaltigen Lösung entsteht. Das unterscheidet sie von der sekundären Vererzung/Lagerstätte, die durch die Umlagerung primärer Vererzungen entsteht. Eine primäre Goldvererzung wird als *Berggold* bezeichnet.
Prospektion	Das Aufsuchen abbauwürdiger *Lagerstätten* mithilfe geologischer, geophysikalischer, geochemischer oder bergmännischer Methoden.
Pyrit	Eisen-Schwefel-*Mineral* (chemische Formel: FeS_2); gehört zu den *Kiesen* (im Sinne von *Erzen*); wird daher auch als Schwefelkies und – weil es wegen seines goldenen Glanzes manchen Bergmann in die Irre führte – als Katzengold bezeichnet.

Q

Quarzgang	Mit Quarz gefüllte Spalte im *Gestein*.
Quarzit	*Metamorphes Gestein*, das fast nur aus Quarz besteht. Entsteht durch erhöhten Druck und erhöhte Temperaturen aus Sandstein.

R

Radon	Radioaktives Edelgas, das beim Zerfall natürlicher radioaktiver Elemente entsteht. Da diese Ausgangselemente bevorzugt an Granite gebunden sind, tritt auch das Edelgas Radon vor allem in granitreichen Gebieten auf.
Rasterelektronen-mikroskop (REM)	Ein Mikroskop, bei dem ein Elektronenstrahl Punkt für Punkt über eine Probe geführt („gerastert") wird, wobei die Wechselwirkung der Elektronen mit dem Objekt in ein Graustufenbild umgewandelt wird. Damit können Strukturen sichtbar gemacht werden, die nur wenige millionstel Millimeter groß sind.
Residuales Seifengold	Gold, das sich an Ort und Stelle durch *Verwitterung* und Abtrag des festen *Muttergesteins* abgelagert hat.
Reuthalden	Siehe *Seifenhügel*.
Röstofen	Ofen zum „Rösten" von schwefelhaltigen *Erzen* wie *Pyrit*. Dabei wird die Oxidation des Erzes in Schwung gebracht. Im Falle des Pyrits entsteht dabei das Eisenoxid Hämatit. Nach mehreren Röstschritten bleibt schließlich das Metalloxid übrig.
Roth	Eine im 15. Jahrhundert nachweislich verwendete Bezeichnung für Gold.

S

Saumpfad	Schmaler Handelsweg, der nur von Lasteseln oder -pferden einzeln hintereinander beschritten werden konnte.
Saxothuringikum	Geologische Einheit des *variszischen Gebirges*, umfasst in Ostbayern den Frankenwald und das Fichtelgebirge.
Schacht	Meist senkrechter, manchmal auch schräg im Berg verlaufender Grubenbau, mit dem Bergleute eine *Lagerstätte* von der Tagesoberfläche erschließen. Nach dem vorrangigen Zweck eines Schachtes unterscheidet man Förderschacht (zum Transport der abgebauten Produkte, zum Beispiel *Erze*), Wetterschacht (zum Belüften des Bergwerks) und Fahrschacht (Zugang für die Bergleute; ursprünglich mit Leitern, später mit Seilfahrt).
Schachtpinge	Durch Einsturz eines alten *Schachts* entstandene Vertiefung. In der Anfangszeit des Bergbaus wurden meist nur kleine Schächte gebaut, die oft mit Holz abgestützt wurden. Diese Konstruktion verfaulte im Lauf der Jahre, sodass der Schacht häufig einstürzte.
Scheelit	Nach dem Chemiker Carl Wilhelm Scheele benanntes *Mineral*; enthält Calcium und Wolfram (chemische Formel: $Ca[WO_4]$); leuchtet im ultravioletten Licht (UV-Strahlung) und kann deshalb bei Dunkelheit mit einer UV-Lampe gefunden werden.

Scherkraft	Durch einen schräg von den Seiten auf ein Gesteinspaket wirkenden Druck entstehen parallel zueinander in entgegengesetzte Richtung wirkende Kräfte. Diese Scherkräfte bewirken beispielsweise in einem Gesteinspaket, dass der obere Teil in die eine Richtung, der untere Teil in die andere Richtung verschoben, also zerschert oder boudiniert wird. Siehe auch *Boudinage*.
Scherzone	Bereich, in dem eine *Scherkraft* auf ein Gesteinspaket wirkt.
Schlägel und Eisen	Werkzeuge, die mit Hammer und Meißel vergleichbar sind. Sie gehören zum historischen Werkzeug (Gezähe) der Bergleute und sind daher ein Symbol des Bergbaus.
Schmelzhütte	Produktionsstätte für die Metallgewinnung.
Schurfgraben	Grabenähnliche Vertiefung, die angelegt wird, um oberflächennahe *Mineral*- und *Erzlagerstätten* zu erkunden.
Schwallflößerei	Spezielle Form der Flößerei, bei der ein Bach zu einem Teich aufgestaut wurde und darin die gefällten Baumstämme so lange gesammelt wurden, bis das Wehr geöffnet wurde und alle Stämme „in einem Schwall" talwärts trieben.
Schwerminerale	*Minerale* mit einer Dichte von mehr als drei Gramm pro Kubikzentimeter. Oft sind Schwerminerale mechanisch und chemisch stabil, sodass sie sich in Bachsedimenten anreichern (wie zum Beispiel *Granat*, *Ilmenit*, *Magnetit*, Hämatit, *Zirkon* und Monazit).
Schwermineralkonzentrat	Anreicherung von *Schwermineralen*; wird bei der Aufbereitung hergestellt.
Sediment, -gestein	Eine der drei großen Gesteinsgruppen; auch Ablagerungsgestein genannt. Je nach Art des Ablagerungsprozesses (Wind, Fluss, Meer, Schwerkraft und andere) werden klastische Sedimente (zum Beispiel Sandstein und *Konglomerat*), chemische Sedimente (zum Beispiel Steinsalz und Kalkstein), biogene Sedimente (zum Beispiel Kohle) und Rückstandsgesteine (zum Beispiel Verwitterungslehm) unterschieden.
Seife	Natürliche, locker-sandige Ansammlung von Mineralkörnern wie beispielsweise Gold. Zu der Anreicherung führen das besonders hohe Gewicht der Körner und der Transport durch Wasser, Wind oder Schwerkraft.
Seifengold	Natürliche Anreicherung von Goldkörnern. Je nach Transportweite unterscheidet man zwischen *alluvialem*, *eluvialem* und *residualem Seifengold*. Siehe auch *Sekundäre Goldlagerstätte*.
Seifenhügel	Hügelketten von oft großer Flächenausdehnung, die beispielsweise durch Abbau von Gold im *Tagebau* entstanden sind. Sie kennzeichnen somit Orte der Goldwäscherei. Im Mittelhochdeutschen (etwa seit dem 11. Jahrhundert) bedeutet das Wort „sîfe" ein aus Schluchten hervorrinnendes Bächlein.
Sekundäre Goldlagerstätte	Goldlagerstätte, die durch Verwitterung und Umlagerung aus einer *primären Goldlagerstätte* entsteht. Bei Gold wäre das *Seifengold*.
Sillimanit	Aluminium-Silizium-*Mineral* (chemische Formel: $Al_2[O\|SiO_4]$), das in *metamorphen Gesteinen* vorkommt.
Sinter	Mineralische Kruste auf einem *Gestein*, über das Wasser strömt. Die Kruste entsteht, indem die im Wasser gelösten Substanzen an der überströmten Gesteinsstelle ausgefällt werden.
Stollen	Bergmännisch von der Tagesoberfläche in den Berg hinein angelegter Gang. Im Gegensatz zum *Schacht* verläuft der Stollen weitgehend waagerecht. Stollen können sowohl als Zugang zur *Lagerstätte* angelegt sein als auch zur Förderung des *Erzes* oder zum Entfernen des Wassers aus dem Grubengebäude.
Stollenmundloch	Eingang eines *Stollens* an der Tagesoberfläche.
Störung	Bruchzone (meist flächig ausgebildet) im *Gestein*, entlang deren die angrenzenden Gesteinskomplexe gegeneinander verschoben wurden. Dabei werden die Gesteine häufig stark zerbrochen und verformt.
Sulfid	Metall-Schwefel-Verbindungen, zu denen zahlreiche wichtige *Erzminerale* (wie *Pyrit*) gehören.

T

Tagebau – Offene Grube, die zur Gewinnung oberflächennaher mineralischer Bodenschätze dient.

Taubes Gestein – Siehe *Nebengestein*.

Tektonik – Teilbereich der Geologie, der sich mit Bewegungen im *Gestein* befasst. Dazu zählen Gebirgsbildungen, Faltungen oder *Störungen*.

Tertiärzeit – Bezeichnung für die erste Periode der Erdneuzeit von 66 bis 2,6 Millionen Jahre vor unserer Zeit.

Teufe – Tiefe (Bergmannssprache).

Trichtergrube – Trichterförmige Abbaugrube, die tief in die Erde reichen kann, aber dennoch über Tage ist. Siehe *Tagebau*.

V

Variszisches Gebirge – Gegen Ende des Erdaltertums entstandenes Gebirge; erstreckte sich in Mitteleuropa in einem circa 500 Kilometer breiten Streifen vom französischen Zentralmassiv durch West- und Mitteldeutschland bis in die Sudeten. Aufgrund der Millionen Jahre andauernden Verwitterung sind die dabei entstandenen Berge inzwischen kein Hochgebirge mehr, sondern abgeflachte Höhenzüge. In Ostbayern zählen der Frankenwald, das Fichtelgebirge, der Oberpfälzer Wald und der Bayerische Wald zum variszischen Gebirge.

Variszische Gebirgsbildung – Weltweite Gebirgsbildungsphase gegen Ende des Erdaltertums; wurde verursacht durch die Kollision der Superkontinente Gondwana im Süden und Laurussia im Norden; führte in mehreren Phasen zur Auffaltung von Hochgebirgen (heute zum Großteil abgetragen), magmatischer Aktivität und zu Gesteinsmetamorphose im tieferen Untergrund.

Verhüttung – Schmelzen von *Erzen* zur Metallgewinnung.

Verwerfung – Siehe *Störung*.

Verwitterung – An oder nahe der Erdoberfläche stattfindende Zerstörung oder Umwandlung von *Mineralen* und *Gesteinen* durch sogenannte exogene Kräfte (Sonneneinstrahlung, Frost, Wind, Wasser und Organismen).

Vitriol – Schwefel- und wasserhaltige Sulfatverbindung, die je nach Erzmetall weiß (Zink), blau (Kupfer) oder grün (Eisen) gefärbt ist.

W

Waschwerk – Nachdem das *Erz* im Pochwerk zerkleinert (gepocht) worden war, wurden im Waschwerk *Schwerminerale* wie Gold aus dem Erz abgetrennt (gewaschen).

Z

Zeche – Synonym für Bergwerk. Ursprünglich eine Bezeichnung für den Zusammenschluss mehrerer Personen, die einen gemeinsamen Zweck auf gemeinsame Kosten verfolgen. Zechen wurden zum Beispiel für den Betrieb eines Bergwerkes gebildet, weil dafür viel Kapital nötig war. Mit dem „Bezahlen der Zeche" ist der Ausdruck für das Begleichen einer Rechnung bis heute erhalten geblieben.

Zechenhaus – Verwaltungs-, manchmal auch Versammlungs-, Wohn- und Lagergebäude für Material und Werkzeug eines Bergwerks.

Zentralalpen – Gebirgszug, der den Hauptkamm der Alpen bildet.

Zirkon – Zirconiumhaltiges *Mineral* (chemische Formel: $Zr[SiO_4]$), das besonders hart und widerstandsfähig ist.

Zone Erbendorf-Vohenstrauß (ZEV) – Geologische Einheit des *variszischen Gebirges*; grenzt als Deckeneinheit an *Saxothuringikum* und *Moldanubikum*.

Fulda
Meiningen
Suhl
Ilmenau
Saalfeld/Saale
Annaberg-Buchholz
Aue
Thüringen
Plauen
Sachsen
Hessen
Mellrichstadt
Ludwigsstadt
Bad Steben
Hof
Bad Brückenau
RHÖN
Bad Neustadt a.d. Saale
Frank. Saale
Coburg
Kronach
FRANKENWALD
Karlovy Vary
Bad Kissingen
HASSBERGE
Münchberg
Selb
Cheb
SPESSART
Lichtenfels
Ebern
FICHTEL
Schweinfurt
Kulmbach
Aschaffenburg
Lohr a. Main
Haßfurt
Wunsiedel
Marktredwitz
Mariánské Lázne
Karlstadt
Wern
Main
Bayreuth
GEBIRGE
Tirschenreuth
Volkach
Bamberg
Klingenberg a. Main
Würzburg
Kemnath
Pottenstein
Miltenberg
Kitzingen
Pegnitz
Neustadt a.d. Waldnaab
STEIGERWALD
Höchstadt a.d. Aisch
Forchheim
Ochsenfurt
Weiden i.d. OPf.
Pleystein
Erlangen
Neustadt a.d. Aisch
OBERPFÄLZER
Lauf a.d. Pegnitz
Bad Windsheim
Fürth
Amberg
Nürnberg
Oberviechtach
WALD
Rothenburg ob der Tauber
FRANKENHÖHE
Ansbach
Schwabach
Schwandorf
Furth im Wald
Neumarkt i.d. OPf.
Cham
Roth
Heilbronn
Schwäbisch Hall
Altmühlsee
Gunzenhausen
Brombachsee
Roding
Regen
Viechtach
Wassertrüdingen
Weißenburg i. Bay.
BAYERISCHER
Beilngries
Regensburg
Ludwigsburg
FRANKENALB
Treuchtlingen
Eichstätt
Kelheim
Bogen
Aalen
Nördlingen
Straubing
STUTTGART
Abensberg
Deggendorf
Esslingen am Neckar
Ingolstadt
Donauwörth
Neuburg a.d. Donau
Landau a.d. Isar
Dillingen a.d. Donau
Mainburg
Dingolfing
Tübingen
Schrobenhausen
TERTIÄRHÜGELLAND
Reutlingen
Landshut
Günzburg
Aichach
Pfaffenhofen a.d. Ilm
Pfarrkirchen
Ulm
Neu-Ulm
Baden-Württemberg
Dinkelscherben
Augsburg
Freising
Simbach a. Inn
Illertissen
Königsbrunn
Dachau
Erding
Ampfing
Mühldorf a. Inn
Fürstenfeldbruck
Altötting
Biberach an der Riß
Waldkraiburg
Burghausen
Sigmaringen
MÜNCHEN
Garching a.d. Alz
Landsberg am Lech
Mindelheim
Ebersberg
Starnberg
Memmingen
ALPENVORLAND
Ammersee
Waginger-Tachinger-See
Kaufbeuren
Wolfratshausen
Simssee
Chiemsee
Traunstein
Weilheim i. OB
Starnberger See
Bad Aibling
Obergünzburg
Schongau
Rosenheim
Ravensburg
Kempten
Marktoberdorf
Peiting
Bad Tölz
Miesbach
Ruhpolding
Konstanz
Friedrichshafen
Staffelsee
Penzberg
Tegernsee
Schliersee
Bad Reichenhall
Bodensee
Lindenberg i. Allgäu
Forggensee
Kochelsee
Walchensee
Berchtesgaden
Königssee
Lindau
Sonthofen
Füssen
Bregenz
Garmisch-Partenkirchen
St. Gallen
Oberstdorf
SCHWEIZ
Feldkirch
Innsbruck
0 25 50 75 100 km
Donau
Isar
Inn
Lech
Iller
Altmühl
Naab
Regen
Vils
Amper
Salzach
1 2 3 4 5 6 7 8 9 10 17 18 19 20